南海西科 1 井碳酸盐岩生物礁储层沉积学

储层特征与成岩演化

时志强　谢玉洪　刘　立
张道军　尤　丽　编著

内容提要

本书以西科1井岩芯为资料,通过碳酸盐岩生物礁储层系统的岩石学、地球化学和储层地质学研究,阐明了西沙地区碳酸盐岩生物礁岩石组构与储集空间特征、成岩作用类型及成岩演化过程,建立西沙地区的白云岩化模式,为深水区碳酸盐岩生物礁储层勘探提供重要的地质依据与方法借鉴。

图书在版编目(CIP)数据

南海西科1井碳酸盐岩生物礁储层沉积学·储层特征与成岩演化/朱伟林,谢玉洪主编;时志强,谢玉洪,刘立,张道军,尤丽编著. —武汉:中国地质大学出版社,2016.12

ISBN 978-7-5625-3975-9

Ⅰ.①南…
Ⅱ.①朱… ②谢… ③时… ④刘… ⑤张… ⑥尤…
Ⅲ.①南海-生物礁-碳酸盐岩-储集层-沉积学
Ⅳ.①P618.130.2

中国版本图书馆CIP数据核字(2016)第327107号

南海西科1井碳酸盐岩生物礁储层沉积学·储层特征与成岩演化	时志强 谢玉洪 刘 立 张道军 尤 丽	编著

责任编辑:王凤林 舒立霞	选题策划:毕克成 王凤林	责任校对:周 旭

出版发行:中国地质大学出版社(武汉市洪山区鲁磨路388号) 邮编:430074
电　　话:(027)67883511　　　　　　传　　真:(027)67883580　　　E-mail:cbb@cug.edu.cn
经　　销:全国新华书店　　　　　　　　　　　　　　　　　　　　　Http://www.cugp.cug.edu.cn
开本:880毫米×1230毫米　1/16　　　　　　　　　　　字数:376千字　　印张:12
版次:2016年12月第1版　　　　　　　　　　　　　　　印次:2016年12月第1次印刷
印刷:武汉市籍缘印刷厂　　　　　　　　　　　　　　　印数:1—1000册
ISBN 978-7-5625-3975-9　　　　　　　　　　　　　　　　　　　　　定价:168.00元

如有印装质量问题请与印刷厂联系调换

《南海西科 1 井碳酸盐岩生物礁储层沉积学》

编 辑 委 员 会

丛书主编：朱伟林　谢玉洪

执行主编：王振峰　张道军

委　　员（按拼音顺序排序）：

邓成龙	高阳东	郭书生	姜　平	李绪深
廖　晋	刘　立	刘新宇	陆永潮	罗　威
米立军	裴健翔	邵　磊	时志强	孙志鹏
童传新	肖安涛	解习农	杨红君	杨计海
杨希冰	易　亮	尤　丽	翟世奎	张迎朝
祝幼华				

序

　　随着全球油气勘探开发的发展，海域和海相已成为当前我国油气勘探的两大重要领域，其中碳酸盐岩储层无疑成为科学研究和油气勘探的热点。生物礁滩体系是南海最具诱惑力、最具价值的勘探领域。尽管国土资源部等单位先后在西沙岛礁已钻探了4口井，但这些钻孔由于取芯率低及受当时研究技术手段的局限而缺乏系统的分析，研究未能取得理想的成果。中国海洋石油总公司在南海西沙群岛生物礁上组织实施了1口全取芯的科学探索井——"南海西科1井"，并由中海石油（中国）有限公司湛江分公司牵头，汇聚了中国地质大学（武汉）、同济大学、中国海洋大学、成都理工大学、吉林大学、中国科学院南京地质古生物研究所及地质与地球物理研究所等多家科研院所，联合组成多学科的研究团队，经过3年联合攻关形成了一系列的研究成果。

　　西科1井为南海区域揭示生物礁地层最全、取芯最为完整的钻井，高密度的采样分析、多学科的综合研究使之成为我国生物礁滩体系研究的经典范例。该书取得如下重要进展：①系统开展了西科1井6个门类生物化石的鉴定及多门类高精度的生物地层、沉积环境与古生态演变综合研究；②系统开展了生物礁的岩石磁学研究，首次获取了南海西沙岛礁中新世以来的磁极性倒转序列和高分辨率环境磁学序列；③首次采用有机分子化合物分析并结合无机地球化学方法恢复了西沙地区中新世以来的海平面变化过程；④综合运用古生物、古地磁、岩石学、元素地球化学、同位素测年等多种方法，首次全面系统地建立了早中新世以来的南海碳酸盐岩-生物礁地层标准剖面；⑤首次利用高分辨率X射线岩芯扫描资料建立了西科1井高频旋回单元划分方案及生物礁滩垂向动态沉积模式和演化模式；⑥应用古流体恢复技术阐明了西科1井储层特征、成岩演化特征及岛礁潟湖环境下的白云岩化模式。

　　本专著汇集了该科研团队对南海生物礁滩体系的综合研究成果，通过西沙地区科学探索1号井的精细解剖，全面揭示了南海西沙海域新生代生物礁滩体系发育演化及古海洋演变历程，查明了碳酸盐岩储层非均质性及其特点。研究成果为南海生物礁滩体系研究提供一个极佳的范例，对广大油气勘探工作者具有很大参考价值和实用价值，也是高等院校师生一部很好的参考书。相信本书的出版会进一步深化生物礁滩体系理论研究，对我国海域碳酸盐岩油气勘探将起到重要的推动作用。

中国工程院院士：马永生

2016年12月17日

丛书前言

碳酸盐岩油气藏是近年来油气勘探最重要的领域之一。纵观世界油气勘探历史,新近发现中大型油气藏的2/3为碳酸盐岩油气藏,碳酸盐岩储层虽然只占沉积岩的20%,油气探明储量却占50%以上,油气产量约占世界油气总产量的60%(Michael,2011)。2006年巴西在BM-S-11区块发现的碳酸盐岩油气藏,最大水深2126m,油田面积900km²,可采储量65×10⁸bbl(1bbl=159L),是巴西近几年的最大油气突破(吴时国,2011);中东地区石油产量约占全世界产量的2/3,其中80%的含油层产于碳酸盐岩(Klaas Verwer,2011),沙特阿拉伯的石油储量占世界总储量的26%,而其储层均属碳酸盐岩储层;北美的碳酸盐岩中油气产量约占北美整个石油产量的一半(Wilson,1980;Mazzullo,2009);鉴于碳酸盐岩储层的地位和重要性,碳酸盐岩油气藏成为各大石油公司多年来主要的勘探目标(Roehl & Choquette,1985;Andrel et al,2003;Klett,2010)。

生物礁是碳酸盐岩储层中的核心部分(Paola Ronchi,2010)。世界上一些礁相大气田的总储量达到了4×10⁸t,在碳酸盐岩大油气田中占据着重要的地位。加拿大的油气产量约有60%产自生物礁油气藏;墨西哥全国石油产量的70%产自生物礁油气藏(卫平生,2006);哈萨克斯坦的最大油田卡沙甘油田就是生物礁相的优质碳酸盐岩储层(Paola Ronchi et al,2002,2010;Zempolich,2005);此外,美国二叠盆地的石炭纪—二叠纪马蹄形礁油田(Vest E L,1970;Arthur H Saller,2007),伊拉克基尔库克古近纪到新近纪生物礁油田(Majid A H,1986;Sadooni,2003),阿联酋布哈萨生物礁油田(Alsharhan A S,1987)等均为大型生物礁油田;我国陆地勘探近年来在塔里木盆地(塔中奥陶系)、川东盆地(普光及龙岗)等也发现多个大型碳酸盐岩生物礁油气藏。

近年来,生物礁滩体系沉积机制及储层条件的研究有赖于与现代环境的比较沉积学分析,国际上最为系统的研究实例就是巴哈马滩,以迈阿密大学比较沉积学实验室的Robert N Ginsburg教授为代表的团队,坚持了数十年的专门研究,已建立了多种背景下的沉积相模式,包括台地内部、碳酸盐砂、生物礁、潮坪以及边缘斜坡沉积(Eberli & Ginsburg,1987;Grammer et al,1993;Grammer et al,2004)。这些研究成果不仅加深了对"孤立"碳酸盐岩台地内部结构及其空间分布的认识,而且大大深化了碳酸盐岩成岩作用及其机理的理解,为碳酸盐岩储层侧向非均质性类比提供了极佳的范例。

生物礁滩体系是南海最具诱惑力、最具价值的勘探领域。然而,到目前为止,南海生物礁的研究总体还基于地震资料和为数不多的钻孔,尽管20世纪70年代石油部和国土资源部先后在西沙群岛针对生物礁钻探了西永1井和西琛1井,但这些钻孔由于取芯率低及受当时技术手段的局限而缺乏系统的分析,研究未能取得理想的成果。为了强化生物礁的研究,并为南海北部深水区及南海中南部勘探潜力评价与生物礁储层研究等提供依据,中国海洋石油总公司在南海西沙群岛生物礁上组织实施了1口全取芯的科学探索井——"南海西科1井"。因此,本次研究聚焦于"南海西科1井碳酸盐岩生物礁储层沉积学",由中海石油(中国)有限公司湛江分公司、中国地质大学(武汉)、同济大学、中国海洋大学、成都理工大学、吉林大学、中国科学院南京地质古生物研究所及地质与地球物理研究所联合组成多学科的研究团队,开展了多学科的综合研究,经过3年联合攻关取得了如下重要进展。

1. 古生物地层

以西科1井的岩芯为研究材料,通过岩芯宏观标本观察与鉴定、样品分析与鉴定、薄片分析与鉴定等多种方法,开展了该井古生物化石的系统研究与描述,取得的主要进展如下。

(1)通过有孔虫、钙藻、珊瑚、钙质超微、腹足、双壳共 6 个门类化石的系统研究与鉴定,明确了西科 1 井生物礁主要造礁生物与附礁生物的属种类型,并进行了系统描述。

(2)通过主要生物门类生物带或化石组合的划分及与其他地区的对比,划分了该井年代地层单元,在此基础上通过对周边已钻井生物地层的厘定与系统总结,建立了该井所在区域的生物地层与年代地层格架。

(3)通过组成生物礁的生物种类、数量、分布规律和生态特征的分析,揭示了西沙地区中新世以来的沉积环境及古生态演变过程,明确该井揭示了礁前滩、礁骨架、礁后滩及潟湖等多种沉积环境类型。

2. 年代地层与古海洋环境

通过西科 1 井岩芯样品的岩石磁学、沉积学、沉积地球化学、古生态学、同位素年代学及稳定同位素地层学等方法的系统性分析,开展了该井年代地层的精细研究,恢复了西沙地区海平面变化过程,取得的主要成果如下。

(1)首次在南海地区开展了生物礁的岩石磁学研究,确定了从海水中捕获的磁铁矿为西沙生物礁中的磁性矿物,阐明了生物礁的剩磁获得机制;结合生物年代地层学研究成果,建立了 20.44Ma 以来的南海地区中新世磁性地层时间序列。

(2)首次采用碳同位素地层学方法对西科 1 井上部 50m 进行了精细的地层学划分,并采用珊瑚 U-Th 定年方法进行了准确标定。

(3)首次采用有机分子化合物及无机地球化学方法对西沙地区珊瑚礁发育生长环境进行了系统分析,建立了中新世以来的西沙地区海平面变化曲线,揭示了生物礁生长发育具有高海平面以潟湖相为主、低海平面以礁相为主的演变规律。

(4)应用反映陆源的 Si、K、Ti 等与反映海源的 Na、P、B 等元素指标的比值进行了全井段古海洋环境的分析,揭示了南极冰盖扩大及北极冰盖形成等古海洋学事件在西沙碳酸盐岩台地中的记录,恢复了中新世以来的相对温度变化曲线。

3. 层序地层与沉积演化

基于西科 1 井岩芯及岩石薄片宏观与微观特征的定性和定量分析、全井段岩芯高分辨率 X 射线扫描(Itrax)成像及岩样的高精度测试,精细划分了西科 1 井高频层序地层单元,揭示了生物礁高频生长单元的构成、沉积微相的类型特征,建立了西科 1 井生物礁、滩垂向动态沉积演化模式。主要进展包括以下几方面。

(1)基于详细岩芯观察和薄片鉴定,将礁岩和粒屑岩两大类岩性划分为 16 种宏观岩性相类型及 21 种微观岩性相类型。在此基础上查明了生物礁滩体系中生物礁、生屑滩和潟湖相沉积的特征,进而总结了相应的沉积模式。

(2)首次利用高分辨率 X 射线岩芯扫描仪(Itrax 多功能扫描仪)对西科 1 井全井段(1268m)岩芯进行了扫描,获得了 26 种元素含量计数点,组成了 325 个元素比值,通过观察各元素比值随深度的变化趋势,从层序和成岩角度对其进行了规律性总结及高频单元的划分。基于受控层序和成岩两者共同作用元素的变化规律,很好地进行了五级层序单元甚至六级层序单元的划分。

(3)阐明了西沙地区生物礁主要生长单元样式和动态演化模式。以海泛面和暴露面为标志,将礁体归纳为淹没型生长单元和暴露型生长单元两大类。暴露型又进一步细分为硬基底和软基底两类,淹没型可细分为快速淹没和缓慢淹没两类。垂向上形成了极具特色的礁体组合,即慢步礁(或淹没礁)、同步礁(加积礁)、快步礁(暴露礁),进而总结了生物礁滩体系的动态演化模式。

4. 储层特征与成岩演化

运用储层物性测试资料、岩石薄片鉴定成果以及扫描电镜、阴极发光、碳氧同位素、微量元素、稀土元素、包裹体均一温度等多种测试资料,详细总结了西科1井储层特征、成岩演化特征,特别是白云岩化机理。对西沙地区礁滩相碳酸盐岩储层研究取得了如下进展。

(1)西科1井钻遇的碳酸盐岩主要为原地石灰岩、异地石灰岩、碳酸盐砂、白云岩化灰岩和混积岩。碳酸盐岩的成岩作用主要受成岩环境和成岩阶段制约。其中,大气水成岩环境的影响深度范围为0~169m,见新月形、悬垂状、等厚栉状或粒间晶簇状胶结物;海水成岩环境的影响深度范围为169~579m,含泥晶套、纤维状—针状文石胶结物,具偏重的$\delta^{13}C$和$\delta^{18}O$值。埋藏成岩环境的影响深度范围为579~1257.52m,以粗晶镶嵌状方解石及相对偏轻的$\delta^{13}C$和$\delta^{18}O$值为识别标志。乐东组、莺歌海组和黄流组处于同生成岩阶段,梅山组和三亚组处于早成岩阶段。

(2)在白云岩层段,白云石的形成晚于海水成岩作用。白云岩中白云石多呈粉晶-中晶结构,随深度的增加较大晶粒白云石在岩石中的比例增加,在三亚组碳酸盐岩中鞍形白云石含量显著增加。白云岩样品的碳、氧同位素则完全缺乏相关性,反映了大气水、岩浆来源流体、有机酸等流体等成岩流体并没有参与白云石化过程,白云石形成流体的盐度稍高于正常海水。中等盐度渗透回流模式适用于西沙地区大部分白云岩的形成解释。

(3)西科1井碳酸盐岩总体较为疏松,孔隙发育。钻遇地层的所有岩石类型中均发育铸模孔隙和溶解孔隙等次生孔隙。其粒内孔隙分布于几乎所有的岩石类型,粒间孔隙主要发育于颗粒支撑的岩石类型,格架孔隙主要发育于骨架灰岩、黏结灰岩以及原岩为原地灰岩的白云质灰岩和灰质白云岩中,晶间孔隙分布于白云岩中。孔隙度和储集质量明显受岩性制约,孔隙度随埋深变化呈分段式。白云岩、灰质白云岩和白云质灰岩的储集条件优于泥粒灰岩和粒泥灰岩。孔隙演化的主控因素为成岩环境、机械压实作用和白云化作用。

编写这套《南海西科1井碳酸盐岩生物礁储层沉积学》专著的目的,不仅是要全面展示南海西科1井精细的研究成果,更重要的是为南海生物礁研究提供一个经典的"铁柱子",可作为油气勘探生产的不同生物礁微相标准化及示范化规范的宏观、微观特征图版和数据库。客观地总结我国近年来在生物礁研究领域的成果经验,为广大海洋地质工作者及油气勘探专家提供一部实用的参考书。

本专著共分4册。第一册为《古生物地层》,系统介绍了西科1井主要造礁生物及附礁生物的类型和组合特征,明确了该井地质年代及地层单元的划分,建立了西科1井及西沙地区的生物地层格架,分析了早中新世以来的沉积环境及古生态演变过程。第二册为《年代地层与古海洋环境》,介绍了年代地层格架的建立及古海洋学的研究成果,确立了20.44Ma以来的南海地区中新世磁性地层时间序列,建立了中新世以来的西沙地区海平面变化曲线及相对温度变化曲线,揭示了南极冰盖扩大及北极冰盖形成等古海洋学事件在西沙碳酸盐岩台地中的记录。第三册为《层序地层与沉积演化》,介绍了西科1井岩石学特征,完成西科1井岩性相类型识别与沉积相分析,建立了以三级层序为单元的西科1井层序地层格架;分析了西科1井生物礁发育过程及阶段,并建立了相关的沉积模式。第四册为《储层特征与成岩演化》,介绍了西科1井礁滩相碳酸盐岩储层岩性、成岩演化及物性特征,深刻认识了碳酸盐岩储层岩石组构与岩石类型,描述了储集空间和孔隙演化特征,综合评价了储层的储集性,总结了孔隙发育的影响因素及白云岩化机理。

本专著是"南海西科1井"课题组全体科技人员集体劳动成果的结晶。中国海洋石油总公司朱伟林和谢玉洪对全书进行了统编与审定。前言由朱伟林执笔。各册主要执笔人员分别是:《古生物地层》由中国科学院南京地质古生物研究所祝幼华、中国海洋石油总公司朱伟林,中海石油(中国)有限公司湛江分公司王振峰、罗威、刘新宇执笔;《年代地层与古海洋环境》由同济大学邵磊、中国海洋石油总公司朱伟林、中国科学院地质与地球物理研究所邓成龙、中海石油(中国)有限公司湛江分公司张迎朝、中国海洋大学翟世奎执笔;《层序地层与沉积演化》由中国地质大学(武汉)解习农、中国海洋石油总公司谢玉洪、中海石油（中国）有限公司湛江分公司李绪深、中国地质大学（武汉）陆永潮执笔；《储层特征与成岩演化》由成都理工大学时志强，中国海洋石油总公司谢玉洪，吉林大学刘立和中海石油（中国）有限公司湛江分公司张道军、尤丽执笔。

  这些成果的取得得到了国内一系列单位及领导、专家和学者的大力支持，主要包括中国海洋石油总公司科技发展部，中海石油（中国）有限公司勘探部、湛江分公司，中海油服油技事业部，海油发展工程技术分公司湛江实验中心，中国地质大学（武汉），同济大学，成都理工大学，中国海洋大学，吉林大学，中国科学院南京古生物研究所、地质与地球物理研究所，国土资源部青岛海洋地质研究所，海南省地质基础工程院。

  汪品先院士、龚再升教授参加了多次讨论会，并提出了宝贵的修改意见。马永生院士参与了成果交流讨论并为本书作序，在此一并表示衷心感谢！鉴于本专著涉及多个方向领域，难免有不足或错误之处，敬请广大读者批评与指正。

2016 年 12 月 18 日

前　言

由中海石油(中国)有限公司资助,近年来开展了西科1井新生界取芯全层段系统的岩石学、地球化学和储层地质学研究。在充分消化和吸收已有资料及成果的基础上,认知地层、沉积相、构造演化等总体特征,观察了西科1井岩芯并采集样品进行碳酸盐岩的岩石学、矿物学、地球化学特征研究,查明西沙地区礁滩相碳酸盐岩岩石组构,揭示生物礁碳酸盐岩成岩作用、成岩演化与白云岩化机理,阐明孔隙演化及孔隙发育影响因素,开展了礁滩相碳酸盐岩储集性综合评价,为深水区生物礁储层勘探提供了重要的地质依据。

本次研究主要以薄片观察和各种测试分析为主,涉及的测试项目及研究手段有:薄片观察及岩石组构定量分析,阴极发光分析,白云石及涉及的其他矿物的流体包裹体分析,X射线衍射分析,常量与微量元素地球化学研究,岩石中方解石和白云石相对含量的计算,碳、氧同位素地球化学研究,成岩环境综合研究。

通过系统的碳酸盐组分和岩石类型的鉴定和定量分析,查明了西科1井岩性的纵向分布特征,建立了高分辨率礁滩相碳酸盐岩综合岩性柱。根据系统的岩石学和关键层段的地球化学研究,查明了成岩环境的纵向演替规律、转换界面标志和各成岩环境的岩石学、地球化学特征,建立了不同成岩环境下的成岩演化模式。钻遇碳酸盐岩由原地石灰岩、异地石灰岩、碳酸盐砂、白云岩化石灰岩和混积岩组成。在西科1井,大气水成岩环境的影响深度范围为0～169m,具有偏轻的$\delta^{13}C$值和$\delta^{18}O$值;海水成岩环境的影响深度范围为169～579m,见泥晶套、纤维状—针状文石胶结物,具偏重的$\delta^{13}C$和$\delta^{18}O$值;埋藏成岩环境的影响深度范围为579～1257.52m,以粗晶镶嵌状方解石,胶结物的橘色环带阴极发光性和相对偏轻的$\delta^{13}C$和$\delta^{18}O$值为识别标志。

西科1井白云岩主要分布于上新统莺歌海组二段的顶部、上中新统黄流组及中中新统梅山组下部,下中新统三亚组一段,白云岩累计厚度大于380m,主要的白云岩层段一般发育在褐色铁质矿物浸染的不整合面或古暴露面之下。从288m开始,随深度的增加较大晶粒白云石在岩石中的比例增加。总体看,西科1井白云岩与西琛1井白云岩具有相似的层位分布特征和碳、氧同位素特征,可能反映着相同或相似的成因。中等盐度渗透回流模式可能适用于西沙地区大部分白云岩的形成,是西沙地区环礁(孤立台地)白云岩形成的基础;受中等埋深条件下压实改造(压实驱动机制)及与深部断层有关的热对流作用(热对流机制)共同作用的埋藏白云化模式,使已经存在的白云岩得以改造。

采用显微岩相学观察和图像分析相结合的方法,精细刻画和评估了礁滩相碳酸盐岩储层的孔隙类型、孔隙尺度及其随埋深变化规律,认为西科1井原生孔隙类型取决于岩性,次生孔隙分布于整个井段。

根据孔隙度、渗透率、排驱压力、孔隙喉道半径平均值和孔隙结构类型参数建立了碳酸盐岩储层分类标准,确定了孔隙演化的主控因素为成岩环境,建立了不同成岩环境下的孔隙演化模式,为南海礁滩相碳酸盐岩储层研究提供了参照和参考信息。认为西科1井孔隙度和储集质量明显受岩性制约,孔隙度随埋深变化呈分段式变化,白云岩是这一趋势的主要贡献者,白云岩、灰质白云岩和白云质灰岩的储集条件优于泥粒灰岩及粒泥灰岩。孔隙演化的主控因素为成岩环境、机械压实作用和白云化作用。

目 录

0 绪 论 … (1)
　0.1 南海及西沙地区概况 … (1)
　　0.1.1 中国南海 … (1)
　　0.1.2 西沙群岛 … (2)
　　0.1.3 石岛 … (3)
　0.2 国内外礁滩相碳酸盐岩储层研究进展 … (4)
　　0.2.1 国内外礁滩相灰岩储层研究 … (4)
　　0.2.2 国内外白云岩储层研究 … (8)

1 地质背景 … (11)
　1.1 中国南海及西沙地区构造特征 … (11)
　　1.1.1 南海扩张过程 … (11)
　　1.1.2 南海陆缘沉积盆地 … (13)
　　1.1.3 西沙地区构造特征 … (14)
　1.2 西沙群岛新生代地层特征 … (17)
　　1.2.1 西沙地区钻井 … (17)
　　1.2.2 西科1井地层特征 … (17)
　　1.2.3 西琛1井地层特征 … (18)
　　1.2.4 钻井地层分组命名 … (20)
　　1.2.5 西沙地区生物礁特征 … (21)
　1.3 西沙地区新生代沉积环境 … (22)
　　1.3.1 西沙岛礁钻井沉积相 … (22)
　　1.3.2 西沙地区沉积模式 … (25)

2 碳酸盐岩储层岩石组构与岩石类型 … (28)
　2.1 石灰岩储层 … (28)
　　2.1.1 岩石组构 … (28)
　　2.1.2 岩石类型 … (32)
　　2.1.3 微相 … (42)
　　2.1.4 生物礁 … (49)
　2.2 白云岩储层特征 … (52)
　　2.2.1 白云岩分布及颜色 … (52)
　　2.2.2 白云岩颜色及古暴露面 … (54)
　　2.2.3 白云岩微观特征 … (57)
　　2.2.4 白云岩的先驱岩石 … (61)
　　2.2.5 矿物成分 … (63)

3 成岩作用 … (71)
　3.1 石灰岩储层 … (71)

3.1.1　成岩作用方式 …………………………………………………………………………………… (71)
　　　3.1.2　成岩环境 ……………………………………………………………………………………… (82)
　　　3.1.3　成岩阶段 ……………………………………………………………………………………… (92)
　3.2　白云岩储层 ………………………………………………………………………………………… (94)
　　　3.2.1　白云岩化学组成 ……………………………………………………………………………… (94)
　　　3.2.2　白云岩化流体 ………………………………………………………………………………… (100)
　　　3.2.3　微生物对白云岩化的可能影响 ……………………………………………………………… (107)
　　　3.2.4　白云石重结晶作用 …………………………………………………………………………… (109)
　　　3.2.5　白云岩化温度 ………………………………………………………………………………… (111)
　　　3.2.6　去云化作用 …………………………………………………………………………………… (112)
　　　3.2.7　白云岩化模式 ………………………………………………………………………………… (112)

4　储集空间与储集性综合评价 …………………………………………………………………………… (116)
　4.1　孔隙类型 …………………………………………………………………………………………… (116)
　　　4.1.1　孔隙类型及其特征 …………………………………………………………………………… (116)
　　　4.1.2　孔隙尺度 ……………………………………………………………………………………… (121)
　　　4.1.3　孔隙类型的岩性制约 ………………………………………………………………………… (122)
　4.2　储集物性 …………………………………………………………………………………………… (123)
　　　4.2.1　孔隙度随埋深变化 …………………………………………………………………………… (123)
　　　4.2.2　分组段物性特征 ……………………………………………………………………………… (124)
　4.3　储层物性评价及孔隙结构 ………………………………………………………………………… (136)
　　　4.3.1　储层物性评价 ………………………………………………………………………………… (136)
　　　4.3.2　储层孔隙结构 ………………………………………………………………………………… (140)
　4.4　储层综合评价 ……………………………………………………………………………………… (144)
　　　4.4.1　评价步骤 ……………………………………………………………………………………… (144)
　　　4.4.2　评价参数选取 ………………………………………………………………………………… (144)
　　　4.4.3　评价结果 ……………………………………………………………………………………… (145)

5　孔隙发育的影响因素及孔隙演化 ……………………………………………………………………… (147)
　5.1　大气水成岩环境(0～169m) ……………………………………………………………………… (147)
　　　5.1.1　孔隙与物性特征 ……………………………………………………………………………… (147)
　　　5.1.2　主控因素 ……………………………………………………………………………………… (150)
　　　5.1.3　孔隙演化 ……………………………………………………………………………………… (152)
　5.2　海水成岩环境(169～579m) ……………………………………………………………………… (155)
　　　5.2.1　孔隙与物性特征 ……………………………………………………………………………… (155)
　　　5.2.2　主控因素 ……………………………………………………………………………………… (156)
　　　5.2.3　次生孔隙形成与演化机制 …………………………………………………………………… (158)
　5.3　埋藏成岩环境(579～1257.52m) ………………………………………………………………… (162)
　　　5.3.1　孔隙与物性特征 ……………………………………………………………………………… (162)
　　　5.3.2　主控因素 ……………………………………………………………………………………… (165)

6　主要结论 ………………………………………………………………………………………………… (167)

主要参考文献 ………………………………………………………………………………………………… (169)

0 绪 论

0.1 南海及西沙地区概况

0.1.1 中国南海

南海介于 $3°30'S—25°00'N$、$105°10'—121°50'E$ 之间，北缘是华南板块，西缘是印支板块，南缘是婆罗洲地块，东缘是菲律宾群岛（图 0-1）。南海是西太平洋最大的边缘海海盆之一，面积约 $350×10^4 km^2$（含纳土纳海和泰国湾）。南海是世界四大海洋含油气区之一。按全国第二轮资源评价结果，整个南海的石油地质储量为 $(230～300)×10^8 t$，有"第二个波斯湾"之称（甘玉清等，2009）。

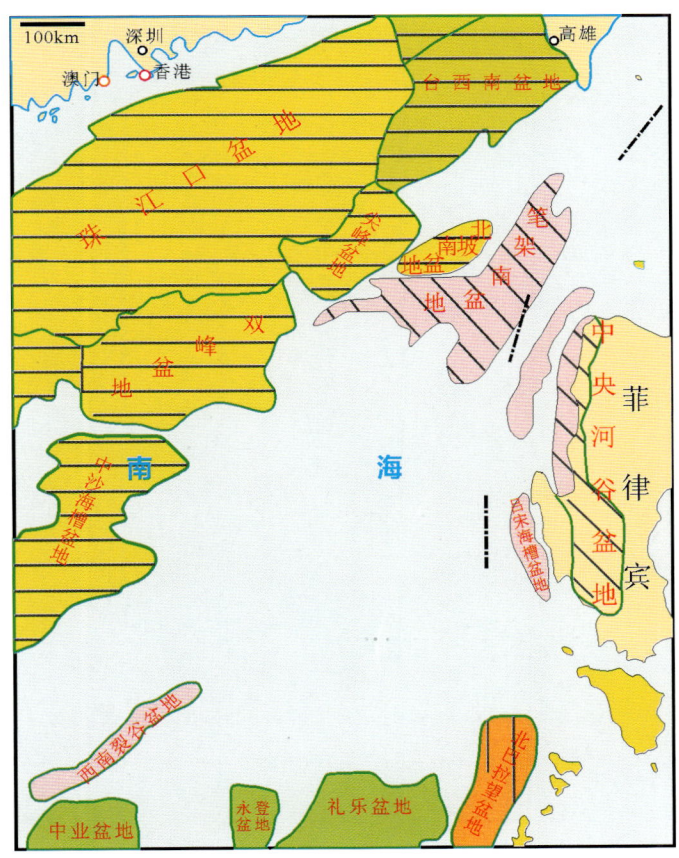

图 0-1 南海海域新生代沉积盆地分布示意图（张功成等，2013）

含油气盆地分布于南海北部大陆边缘、南海西部大陆边缘、南海南部大陆边缘和南沙地块。其中，南海北部大陆边缘发育珠江口盆地、北部湾盆地和琼东南盆地。这些盆地是在华南地块及其边缘活动带基底上发育起来的拉张型新生代断陷-坳陷型含油气盆地。南海西部大陆边缘发育的盆地包括莺歌海盆地、中建南盆地和万安盆地。南海南部大陆边缘发育的盆地包括曾母盆地、文莱-沙巴盆地和巴拉望盆地。南沙地块上发育的盆地包括北康盆地、礼乐盆地和南薇西盆地（张功成等，2013）。

南海发现生物礁的含油气盆地包括莺歌海盆地、琼东南盆地、珠江口盆地、万安盆地、曾母盆地、文莱-沙巴盆地和巴拉望盆地等（邱燕等，2001；甘玉清等，2009）。在莺歌海盆地，生物礁分布于莺东斜坡带，成礁期为中中新世。在琼东南盆地，生物礁分布于崖中凸起、松涛凸起和北部隆起，成礁期为早中新世和中中新世。在珠江口盆地，生物礁分布在神狐暗沙隆起和东沙隆起，成礁期为早-晚中新世。在万安盆地，生物礁分布在南部隆起、西南斜坡的南部、东南坳陷的次级凸起构造带上，成礁期为晚中新世。在曾母盆地，生物礁集中分布在西部台地和南康台地一带，成礁期主要为中-晚中新世。在巴拉望盆地，生物礁分布于北部区块，成礁期为晚渐新世—中中新世（邱燕等，2001）。

0.1.2 西沙群岛

西沙群岛位于17°07′—15°43′N、111°11′—112°54′E，由脱离华南大陆的残余陆块构成（陈以健等，1982；业治铮等，1985；张明书等，1989）。海域超过$50×10^4 km^2$，属海南省管辖。以永兴岛为中心，西沙群岛距三亚市榆林港和文昌县清澜港均约为330km。西沙群岛分布有40多个岛、洲、礁和滩，主体由永乐环礁、宣德环礁、东岛环礁、华光环礁、浪花环礁、玉琢环礁、北礁环礁和盘石屿环礁组成，大致以112°E为界，以东为宣德群岛，以西为永乐群岛（图0-2）。陆地总面积约$10km^2$。西沙群岛终年皆夏，属于热带季风气候。

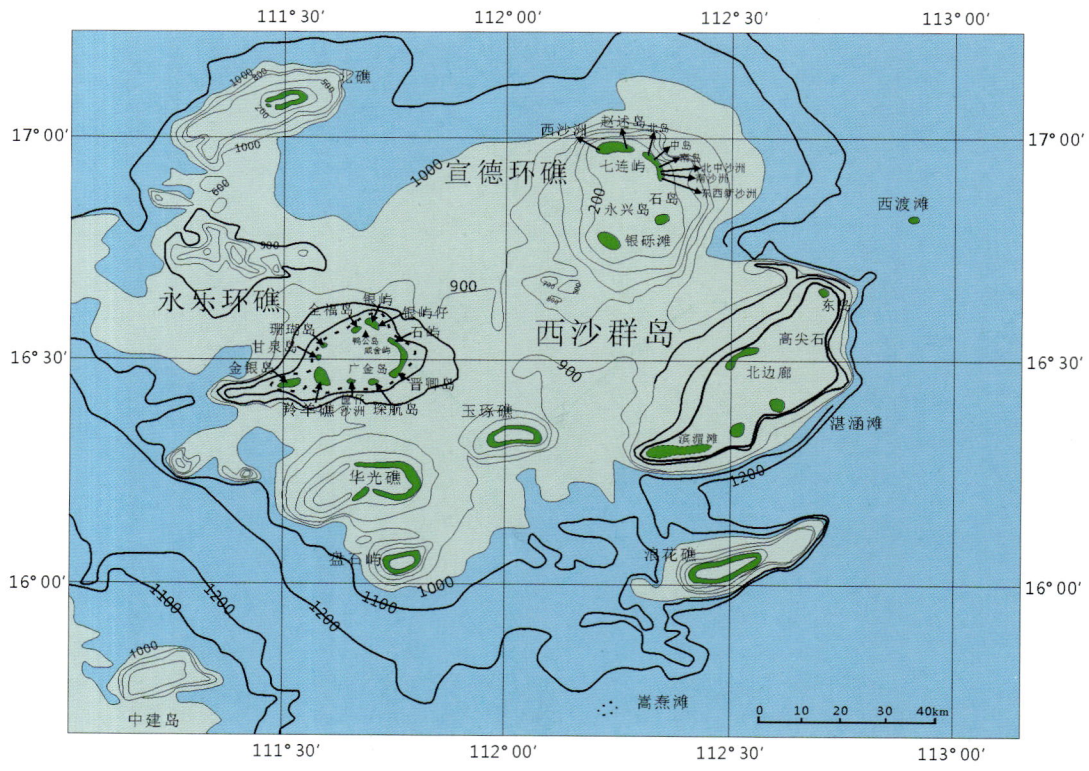

图0-2 西沙群岛环礁及岛屿分布示意图（张明书，1989；赵强，2010）

西沙海域于生物礁岛屿上已施工 5 口钻井,即西永 1 井、西永 2 井、西琛 1 井、西石 1 井和西科 1 井。其中,西永 1 井位于宣德环礁上的永兴岛东南缘(16°50′N,112°20′E),完钻井深为 1384.68m。西永 2 井位于永兴岛西南缘(16°51′N,112°20′E),完钻井深 600.02m。西琛 1 井位于永乐环礁琛航岛(16°25′24″N,111°40′E),完钻井深为 802.17m;西石 1 井(16°50′45″N,112°20′E)位于宣德环礁上的石岛东南侧,完钻井深为 200.63m。西科 1 井亦位于中国南海西沙群岛中的石岛,完钻井深为 1268.02m。

0.1.3 石岛

西沙群岛绝大多数岛屿都是砂砾碎屑生物在珊瑚礁盘上堆积起来的砂岛,可称之为灰砂岛。这些灰砂岛的面积多在 1km² 左右,海拔高度一般在 5~10m 之间。石岛面积虽小,却是西沙群岛中最高的岛屿(吕炳全等,1986)。石岛的地质地貌特征与西沙群岛的其他灰砂岛有显著的不同。一般灰砂岛四周有高起的砂堤环绕,中部是低地或潟湖,除部分海滩、砂堤与潟湖沉积已为碳酸盐或磷酸盐胶结外,其余均为松散的生物砂砾沉积。石岛则不然,它四周低,中间高,呈不甚典型的角锥形(最高点稍向西偏),雄踞于南海之上(图 0-3)。由于长年经受风浪,特别是东北季风的风浪的袭击,石岛四周均受到强烈的海蚀作用,尤以北岸为甚,海蚀崖、海蚀洞、海蚀壁龛与海蚀柱等海蚀地形极为发育,而且十分典型(吕炳全等,1986)。

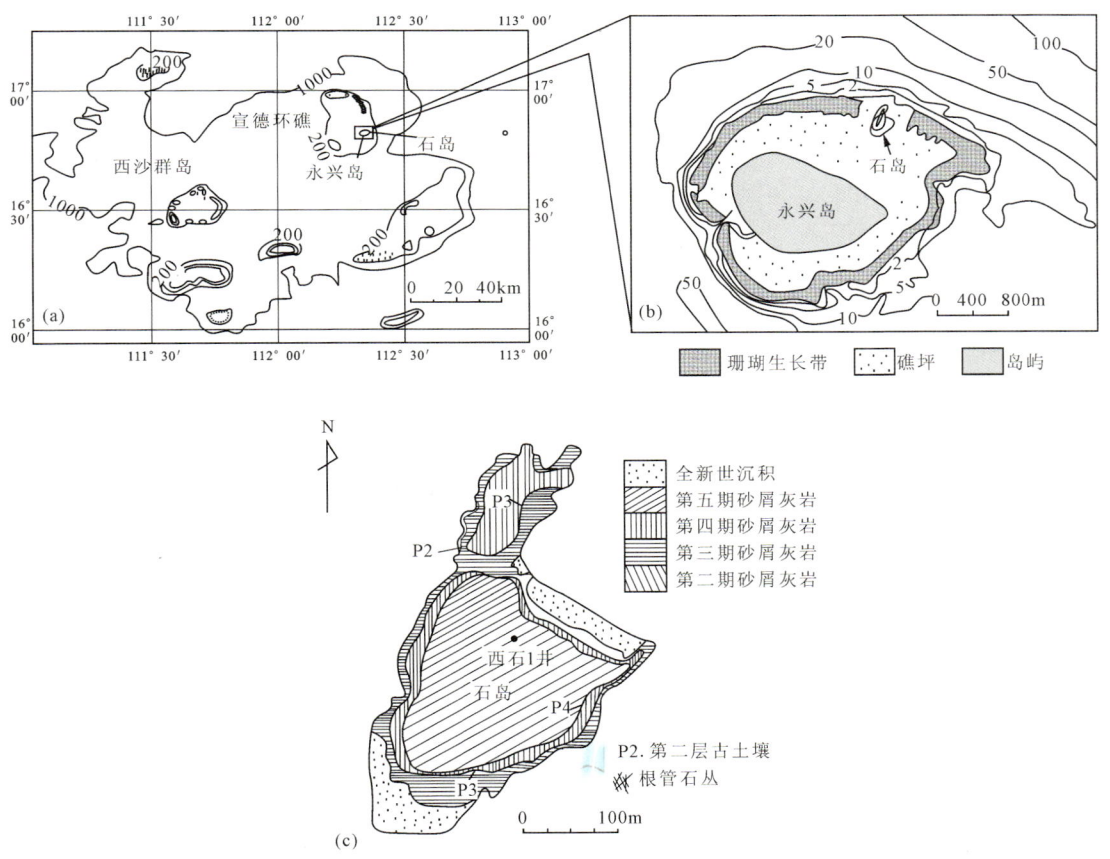

图 0-3 西沙石岛地理分布与生物砂屑灰岩分布(赵强,2010)

石岛是西沙海域唯一由生物砂屑灰岩构成的侵蚀型岛屿(吕炳全等,1986)。近年来的研究表明,该生物砂屑灰岩为典型的风成砂屑灰岩(沙丘岩)。在物质组成上,砂屑灰岩由珊瑚藻、珊瑚、软体动物、棘皮动物和有孔虫等生物碎屑组成(张明书等,1989),总体上以珊瑚藻和珊瑚碎屑为主(赵强等,2013),粒级主要为中砂级,其次为含细砂和粗砂级(赵强等,2013),并以磨圆度高、分选中等至好、具有风成的粒度分布为特征(赵强等,2013)。在露头尺度上,砂屑灰岩中发育各种大型风成层理,沙丘上常发育高角度的进积层理和穹形层理,丘间则以相对低角度的交错层理为主。风成砂屑灰岩的物源为岛屿周围的生物礁。来自生物礁的大量的生物碎屑被波浪搬运到岸边形成海滩或环岛砂堤,然后再在风力作用下继续向高处搬运并形成海岸沙丘(赵强等,2013)。在石岛地表露头,风成砂屑灰岩由4层可连续追踪的古土壤层所分隔。西沙群岛地表上的古土壤层最早由业治铮等(1984)报道。在石岛地表,古土壤层出露的海拔标高为1~10m,按照产状和分布可为上、下两层,厚度为20~40cm(业治铮等,1984)。在最近的研究中,赵强等(2013)确认古土壤层分布于风成砂屑灰岩层中,并识别出4层可连续追踪的古土壤层,其最大厚度<1.6m,大多数的厚度<0.5m。古土壤层的主要特征(业治铮等,1984)包括:①顶部发育钙结层;②主体呈疏松球粒状结构;③间夹1至数层硬盘(hardpan);④下伏层为发育交错层理的生物碎屑砂岩。根据业治铮等(1984)的描述,土壤层中的疏松球粒直径为1~5mm;在硬盘中隐约见植物根痕,并见有原地陆生腹足类蜗牛化石和生长在潮间带的蝾螺。

生物砂屑灰岩属于形成于末次冰期期间的风成碳酸盐岩(赵强等,2013,2014),其直接下伏地层(未出露)由珊瑚礁灰岩(王建华,1997)构成。近30年来,人们对地表出露的砂屑灰岩极为关注,先后开展了沉积学(业治铮等,1985;王建华,1997)、古土壤与古气候(业治铮等,1984;魏喜等,2008;赵强等,2013,2014)、年代学(业渝光等,1987;业渝光等,1990;徐启浩等,1992)、陆生生物(冯伟民等,1991)、岩石学(朱袁智等,1984)和成岩作用(赵强等,2013,2014)等方面的研究,并取得了许多的重要认识与成果。

随着西石1井(张明书等,1989)的钻探,石岛研究开启了新的篇章。然而,由于西石1井完钻井深浅(200.63m),且102.65~200.63m钻探质量差(张明书等,1989),因而获得的资料有限。最近完钻的西科1井(1268.02m),无论是钻遇地层还是取芯(全取芯)都创西沙群岛钻探之最。最近发表的系列研究成果,从沉积及其与海平面变化之间的关系(朱伟林等,2015;王振峰等,2015;商志垒等,2015)、古生物(刘新宇等,2015;马兆亮等,2015)、地球化学(翟世奎等,2015;乔培军等,2015;修淳等,2015)、岩石学(孙志鹏等,2015)、储层特征及成岩作用(张道军等,2015;尤丽等,2015;赵爽等,2015)、白云岩化(王振峰等,2015;张建勇等;2013)等方面揭示了石岛基底上覆地层上部(0~1257.52m)的地质特征,为深水区的油气勘探提供了极为重要的地质信息。

0.2 国内外礁滩相碳酸盐岩储层研究进展

0.2.1 国内外礁滩相灰岩储层研究

0.2.1.1 礁(滩)定义

关于礁的定义 Riding(2002)提出了一个清晰而又准确的论述。他把礁定义为是由固着生物所形成的本质上为原地沉积的碳酸盐岩建造。这种广义的定义旨在包括各种类型的礁(不论规模大小)以及基本是底栖固着生物在底质拓殖和控制的产物的各种构造。Kiessling et al(2002)在书中略有修改:"礁是由底栖固着生物生长和活动而形成的侧向受限的生物成因构造,具有地貌突起及(推测的)刚性构造。"礁的发育取决于固着底栖生物的生长或生命活动,广义上的礁包括骨架礁、礁丘、泥丘和层状生物礁。只有这些广义的定义才能对礁的形成和样式在空间及时间上的分布型式进行比较分析。

Lowen Stan(1950)将礁与滩对比,提出滩由不能形成抗浪构造的生物组成,并指出由于它缺乏联结生物,因此该构造没有固定的形状,一般表现为低缓的坡角,滩内生长的生物仅能产生沉积物,但不具有抗浪性。Lowen Stan(1950)生动而形象地称之为"被动"作用,而生物礁内存在的生物的"主动"习性有本质的区别。滩内存在大量生物骨屑时可称为生物滩。

其中与生物礁有关的词汇主要如下所列。

生物岩丘:生物成因的丘状构造或其他圆形构造(Cumings,1931);专指那些原地的生物堆积形成的生物丘(Nelson et al,1962)。

层状生物礁:非沉积成因层状礁体,每层岩性的组成相似。生物礁骨架生物密集、向周围拓殖,骨架硬度范围大。

生态礁:由生物建造的古代骨架礁,抗浪(Dunham,1970),海底地貌高。

骨架礁:坚硬钙质骨架生物建隆。

地层礁:横向受限制的由纯的或基本上纯的碳酸盐岩组成的原型块体(Dunham,1970)。

骨骼礁:和发育生物的骨架礁相似,由坚硬钙质骨架生物形成。

岩隆:主要代表基本上由骨骼衍生的碳酸盐沉积物的原地聚集,在生长中高出海底的地形隆起显示(Stanton,1967);具有原始地形隆起的骨架生物丘(Wilson,1975;Lees,1988)。

丘:圆形的丘状构造,在礁研究中常指与骨架礁相似的丘隆,参见微生物丘、骨架丘、生物礁丘、泥丘(James & Bourque,1992;Wilson,1975;Cumings & Shrock,1928)。

微生物丘:生物成因隆丘,由引起碳酸盐岩沉淀且黏结、捕集沉积物的微生物作用形成(James & Bourque,1992)。

泥丘:同沉积丘隆,以泥质为主的碳酸盐岩建隆(Wilson,1975),生物为次要组成部分。

生物丘:具有穹隆状、透镜状或其他周围受限制的形状,全部或主要由固着生物建造的并且被不同岩性的正常岩石包围的块体(Cumings & Shrock,1928);透镜状碳酸盐岩体,为同沉积凸起,由生物泥和少量有机黏结物组成(James,1932)。

骨架丘:生物成因丘,由细小易碎的骨架生物或结壳生物组成。这些生物能阻挡、捕集、黏结和固着灰泥(James & Bourque,1992)。

0.2.1.2 礁(滩)的形成条件及分布环境

从20世纪50年代开始,礁的种类主要分为"生物礁"和"灰泥丘",这两类主要类型的概念的分化很普遍。

生物礁(也叫做生态礁、真礁)是由原核和真核的有骨骼或无骨骼的生物在原地形成的水生生物沉积物。这个类别也包含了常常称为骨架礁的构造,这些骨架可以是由一些在原地生长的大骨骼与一些原位小型骨骼(微骨架或碎屑骨架)相联结而构成,或者是由这些大骨骼与无骨骼的微生物的联结而构成,这些无骨骼的微生物是自生泥晶灰岩的主要制造者(Weidlich & Fluegel,1995)。

狭义的生物礁或生态礁强调生物作用,主要由造架生物和联结生物组成。造架生物呈原地生长状态,没有经过搬运作用,此类礁在地貌上呈明显的隆起(吴亚生,2003)。在广义的生物礁内,只要是属于碳酸盐隆起即可,而忽略其是否为生物成因或其他成因。这样就从单一的生物成因,扩大为造架、障积、水动力等多种成因。

生物礁形成需要合适的生态条件。造礁生物所需要的生活环境和条件,包括光照、水温、水深、浊度、营养水平、底质及水流等。生物礁的发育受大地构造、海平面变化及古地理环境控制,同时也受造礁生物兴衰演化的控制。不同地史时期的造礁生物及其附礁生物组合各有特色,形成的礁体在类型、规模和结构等方面也具有不同的特征。

现代礁主要发育于浅海环境,但也可在陆坡甚至盆内深水环境发育。通常认为礁的碳酸盐岩产率是碳酸盐岩台地形成的基本控制因素(Bosscher & Schlager,1993;Kleypas,1997),但这一看法最近受到质疑(Kiessling et al,2000)。目前,传统观点(礁不同程度地依赖于低纬度热带亚热带暖水环境)和新观点(现代礁和古代礁亦可在中高纬温带冷水环境中形成)之间的分歧日益增大。

0.2.1.3 生物礁结构标志、礁岩类型及各相带的岩石学特征

1. 生物礁的结构标志

生物礁的结构是生物礁岩石组分在空间上的排列，是生物礁的重要识别标志。以边缘为例，生物礁主要由礁核和礁翼（礁前和礁后）组成。

礁核：指在生物礁内，能够抵抗波浪作用的部分，是生物礁的主体。它主要由原地堆积的生物岩或黏结岩组成。

礁前：指生物礁向海斜坡中上部分。

礁后：在礁坪背风处，环境比较平静，大量的灰泥从悬浮状态沉淀下来，常常形成富泥的岩性。

礁间：在一些群礁复合体中，礁与礁之间的沉积物。

以点礁为例，生物礁可分为礁基、礁核、礁盖等。

礁基：指发育在生物的基底，通常是海底中相对突起的地方。

礁核：在生物礁内，位于近原地造礁生物建造的坚固岩石中央。

礁盖：覆盖在礁核和礁翼之上，可能与生物礁的演化末期环境因素变化有关。

2. 礁碳酸盐岩类型

礁碳酸盐岩是一类独特的碳酸盐岩。与其他碳酸盐岩不同的是礁碳酸盐岩的形成受到强烈的生物作用控制。这种控制作用反过来会形成独特的沉积作用型式和胶结作用类型。礁和礁生物的演化，以及礁的属性在地质历史时期的发育特征已经在一些文章中讨论过（Fagerstrom，1987；Webb，1996；Wood，1999；Stanley，2001；Kiessling et al，2002）。

福克（1959）和邓哈姆（1962）都提出将那些依靠底栖固着生物所形成的碳酸盐岩直接命名为石灰岩。福克使用生物岩作为原地礁灰岩的总称。现在主要采用邓哈姆提出的"生物黏结灰岩"，其中主要包括了有活珊瑚虫居住的珊瑚虫石灰岩、叠层石灰岩以及密集生长着结壳生物的石灰岩的总称。

地质学和生物学的不同思考：邓哈姆没有详细说明生物有机体是如何促进岩石的形成和发育的。为此，在他后来对分类方案进行修正时就出现了问题，他想对生物在礁体发育过程中所起的作用给予更多的关注。在研究生物与礁建造时，地质学家是想根据生物构造鉴别礁灰岩类型，而生物学家和古生物学者则希望搞清建造礁灰岩的生物对礁建造过程的影响及作用。

更多的命名是为了更小的差别（差别越小，分类越细，名称就越多）。在原地碳酸盐岩的细分中，首先以事实为依据，对生物黏结岩按照成因定义还可细分为黏结灰岩、骨架灰岩和生物障积灰岩（Embry & Klovan，1971）三类，另外还有很多特殊的条件也可用来表示不同的礁灰岩组构，这使得礁灰岩的命名越来越模糊、越来越复杂。

目前，在礁灰岩研究中，表述比较清楚的是 Embry & Klovan(1971)的分类方案，但这个分类方案并没有包含所有固着生物是如何促进礁灰岩形成的模式。因此，针对所有可能的模式对礁灰岩进行分类命名仍将是一个很大的诱惑。考虑到微生物体对岩石结构的形成所做贡献的复杂性，Tsien(1981)和Cuffey(1985)提出附加的岩石名称，尤其对礁灰岩的命名。Tsien的术语"生物胶结岩"和"覆盖岩石"是常用的和方便的名称，其中包括一些描述性的原地石灰岩的成因术语，分述如下。

原地灰岩：以固着的生物体为主的灰岩，其中包括礁碳酸盐岩和微生物灰岩。

生物障积灰岩：原地生长的茎状和枝状生物，在沉积期间捕获沉积物，在相对较低的水动力条件下，使得沉积物堆积下来形成的岩石（Embry & Klovan，1971）。

黏结灰岩：包括在原地的纹层状的、板状的碳酸盐岩或结壳的生物，在沉积期间这些生物形成硬壳或束缚沉积物（Embry & Klovan，1971）；碳酸盐岩受控于结壳生物，在沉积期间，这些生物会结壳或把碎片黏结在一起形成格架空间（Tsien，1981）；在沉积期间，原地的生物或结壳或黏结沉积物而形成碳酸盐岩（Fagerstrom，1987）。

骨架岩：礁碳酸盐岩。主要为原地生长的块状生物所组成的礁碳酸盐岩，这些生物在沉积过程中，建造了一种坚硬的、立体的、骨架支撑的生物格架（Embry & Klovan，1971）；由生物群体本身形成了礁骨架结构（Fagerstrom，1987）。

3. 礁（滩）各相带的岩石学特征

生物礁是在特定的沉积环境下由生物成因建造而成，因而具有独特的结构和岩石学特征，并在生物和沉积环境的作用下形成不同的岩相带，主要包括礁核相、礁后相、礁前相。

礁核相：通常礁核部分可进一步分为礁顶（礁冠）和礁坪两个相带。

礁顶：代表礁在其生长的任何阶段上的最高部位。因为水循环好，波浪能量较高，岩石类型为颗粒岩和少量黏结岩，生物骨架含量很高。

礁坪：位于礁顶和后礁之间，该相带水较浅，礁坪的水动力环境变化范围较大，水循环好。岩石类型为颗粒岩，颗粒很粗，分选性中等，生物骨架含量低。

礁后相：分为礁后砂相和潟湖相。

礁后砂相：生物礁核相的向后一侧。这是礁坪的背风处，水体相对较为安静。岩石类型为颗粒岩，颗粒较粗，几乎没有生物骨架含量。

潟湖相：位于生物礁向陆一侧较远处，水体安静，闭塞，从而形成礁后潟湖。主要的岩石类型为颗粒泥质岩，沉积物是大量悬浮状态的灰泥沉积，颗粒细，分选差，没有生物骨架。

礁前相：指礁核相向开阔海边缘的斜坡部位，此相带因受波浪冲刷而形成许多砾块、礁块碎屑。砂屑堆积物，呈向外陡倾的岩层，主要是由波浪从礁核向下搬运塌落而来。主要的岩石类型为颗粒岩、黏结岩，颗粒混杂，分选性差，生物骨架含量差别较大。

0.2.1.4 礁滩相储层及形成机制

1. 碳酸盐岩储层类型与礁滩相储层的重要地位

赵宗举（2008）海相碳酸盐岩储集层主要包括礁滩、古潜山（古风化壳岩溶）、内幕白云岩、斜坡扇、白垩及裂缝性灰岩储集层六大类。马永生等（2014）从控制储层形成的主要因素出发，进一步从成因的角度讨论，将碳酸盐岩储层概括为沉积型、岩溶型及构造裂隙型三种类型。

礁滩相储集层油气藏储量在世界油气探明总储量中占10%左右，具有丰度大、产能高的特点，一直是油气勘探家们重点研究的目标。对国外及中国主要海相碳酸盐岩油气田的储集层类型统计分析表明，国外190个油气田储集层中礁滩相57个，滩相53个，两者合计达到了58%，中国136个油气田储集层中礁滩和滩相占到了42%（赵宗举，2008），说明礁滩和滩相在油气田储层中占有重要地位。

发现的礁滩和滩相的大油气田有发现于1948年的中东沙特阿拉伯上侏罗统滩相储集层油田，可采储量可达116×10^8 t油当量；发现于1976年的俄罗斯中石炭统滩相储集层凝析油气田，可采储量可达23×10^8 t油当量；发现于1927年的中东伊拉克始新统—渐新统礁滩储集层油田，可采储量可达31×10^8 t油当量；分别发现于2000年及1979年的里海石炭系—下二叠统礁滩储集层及油气田，可采储量均达16×10^8 t油当量。近年来在四川盆地东北部开江-梁平海槽周缘上二叠统长兴组及下三叠统飞仙关组台地边缘礁滩相储集层发现了构造-岩性-成岩圈闭大型气藏，普光气田、罗家寨气田，在塔里木盆地上奥陶统的台缘礁体中发现岩性圈闭油气藏。

2. 礁滩相储层的分布

礁滩储集层又可分为台内礁滩（以台内滩为主）、台缘礁滩及斜坡-盆地中的孤立礁滩类。

台内礁滩以台内滩为主，发育少量台内点礁，主要分布于海侵体系域早—中期及高位体系域中—晚期。斜坡-盆地中孤立礁滩体的规模及其形成水深、产出的古地理位置可变。台缘礁滩体可以发育在层序格架的几乎所有体系域之中，尤其是在镶边台地的台地边缘，这类储集层更为发育。生物礁与滩相在空间上常常呈共生关系，在时间序列上呈演变转化、叠置关系，因此将其作为一大类储集层看待。由于浅滩相及生物礁多形成于浅水沉积环境,颗粒支撑及生物骨架可以造就更多的原生孔隙,因不同级次的海平面下降而出露于海平面之上或是地表,易于遭受大气淡水及混合水溶蚀,形成有效储集空间。这些储集空间在后期埋深过程中可能会被部分胶结充填,但在埋藏期有机酸及断裂热液作用下又可能被再次扩溶,进而形成良好的储集层。对于生物礁特别是古生代—中生代等古老生物礁来说,形成有效储集层的重要条件是被白云石化及裂缝改造,否则在与生物礁有关的碳酸盐岩储集层中其有效储集层常常是伴生的滩相颗粒灰岩而并非生物礁灰岩本身作为主要储集层(赵宗举,2008)。

0.2.2 国内外白云岩储层研究

0.2.2.1 全球白云岩研究现状及存在的问题

与白云岩化作用和白云岩成因有关的研究是一个长期令无数地质学家为之着迷和经久不衰的课题,有人甚至为其贡献了毕生精力。从基础理论角度来说,白云岩化作用和白云岩成因一直是碳酸盐岩沉积学研究的难点(即所谓的dolomite problem)与前沿领域,现在仍有很多问题没有圆满解决,有关领域涉及到沉积学、矿物学、岩石学、地球化学、化学热力学和动力学,以及与之有关的水文学、地层学和构造地质学等众多学科,因而备受地质学家关注。在矿床学领域,著名的密西西比河谷型(MVT)铅锌矿床与白云岩化作用直接相关(如Davies & Smith,2006),因而白云岩化和成矿作用之间的关系也是矿床地质学家长期研究的重要课题;在石油地质学领域,碳酸盐岩大致占据了油气储层的半壁江山,但白云岩储层显著多于石灰岩储层,尤其是深埋地层中,白云岩储层的比例更大,物性更好。虽然人们用白云岩化过程中的体积收缩效应来解释白云岩储层中多余孔隙的成因,但并非所有的白云岩化都有多余孔隙空间形成,有的白云岩甚至是良好的油气盖层,因而与储层有关的白云岩化作用机理仍然是没有圆满解决并长期为地质学家所高度关注的重要科学问题。近年来,在白云岩成因领域中获得了重要的研究进展,一些多年来被我们接受的传统经典理论不断被更新或受到挑战,值得我们在这里回顾的有如下几个方面。

1. 白云石矿物学

与白云石矿物学有关领域的研究进展主要体现在低温条件下白云石的合成实验和白云石组成与 d_{104} 值(104面网间距值,全书相同)关系两个方面。2004年,Wright & Wacey在地表条件下通过实验从库隆潟湖水中沉淀出了白云石,实验条件是常温常压,实验总时间(加上细菌培养)大致为22周。从实验中获得的白云石存在有序反射,因而是真正的白云石。该实验表明,与细菌硫酸盐还原作用有关的微生物地球化学条件是沉淀出白云石的基本要素,这在近100年人工合成白云石实验研究中具有里程碑的意义。在白云石固溶体系列组成与 d_{104} 值关系的研究中,多年来我们一直使用Füchtbauer(1974)的经验曲线来获得白云石的组成($CaCO_3$ 或 $MgCO_3$ 的摩尔分数),Zhang et al(2010)重新建立了 d_{104} 值和 $MgCO_3$ 含量关系的经验曲线。该经验曲线可用于无序白云石固溶体系列,因而可帮助我们确定天然无序白云石 $MgCO_3$ 的含量,并为白云岩成因研究提供有价值的矿物学资料。

2. 白云岩化作用数值模拟的开展

这是一个在过去15～20年以来开展的并不断深入的领域。最新的研究是Whitaker & Xiao(2010)对台地碳酸盐早埋藏白云岩化的反应迁移模拟,证明正常海水的地热对流可以形成100%白云岩化的岩体,其所需要的时间从几年到几十百万年。该领域对我国大多数学者来说可能仍然较为陌生,我们目前有关白云岩化作用的研究仍然停留在定性的概念模式领域,难以对很多与白云岩化作用有关的重要变量进行深刻理解,比如在某种流体驱动方式下,白云岩化作用的深度到底有多深、侧向范围有多大、速度有多快以及它们与某些地质环境存在的时间(如台地的存在时间)之间的关系如何,这使得我们很难对白云岩体的分布样式和分布规律作出合理的预测。目前,已有越来越多的研究为白云岩化的概念模式提供了定量的框架,白云岩化的数值模拟包括从质量平衡的简单计算到一定边界条件下流体流动的解析模型,再到复杂的完全耦合的流体流动和反应-迁移模型,近年来还增加了地球化学反应的内容。白云岩化作用数值模拟的成果已应用到对已有白云岩化模式的修正、完善和新模式的建立中。

3. 已有白云岩化模式的修正、完善和新模式的建立

近年来,资料的积累、实验模拟和数值模拟的开展,大大促进了人们对已有白云岩化模式的修正和完善,同时也提出了一些新的白云岩化模式,尤其强调了在白云岩形成过程中水文学驱动机制的作用(如 Machel,2004),主要包括:①提出了作为准同生白云岩重要机制的微生物/有机质模式,强调如硫酸盐还原作用和甲烷的形成在白云石形成中的作用;②对已有回流模式的修正与扩展,回流作用可以有更大的深度,因而在新的回流模式中加入了隐伏回流;③毛细管蒸发作用和蒸发泵效应是萨布哈模式的重要水文学驱动方式,同时也强调近海岸潮上坪(和潮汐道中)的风暴驱动流;④海水作为白云岩化过程中镁的最主要来源得到充分认同;⑤对中—深埋藏环境和相应的白云岩化模式有了更全面的理解,并总结了压实、热对流、地形、构造(挤压)等多种流体驱动方式的白云岩化模式,为中—深埋藏条件下白云岩的成因研究提供了崭新的可借鉴的资料。

4. 热液白云岩化作为新的主流模式之一成为人们关注的热点

近年来热液白云岩化作用在我国的流行很大程度上依赖于 AAPG 于 2006 年 11 月以"Structurally Controlled Hydrothermal Alteration of Carbonate Reservoirs(碳酸盐储层热液改造的构造控制)"为主题出版的专辑(Davies & Smith,2006;Smith & Davies,2006;Luczaj,2006;Luczaj et al,2006;Lonnee & Machel,2006;Katz et al,2006;Wierzbicki et al,2006),专辑主要涉及了热液白云岩的成因、石灰岩的溶解和以碳酸盐岩作为主岩的硫化物矿床三个方面的内容,但涉及最多的仍然是热液白云岩,包括对热液白云岩结构、构造的新认识,构造作用(伸展、走滑构造)对热液白云岩形成与分布的控制,热液白云岩、沉积-喷流型(SEDEX)铅锌矿床和以热液白云岩作为主岩的密西西比河谷型(MVT)铅锌矿床在成因与分布上的联系,与热液白云岩有关的油气储层的形成机制、勘探方法(包括地震识别技术)的研究等。近年来值得我们进一步关注的还有 Wendte et al(2009)对加拿大不列颠哥伦比亚东北 Redknife 组 Jean Marie 段与热液白云岩伴生裂缝对储层孔隙度和渗透率控制作用的研究以及 Diehl et al(2010)对美国内华达大盆地斑马状热液白云岩及其与古生代地层学、构造和矿床关系的研究等。

5. 混合水白云岩化模式受到置疑

混合水白云岩化作为流行模式之一影响了我们多年。Badiozamani(1973)提出用混合水白云岩化模式以解释威斯康星穹隆 Sinnipee 群奥陶系碳酸盐岩,尤其是 Platteville 组 Mifflin 段白云岩的分布和地球化学特征。然而,近年来人们已注意到,通过混合水作用发生大规模的白云岩化是不太可能的,这意味着不能用混合水模式解释厚层块状白云岩的成因。Luczaj(2006)重新研究了威斯康星穹隆碳酸盐岩的成岩作用,对作为经典模式的混合水白云岩化提出了完全不同的意见,他认为该地区的白云岩化是热水成岩作用的一个实例。根据流体包裹体分析、阴极发光分析、偏光显微镜观察、稳定同位素分析并结合有机物成熟度的数据,得出威斯康星穹隆的白云岩化作用是由温度升高的浓卤水导致的,这与区域 MVT 矿床以及钾硅酸盐矿物的矿化作用是同期的,排除了混合水白云岩化的可能性。另外从热力学、动力学和水文学三个方面的条件来看,混合水白云岩化作为一种模式也缺乏足够的基础(Machel,2004),混合带形成白云石的能力是非常有限的,形成白云岩的体积也相对较小。

0.2.2.2 南海新生代白云岩研究现状及存在的问题

近年来,国内同行对我国白云岩形成机制进行了卓有成效的研究,有关成果大大提高了我国白云岩成因领域基础研究的水平,同时在白云岩储层的形成机制及以白云岩作为主岩的矿床形成机制等应用领域中也具有非常重要的意义。然而,与南海新生界白云岩形成机制有关的研究成果相对较少,这与我国其他地方和层位(如川东北上二叠统长兴组—下三叠统飞仙关组)白云岩形成机制研究的深入程度形成了强烈的反差,也与人们对中国南海碳酸盐沉积的关注程度极不相称。南海生物礁不仅数量多,第四纪生物礁有 118 个,第四纪以前的生物礁约有百余个,且类型多而全,有些是大型礁体,面积达几百平方千米;同时,南海已发现众多的生物礁油气藏,如珠江口盆地的流花 11-1、流花 4-1 和陆丰 15-1 等油田,万安盆地的万安滩,曾母盆地 L、F6 和 F23,巴拉望盆地的尼多礁、盖洛克和耷拉等(赵强,2010)。西沙海域位于南海西北部陆坡区,有 40 多个岛、洲、礁、滩分布在这个海域内,岛屿总面积 8km²,是我国南海四大群岛中陆地总面积最大的群岛。西沙海域既有目前正在生长的现代生物礁,又有第四纪生物礁露头,同时也有地下的古代生物礁,因而西沙群岛生物礁在南海生物礁研究中具有重要的代表性。

我国对南海西沙群岛的系统科学研究始于 20 世纪 70 年代前期,并在 70~80 年代组织了中国科学院南海海洋研究所、海洋研究所、地质研究所、地球化学研究所、南京土壤研究所、华南植物研究所、动物研究所等单位针对西沙群岛海陆区域开展较为系统的综合考察(中国科学院南海海洋研究所,1978;中国科学院海洋研究所,1975,1978,1979;中国科学院南京土壤研究所西沙群岛考察组,1977),其中与地质与地球物理有关的内容主要包括:区域地质地貌(黄金森等,1981,1986;黎昌,1986;高战潮,1986;卢寅侍,1979;邱世钧等,1984;曾昭璇等,1985;沙庆安,1986)、沉积物和沉积岩(邹仁林等,1979;钟晋梁和黄金森,1979;黄金森等,1978;沙庆安等,1981;朱袁智,1981;朱袁智,钟晋梁,1984;王国忠等,1986;吕炳全等,1987;赵焕庭,1996)、石岛全新世中期高海面(吕炳全等,1987)、石岛地层年龄(陈以健等,1988)。为了进一步了解西沙群岛地下生物礁的具体情况,我国在前期科学研究中进行了 4 口钻井,包括西永 1 井(永兴岛,钻井深度 1384.68m,完井时间 1974 年)、西琛 1 井(琛航岛,钻井深度 802.17m,完井时间 1984 年)、西永 2 井(永兴岛,钻井深度 600.02m,完井时间 1984 年)、西石 1 井(石岛,钻井深度 200.63m,完井时间 1984 年)。针对上述 4 口井的钻井岩芯,我国科学家开展了大量与之有关的地质学研究,如基底时代(孙嘉诗,1987)、古生物(王崇友等,1979;吴作基等,1982;孟祥营等,1989;王玉净等,1996;许红等,1999)、矿物岩石与地球化学(沙庆安,1982;何起祥,1990;许红等,1994;刘健等,1998;魏喜等,2006,2007,2008a,2008b,2008c)、现代风暴沉积(业治铮等,1984,1985;张明书等,1987;业渝光等,1990;李浩等,1991;许红等,1999)、陆相沉积(冯伟民等,1991)、磁化率(张明书等,1994,1996)、古海洋(何起祥等,1990;于津生等,1994;孙志国等,1996;吕炳全等,2002)、储层特征(许红等,1999;陈亦寒等,2007)、地球物理特征(魏喜等,2008b)。与此同时,有关学者也出版了一些专著,系统总结了西沙群岛生物礁地质特征,如《中国西沙礁相地质》(何起祥等,1986)、《西沙生物礁碳酸盐沉积地质学研究》(张明书等,1987)、《西沙礁相第四纪地质》(张明书等,1989)、《西沙中新世生物地层和藻类的造礁作用与生物礁演变特征》(许红等,1999)、《西沙海域生物礁特征及油气勘探前景》(魏喜,2007)等。

从目前掌握的资料来看,南海新生界大多数碳酸盐地层中都不同程度地发育白云岩化作用,如西琛 1 井中新统—上新统(主要在中新统)存在数百米厚的白云岩(孙启良等,2008),白云岩主要为礁白云岩或礁伴生白云岩(魏喜等,2008c)。已有研究(魏喜,2008c)表明,西琛 1 井礁相碳酸盐岩同时存在石灰岩和白云岩两类碳酸盐岩,纵向上白云岩有 3 层,总厚度在 300m 左右,同时 4 层石灰岩层中铁白云石的含量也可达 30%;而白云岩层中铁白云石在 92.6%以上,方解石很少。同时这些白云岩 $\delta^{13}C$ 在海水附近,但具有较高的 $\delta^{18}O$ 值。另外珠江口盆地碳酸盐岩也不同程度地发育白云岩或白云石,并具有非常丰富的白云岩/石组构,尤其出现了非平直晶至鞍形晶白云石。流花构造以白云岩化作用为基质选择性白云岩化,其后生物溶解,白云石胶结物作用发生,在结构上类似于西加拿大沉积盆地。这些问题都值得我们进一步深入研究。

在西科 1 井已完钻返回的 748m 岩芯中,至少存在 8 层白云岩,一些石灰岩中也存在分散的白云岩化作用,白云岩的总厚度大致在 100m 左右,显示白云岩化作用和白云岩形成机制在西科 1 井碳酸盐岩研究中的重要性。西科 1 井礁白云岩与其他类型白云岩形成机制的研究可为南海地区深水区生物礁或其他碳酸盐岩储层勘探、尤其是白云岩储层勘探提供重要的地质依据,也可为我国白云岩成因研究或白云岩化机理与模式研究提供一个新的实例。

1 地质背景

1.1 中国南海及西沙地区构造特征

南海位于欧亚板块东南部,其东以马尼拉海沟与菲律宾海板块相接,西以印支半岛与印度板块为邻,南隔印度尼西亚群岛与澳大利亚板块相接,其形成演化与周边的欧亚板块、太平洋板块和印度-澳大利亚板块密切相关。它靠近特提斯和环太平洋两个大型的超级汇聚带的交会处,是太平洋和特提斯两大体系联合和叠合影响的地区,也是全球低纬区及西太平洋最大的边缘海,并且也是我国大陆边缘唯一发育了洋壳的海盆(汪品先等,2010;Expedition 349 Scientists,2014)。南海四周发育了被动、主动和转换型三大主要的大陆边缘的类型(Xia et al,1994;龚再升等,1997;周蒂等,2002;Metcalfe,2011),是全球构造运动最为活跃的地带之一,也是地球动力学研究的前缘与热点地区(Tapponnier et al,1982;金庆焕,1989;龚再升等,1997;郭令智等,2001;姚伯初等,2005;汪品先等,2010)。

南海是在区域拉张背景下形成的小洋盆,但其动力学机制却有颇多争议。Holloway(1982)、Taylor(1983)等提出了古南海洋向南俯冲的大陆边缘被动扩张模式;Tapponnier(1986,1990)、Leloup(1995)等提出了印-藏汇聚和华南大陆挤出的左行拉分模式;Zhang & Shi(1999)等提出岩石圈主动伸展模式和夏斌(2004,2005)等提出板块俯冲碰撞导致"南北向构造拉张"及"地幔上涌"联合作用的模式。而雷超(2015)则认为红河-越东-Lupar 线断裂是南海及其周缘地区重要的构造界线,该界线将南海沉积盆地划分为"古南海俯冲拖曳构造区"沉积盆地群和"挤出-逃逸构造区"沉积盆地群。前者主要受古南海俯冲及其所引起的区域构造变形场的控制,后者主要由于印度-亚洲大陆碰撞、印支地块挤出作用导致形成。

1.1.1 南海扩张过程

南海洋盆面积较大,一般将其划分为西北次海盆、西南次海盆和东部次海盆。对南海洋盆的扩张历史的认识依赖于对海底磁条带的研究,进而确定海盆的演化历史(雷超等,2015)。基于目前周边构造和沉积盆地研究的实际情况以及 IODP349 航次打穿西南次海盆基底玄武岩钻井所获得岩性古生物资料的分析(Expedition 349 Scientists,2014),有关南海扩张历史采用多数地质学家认可的 Briais 南海扩张模型(Briais et al,1993),可将南海的扩张划分为 3 个阶段(雷超等,2015)。

阶段一:32.0~25.5Ma。该时期南海洋脊的展布方向为近东西方向,但是洋脊之间被大规模的转换断层所错断,编号 11 的磁异常条带主要发育在中央海盆和西北次海盆,并且南海的扩张是自西向东的扩张,在极限减薄的位置,如西沙海槽,地壳厚度从早期南海扩张前的 25km 减薄至现今的 8km(Qui eta,2003),甚至更薄,因此,可命名西沙海槽为夭折盆地。此阶段半扩张速率较大,为 48~28mm/a。

阶段二:25.5~21.0Ma。该阶段位于南海西北,次海盆洋脊扩张已停止,而在距其 50km 的南部中央海盆出现了新的扩张中心,在编号为 7 和 9 磁异常条带之间的位置形成洋壳张裂,扩张方向转变为北北西-南南东。在 24.7~20.5Ma 之间,Briais et al(1993)发现了南海洋脊发生跃迁,西南次海盆开始扩张,导致在洋脊延伸方向的中沙和礼乐微地块开始分离,地块之间开始形成铁镁质的大洋岩石圈。此阶段半扩张速率较小,在20mm/a左右。

阶段三:21~16Ma。此时扩张主要集中在中央次海盆和西南次海盆,扩张也是一种渐进式向西南方向扩张,扩张轴延伸方向处于强烈的拉伸伸展状态,如我国万安盆地(Davis & Kusznir,2004)。在16Ma,南海洋盆扩张作用停止,洋盆整体进入了热沉降阶段。此阶段半扩张速率较小,在10~25mm/a之间,但扩张将要结束前期,半扩张速率突然增大,最大达到约25mm/a。

近年来,随着对越东断裂(Fyhnetal,2009)Lupar线(Clift et al,2006;Cullen,2010)和West Baram线(Clifteta,2008;Halleta,2008;Cullen,2014)构造特征、位移距离和运动方向的研究,特别是对于婆罗洲Rajiang群沉积所代表的始新世增生杂岩性质的确认(Hutchison,1996;Hall et al,2008),人们开始对南海的成因越来越多地倾向于认为在印支地块挤出-逃逸过程中古南海俯冲拖曳导致南海扩张的综合模式(Morley,2002;Clift et al,2006;Cullen,2010)。红河-越东-Lupar线断裂是东南亚地区的一个重要的构造界线,该界线划分出两个具有显著不同构造特征和演化过程的区域构造变形区(雷超等,2015)。在该界线的西侧为经典的印度-欧亚大陆碰撞所产生的"挤出-逃逸构造区",而在该界线的东侧岩石圈地壳的构造演化主要是古南海俯冲及其所引起的区域构造变形场变化的"古南海俯冲拖曳构造区"(图1-1;雷超等,2015)。

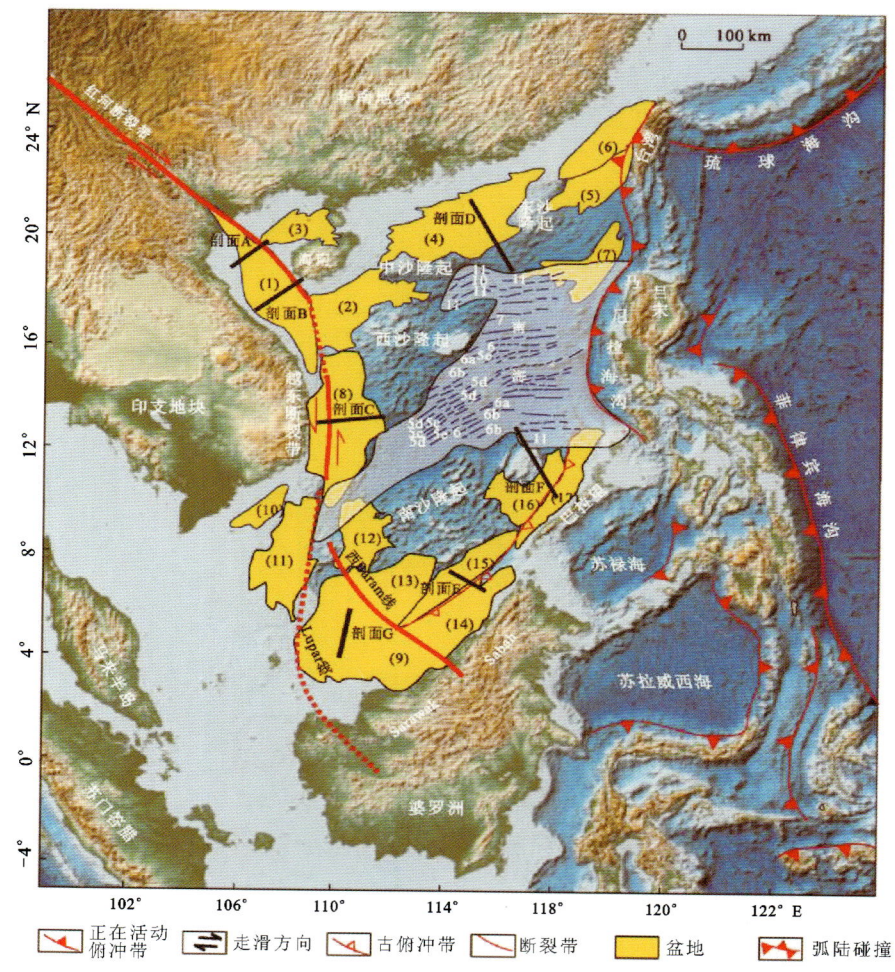

图1-1 南海及其陆缘主要新生代沉积盆地分布(底图据中国地图,2013)
(1)莺歌海盆地;(2)琼东南盆地;(3)北部湾盆地;(4)珠江口盆地;(5)台西南盆地;(6)台西盆地;(7)笔架南盆地;
(8)中建南盆地;(9)曾母盆地;(10)湄公盆地;(11)万安盆地;(12)南薇西盆地;(13)北康盆地;(14)文莱-沙巴盆地;
(15)南沙海槽盆地;(16)礼乐盆地;(17)西北巴拉望盆地

1.1.2 南海陆缘沉积盆地

南海发育沉积盆地十多个,油气勘探实践表明南海周缘沉积盆地油气资源十分丰富(龚再升等,1997;Doust & Sumner,2007;朱伟林,2010)。红河-越东-Lupar线大型断裂带作为东南亚地区的一个重要的构造界线,从盆地形成演化和机制的角度,可将其东西两侧的两个构造区的盆地划分为"古南海俯冲拖曳构造区"沉积盆地群和"挤出-逃逸构造区"沉积盆地群(雷超等,2015)。其中"古南海俯冲拖曳构造区"位于红河-越东-Lupar线以东,马尼拉俯冲带之西,巴拉望俯冲带之北,包含了南海北部陆缘、南海海盆和南海南部陆缘及其相邻地区(图1-2)。这个区域的盆地以北东向或近东西向分布为主,主要受拉伸或挤压作用控制,形成南海北缘的伸展盆地和南海南缘与俯冲、岩石圈挠曲有关的前陆盆地或海沟盆地(雷超等,2015)。这个构造区盆地并非完全没有受到印度-欧亚大陆碰撞的影响,如从上新世开始,红河断层右旋,华南大陆相对于印支地块向南或南东挤出才开始受到了挤出逃逸构造的影响,如北部湾盆地自5.5Ma以来发育的反转构造。同时有些人将5.5Ma以来华南地块相对于印支地块的挤出,如琼东南等盆地岩石圈处于挠曲的状态,归因于盆地发生快速沉降(Zhu & Lei,2013;雷超等,2015)。

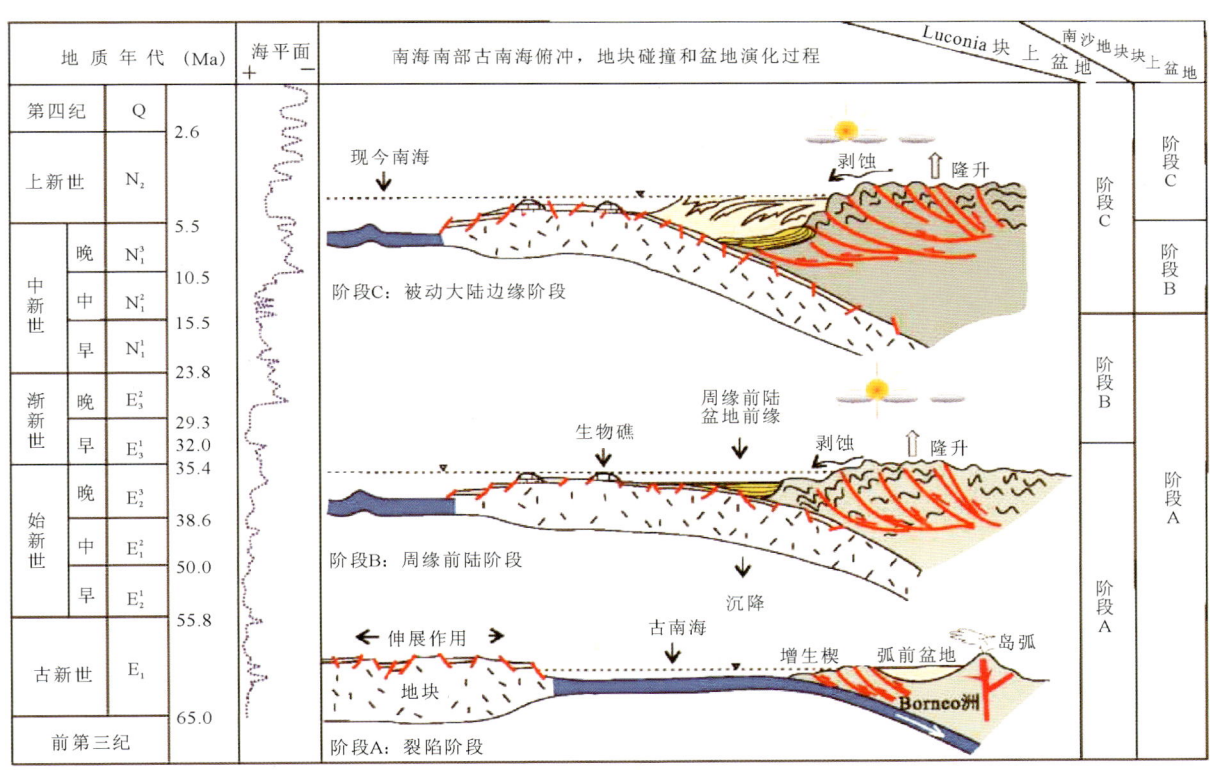

图1-2 南海南部构造演化和主要沉积盆地演化划分(雷超等,2015)

而相对于古南海俯冲拖曳构造区的盆地而言,南海"挤出-逃逸构造区"内盆地规模较小,但在印支地块上该类型盆地较多。印支地块和南海海域挤出-逃逸构造区发育了较大规模的走滑断层,如红河断层、越东断层、Mae Ping断层、Sangain断层和Three Pangodas断裂等断层,并且这些走滑断层控制了一系列沉积盆地。在挤出-逃逸构造区内,盆地的类型多样,形态复杂,既有拉伸盆地,也有其他类型的与走滑相关盆地或走滑-伸展的复合型盆地。这些盆地形态以线形、楔形、菱形等为特征。盆地的形成、演化过程和机制都比较复杂，盆地之间都有比较大的差异，但走滑作用和以走滑断裂为边界的地块的顺时针旋转是盆地发育及演化的主要控制因素(雷超等，2015)。

根据盆地的主要构造界面及其限定的沉积地层，将挤出-逃逸构造区盆地形成过程划分为裂陷阶段、走滑改造阶段、走滑转换阶段和裂后加速沉降阶段(图1-3；雷超等，2015)

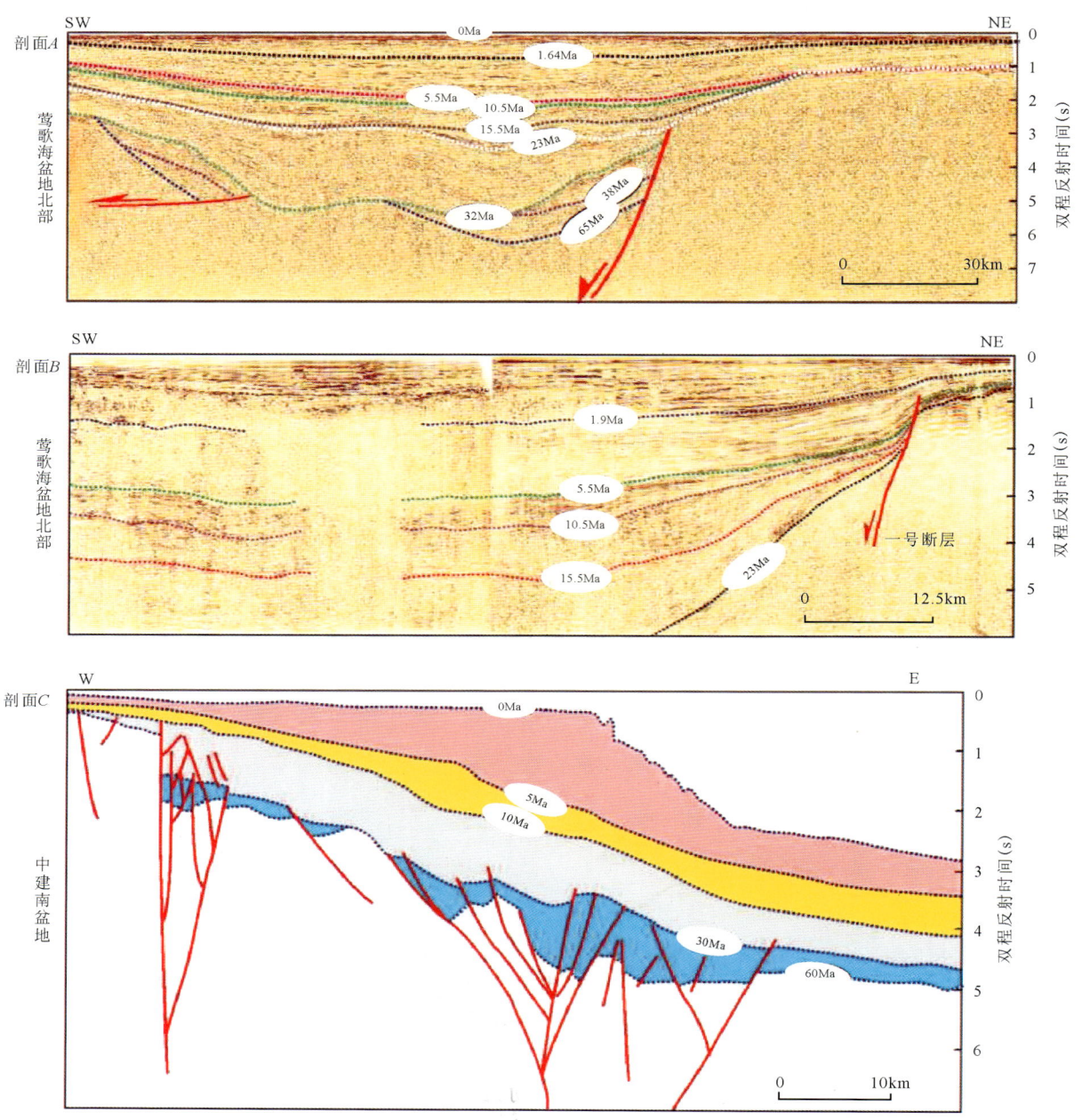

图1-3 挤出-逃逸构造区沉积盆地构造-地层特征(雷超等，2015)

1.1.3 西沙地区构造特征

西沙海域位于中国南海西北部大陆坡上，是南海陆缘地垒系的组成部分，按照基底构造和上覆沉积地层的特征，可分为隆起区和盆地区。隆起区主要是西沙隆起和广乐隆起，海水相对较浅，基底之上沉积地层较薄；盆地区处于隆起区周围，包括琼东南盆地、西沙海槽盆地、双峰盆地、排波盆地和中建南盆地，海水较深，新生代沉积地层较厚（雷超等，2015）。

西沙群岛海区位于南海西部陆坡区，西邻海南岛大陆架，北濒西沙海槽，东部、南部与中沙海槽及南海盆地相接。所在的西沙-中沙地块位于南海西部边缘，其西部以南海西缘红河-越东断裂与印支地块为界，北部通过西沙北海槽北缘断裂和中央海盆北缘断裂与华南地块为邻，南部经过南海西南海盆中部残留扩张脊及其向西延伸的断裂与南沙地块相接，东部以中南-礼乐断裂与礼乐-东北巴拉望地块相连（图1-4、图1-5）。该地块为减薄陆块，地壳厚度在18～28km之间，属陆洋过渡型地壳（赵强，2010），包括琼东南盆地深水区、珠江口盆地的西南部、永乐隆起带、南海西北海盆等构造单元，构造整体走向为北东向，研究区的水深为200～1500m（马玉波等，2011）。

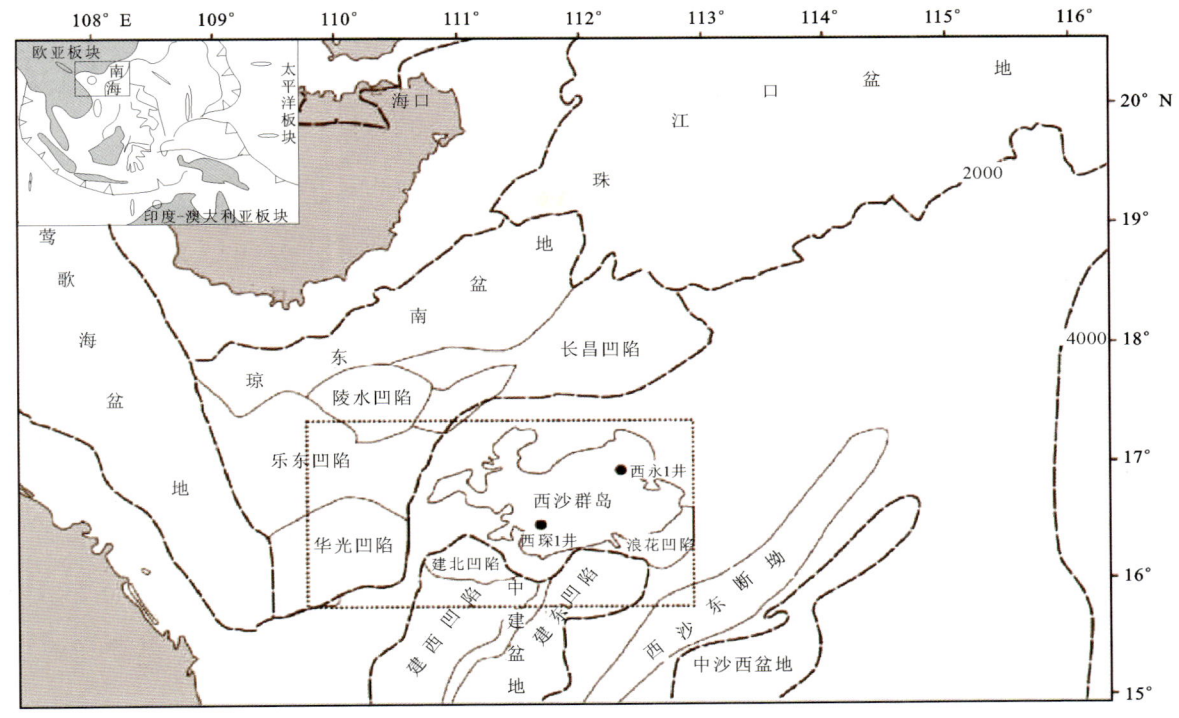

图1-4 南海北部陆坡构造区划示意图

西沙群岛永兴岛上西永1井第三系之下为元古宙花岗片麻岩基底，经与越南的地质图对比分析，发现这里可与昆嵩地块的元古宙变质岩对比（龚跃华等，1999）。因此，西沙-中沙地块和印支地块为一古老地块，在印支运动后期，它们和华南地块缝合在一起。在新生代神狐运动中，它沿南海西缘断裂向东南运动，地壳被拉薄，并和印支地块发生分裂。Hayes（1985）通过对整个南海在新生代构造运动的研究，认为该地块的地壳在新生代沿水平方向被拉长约500km。在始新世晚期的南海运动中（约42Ma），中沙、西沙、南沙地块向南东方向移动，在中沙地块后面，由海底扩张产生了南海西北海盆（赵强，2010）。中新世西沙群岛在坳陷期构造相对稳定，未受到大规模物源的影响，适宜生物礁大规模发育，上新世该区快速沉降，进入环礁发育阶段（张明书等，1989；许红等，1999，冯英辞等，2015）。2000多万年来，始终保持成礁环境，形成了厚度达1200余米的礁相沉积物（何起祥，1986）。在历史上，礁体发育规模是有变化的，但总趋势逐渐缩小，现今处于礁群规模最小的时期（赵强，2010）。

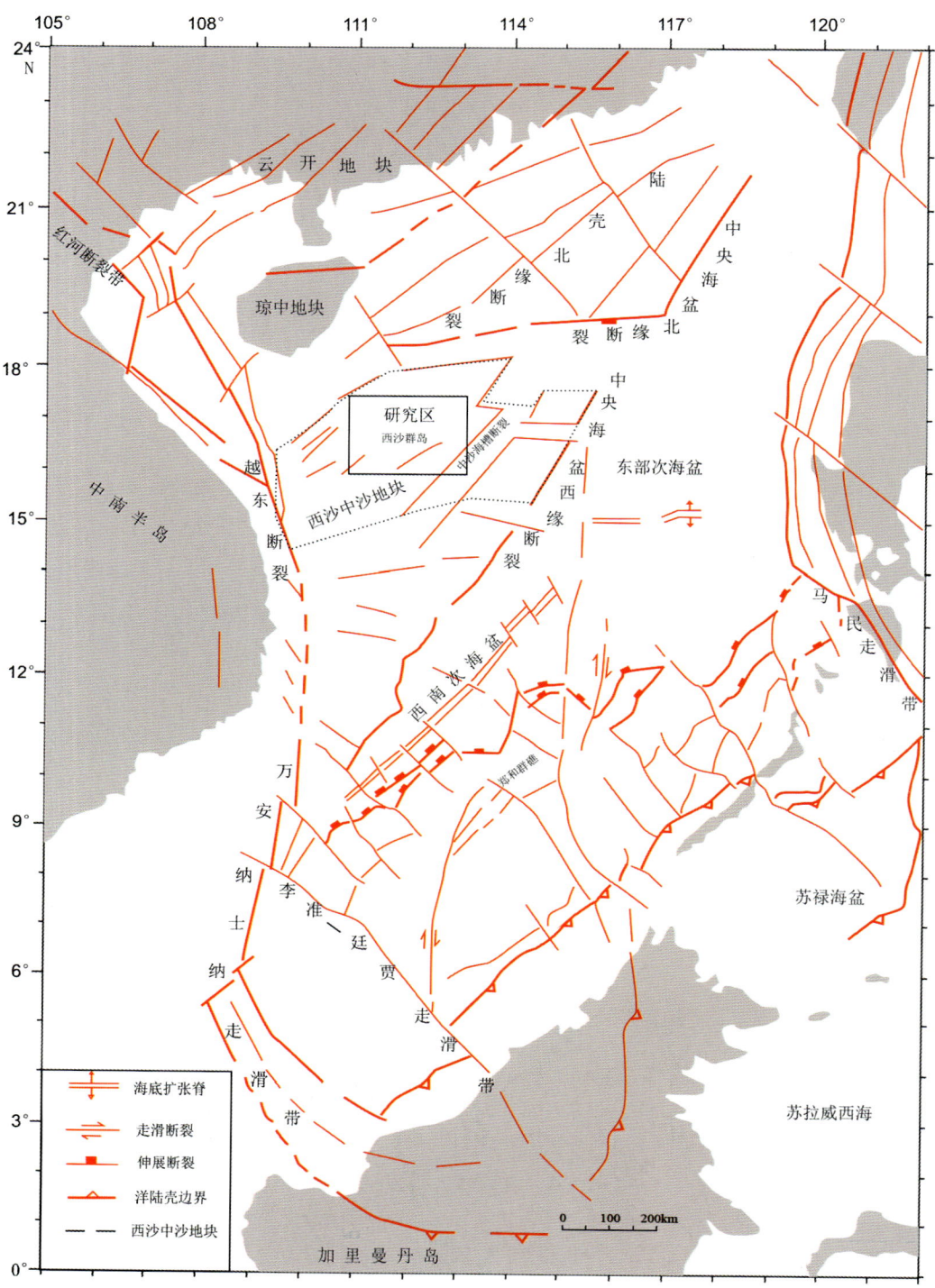

图 1-5　南海构造图(李家彪等,2015,有修改)

1.2 西沙群岛新生代地层特征

1.2.1 西沙地区钻井

截至目前,西沙海域生物礁上共打了5口钻井,分别是西科1井、西永1井、西琛1井、西永2井和西石1井。其中西永1井位于西沙隆起宣德环礁永兴岛上($16°50'$N,$112°20'$E),由南海石油分公司于1973年冬至1974年春完成,位于永兴岛东南,西永2井与西石1井之间。完钻井深1384.68m,钻遇了近1251m的生物礁地层,时代可能为中新世延今,基底为花岗片麻岩。该井取岩屑钻进方式,取芯12次,其中200m以下进尺53.9m,其基底为深灰色花岗片麻岩,绝对地质年龄为689Ma(王崇友等,1979),井深1279~1251m为28m厚的风化壳,其上为从中新世延续至今的碳酸盐岩沉积(赵强,2010)。西永2井由原地质矿产部石油地质海洋地质局完成,宣德环礁永兴岛西南缘港口处($16°51'$N,$112°20'$E),全取芯,井深600.02m,400~600.02m岩芯封存至今。西琛1井由原地质矿产部石油地质海洋地质局完成,位于永乐环礁琛航岛码头以北约70m($16°25'24''$N,$111°40'$E),是迄今为止我国国土最南端的、国内外罕见的全取芯达早中新世生物礁、位于陆架外缘海域的钻井(许红,1999)。1983年11月23日开钻,次年4月下套管,至320.84m。4月25日二开,5月26日全取芯钻达802.17m终孔。西琛1井总计取芯329回次,346.92~802.17m井段平均取芯率80%,共进行了两次全井段的系统分析描述、多次重要层段分析研究(赵强,2010)。西石1井($16°50'45''$N,$112°20'$E)位于宣德环礁石岛东南侧,井深200.63m,远未钻穿生物礁。

1.2.2 西科1井地层特征

到目前为止,已发表的石岛表层碳酸盐沉积物^{14}C定年数据60余个,其中95%介于5000~20 000年之间(毕福志,袁又申,1997),说明石岛表层存在沉积层的缺失,普遍认为缺失最少1万年左右的沉积记录(陈以健,焦文强,1982;业治铮等,1985;何起祥等,1986;吕炳全等,1986)。钻井剖面的定年工作主要依据古生物组合进行,难以细化。20世纪80年代在西石1井进行的研究中同样存在定年问题。何起祥等(1986)依据δ^{18}O变化曲线对西石1井200m以上沉积物进行了初步时间标定,认为0~24.68m(相当于11~65ka之间)为末次冰期的产物,24.68m以下相当于末次间冰期,在150m左右沉积物年龄不到130ka,进而得出西沙群岛间冰期碳酸盐沉积速率比冰期高出4倍的看法(乔培军等,2015)。

西科1井地层划分如表1-1所示。

①三亚组二段:下部为含陆源碎屑-碳酸盐混积岩夹薄层陆源碎屑质-碳酸盐混积岩和骨架灰岩,上部为漂砾灰岩夹白云质灰岩,顶部为黏结灰岩。其中,陆源碎屑-碳酸盐混积岩发育于1257.52~1204.44m深度段,夹薄层骨架灰岩。漂砾灰岩发育于1204.44~1185.32m。黏结灰岩分布的深度为1185.32~1179.69m。

②三亚组一段:以白云岩为主,顶部发育薄层粒泥灰岩。

③梅山组二段:下部以白云岩、白云质灰岩为主,中部主要为黏结灰岩、泥粒灰岩与粒泥灰岩,上部为颗粒灰岩、粒泥灰岩和漂砾灰岩,顶部见白云岩。

④梅山组一段:下部为漂砾灰岩、粒泥灰岩与泥粒灰岩不等厚互层;中部为白云岩夹薄层粒泥灰岩与白云质灰岩,上部为漂砾灰岩与粒泥灰岩互层。

⑤黄流组二段:以白云岩为主,底部夹灰质白云岩薄层,顶部过渡为白云质灰岩。

⑥黄流组一段:以灰质白云岩为主,上部夹白云岩、白云质灰岩及泥粒灰岩。

⑦莺歌海组二段：下部为厚层泥粒灰岩，上部为白云质灰岩夹薄层白云岩。

⑧莺歌海组一段：黏结灰岩、粒泥灰岩和泥粒灰岩不等厚互层，夹薄层颗粒灰岩。

⑨乐东组：下部为粒泥灰岩与泥粒灰岩近等厚互层，中部为粒泥灰岩夹泥粒灰岩及薄层骨架岩，上部为骨架灰岩与粒泥灰岩及泥粒灰岩不等厚互层并过渡为以骨架岩为主，顶部为碳酸盐砂和颗粒灰岩。

表1-1 西科1井地层划分（据西科1井综合研究项目组，2015）

地层系统				地震界面	年龄(Ma)	底深(m)	厚度(m)
系	统	组	段				
第四系	更新统—全新统	乐东组	一	T_{20}	2.0	214.89	214.89
新近系	上新统	莺歌海组	一	T_{27}	3.2	288.43	73.54
			二	T_{30}	5.3	374.95	86.52
	中新统	上 黄流组	一	T_{31}	7.2	470.1	95.15
			二	T_{40}	11.6	576.5	106.4
		中 梅山组	一	T_{41}	13.6	758.4	181.9
			二	T_{50}	16.0	1032.46	274.06
		下 三亚组	一	T_{52}	21.0	1179.69	147.23
			二	T_{60}	23.0	1257.52	77.83
前古近系					≥85±3.0	1268.02	10.5
备注	据新研究成果将214.89m的界面年龄由2.6Ma更正为2.0Ma						

西科1井$\delta^{13}C$值变化特征与南海标准碳同位素曲线完全相同，完全可以用来标定地层年龄（乔培军等，2015）：①西科1井在大气淡水淋滤作用下，在地表埋深0.03m处即开始发生矿化重结晶作用。随着埋藏深度增加，这种重结晶作用愈发强烈。同时，在台地暴露淋滤面及沙滩相沉积环境中白云岩化作用普遍。由于这些早期成岩作用的发生，使碳酸盐生物颗粒中记录的原始氧同位素信息破坏殆尽，无法采用传统的氧同位素地层学方法进行地层年代学的标定。②该井$\delta^{13}C$变化曲线与南海及全球主要大洋的碳同位素变化曲线完全相同，完全可以用来准确标定200ka以来的地层年龄。0~50m深度对应全球氧同位素1~7期；5.00m地层时代为14ka，为氧同位素1期的底界年龄；11.70m为氧同位素2期的底界，年龄为29ka；23.80m深度年龄为129ka；35.65m为氧同位素6期底界，年龄为191ka，同时$\delta^{13}C$值表现出冰期低而间冰期高的特点。③西科1井0m处地层年龄约5ka，说明石岛缺失近代5ka以来的沉积物。在11.70m、16.80m和35.65m处对应于间冰期向冰期转化的海平面下降期，$\delta^{13}C$值表现出阶段性最高值。经岩芯观察发现13.90m处为珊瑚礁相向生物砂屑灰岩相的转换面，与冰期向间冰期转换时海平面上升造成碳酸盐台地剥蚀面重新被覆盖相符。④该井在5.00m、13.90m和23.80m深度均出现$\delta^{13}C$值突然变轻的现象，其对应的时代恰恰是冰期与间冰期相互转换的时期，说明全球气候变化是$\delta^{13}C$值发生突变的主要原因。

1.2.3 西琛1井地层特征

西沙群岛永乐环礁琛航岛上西琛1井是针对生物礁的全取芯钻井，钻至下中新统，完钻井深802.17m，揭示的地层均为碳酸盐岩。根据有孔虫和介形虫等古生物化石研究，地层层位有下中新统（西沙组）、中中新统（宣德组）、上中新统（永乐组）、上新统（南海组）和第四系（韩春瑞等，1989，1990；王玉净，1996；魏喜等，2007）。

1. 碳酸盐岩分层

剖面上，根据碳酸盐岩的矿物组成和化学成分可划分为7层(魏喜等，2007；图1-6、图1-7)。

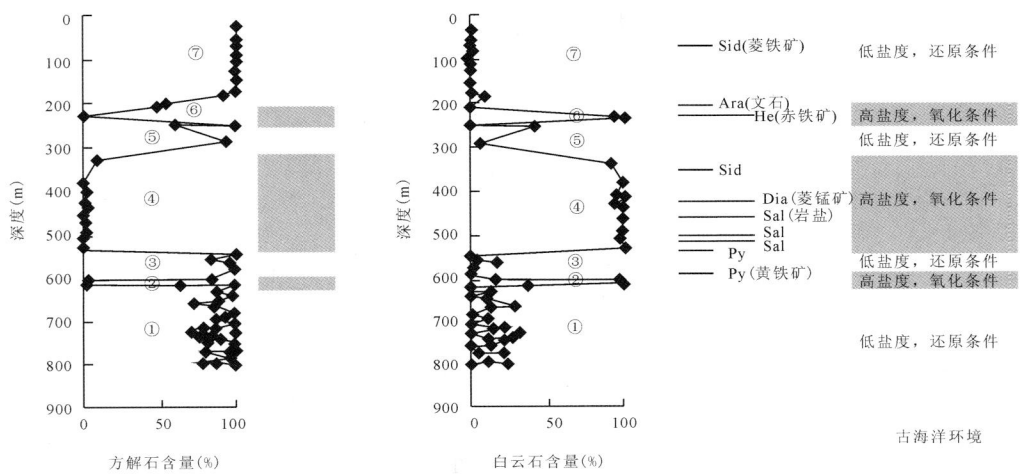

图1-6 西琛1井碳酸盐岩主要造岩矿物随深度的变化趋势及其古海洋环境纪录(魏喜等，2007)

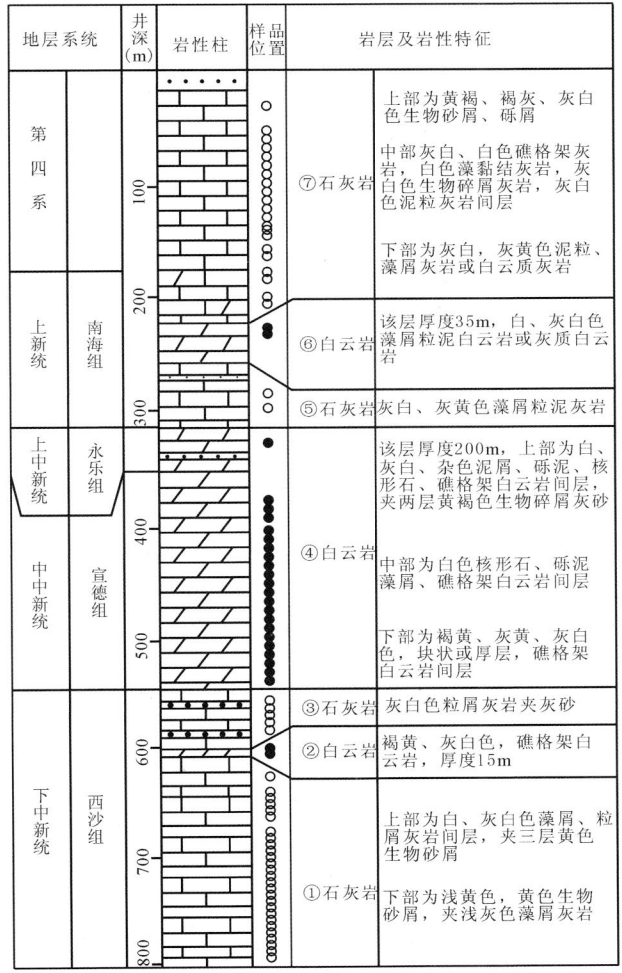

图1-7 西琛1井地层层序及岩性剖面特征(魏喜等，2008)
图中空心点代表灰岩样品，实心圆点代表白云岩样品；南海组对应莺歌海组，永乐组对应黄流组，宣德组对应梅山组，西沙组对应三亚组，后同此。

层①为下中新统，井深范围 801～619m。碳酸盐岩矿物组成以方解石为主(70%～100%)，含一定的铁白云石(30%～0)。岩石化学成分中，CaO 含量为 47.78%～54.85%，平均为 52.78%；MgO 含量为 0.87%～6.58%，平均为 2.61%。

层②为下中新统，井深范围 619～604m。碳酸盐岩矿物组成以白云石为主(97%～98.7%)。岩石化学成分中，CaO 含量为 33.93%～51.41%，平均为 42.67%；MgO 含量为 3.21%～18.53%，平均为 10.87%。

层③为下中新统，井深范围 606～550m。碳酸盐岩矿物组成以方解石为主(83.5%～100%)，含一定的铁白云石(16.5%～0)。岩石化学成分中，CaO 含量为 50.62%～54.64%，平均为 53.27%；MgO 含量为 0.94%～3.02%，平均为 2.07%。

层④为中中新统—上中新统，井深范围 550～320m。碳酸盐岩矿物组成以铁白云石为主(92.6%～100%)，极少量其他矿物，其中方解石 0～2.2%，菱铁矿 0～2.1%，菱锰矿 0～7.4%。岩石化学成分中，CaO 含量为 32.47%～44.98%，平均为 33.27%；MgO 含量为 17.70%～19.52%，平均为 19.06%。

层⑤为上新统下部，井深范围 320～250m。方解石含量为 94.1%～99%；白云石含量为 1%～5.9%。岩石化学成分中，CaO 含量为 52.37%～54.97%，平均为 53.67%；MgO 含量为 0.26%～2.16%，平均为 1.22%。

层⑥为上新统上部，井深范围 250～215m。方解石含量低，白云石含量最高达 100%。岩石化学成分中，CaO 含量为 34.06%～34.52%，平均为 34.29%；MgO 含量为 17.94%～18.18%，平均为 18.06%。

层⑦为第四系，井深范围在 215m 以上。碳酸盐岩矿物组成以方解石为主，含量最高达 100%，最低为 91.6%；白云石含量较少，为 0～8.4%。岩石化学成分中，CaO 含量为 50.94%～55.96%，平均为 54.94%；MgO 含量为 0～3.63%，平均为 0.72%。

2. 西琛 1 井地层特点

西沙群岛晚新生代碳酸盐岩矿物组成单一，以低镁方解石和/或铁白云石为主，纵向上表现为 3 个白云岩层和 4 个石灰岩层(图 1-6，图 1-7)。层③白云岩中 MgO 含量较高，对应出现盐岩、赤铁矿和菱锰矿等指相矿物，反映当时海水的 Na、Mg 浓度较高，出现氧化环境，可能与三次冰期事件相对应。而层④石灰岩中 MgO 含量较低，出现菱铁矿和黄铁矿等指相矿物，反映当时海水的 Na、Mg 浓度较低，出现还原环境，可能与四次间冰期事件相对应(魏喜等，2007)。

西沙群岛晚新生代碳酸盐岩中 Sr 总量和 $^{87}Sr/^{86}Sr$ 整体上自下而上表现为明显的递增趋势，受控于欧亚板块和印度板块碰撞引起的青藏高原隆升大的构造背景，但又具有明显的分层性。其中，中中新统—上中新统白云岩层 Sr 元素含量偏低，$^{87}Sr/^{86}Sr$ 增加趋势明显，与冰期事件引起的海退和白云岩化作用有关；上上新统—全新统石灰岩层 Sr 总量骤增，$^{87}Sr/^{86}Sr$ 明显减小，且变化幅度大，与中新世的白云岩化作用和第四纪幔源岩浆强烈喷发有关(魏喜等，2007)。

1.2.4 钻井地层分组命名

西沙地区虽然钻井不多，但地层划分方案很多，且地层分组命名很不一致，既乱且杂。原因是多方面的，其中一个很重要的原因就是研究基础比较薄弱，地层划分标准尚未建立，各研究人员只能从自己的知识背景出发来进行地层的划分对比工作，使得地层边界不断变化。另外，4 口钻井深浅不一，严重制约了钻井地层的统一对比工作(赵强，2010)。

作为地方性名称，在命名时全部采用当地惯用的地名，按照地名所辖范围大小，与群、组、段相匹配，如南海群、西沙群。第三纪(古近纪+新近纪)的组名采用环礁名称命名，第四纪的组名全部以岛屿名称命名，而且充分考虑了钻井位置和分层特征。笔者认为这一地层单元命名比较合理，故而沿用。同时，结合年代地层的特点与琼东南盆地各地层单元特征，赵强(2010)进行了如图 1-8 所示的对比。图 1-8

中,西沙洲组、石岛组、琛航组、永兴组在本专著中与乐东组对应,永乐组与莺歌海组对应,宣德组与黄流组对应,西沙组上段与梅山组对应,西沙组下段与三亚组对应。

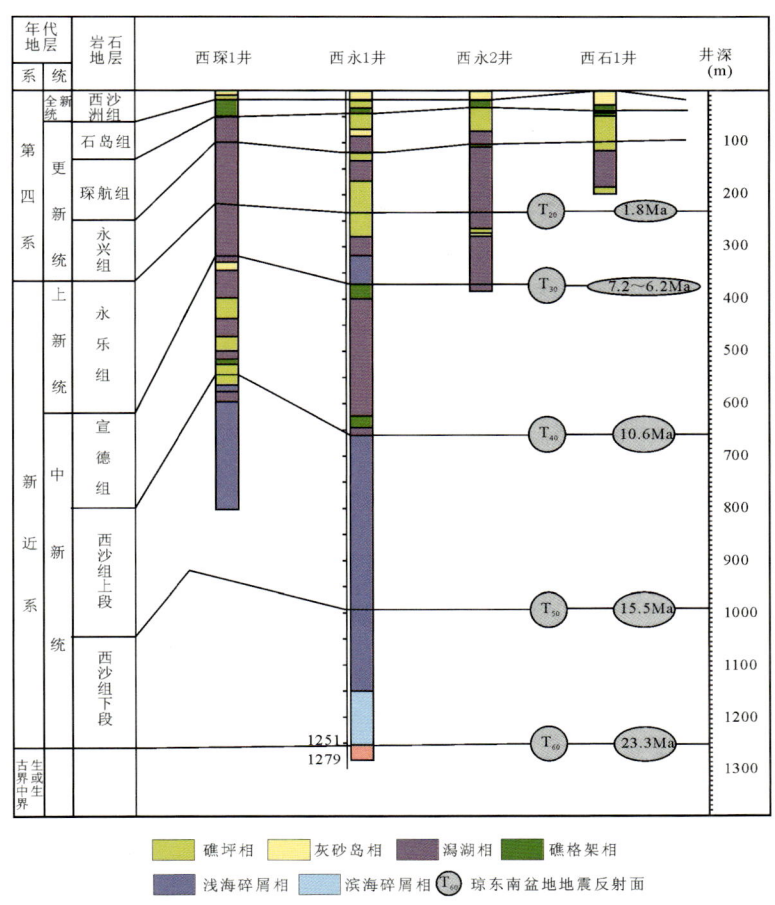

图1-8 西沙海域钻井资料地层划分对比图(赵强,2010)

1.2.5 西沙地区生物礁特征

西沙海域广泛发育新近纪以来形成的生物礁,目前有40多个岛、洲、礁、滩分布在这个海域内,分别隶属于永乐、宣德、东岛、华光、浪花、玉琢、北礁和盘石屿8个环礁,岛屿总面积8km^2,是我国南海四大群岛中陆地总面积最大的群岛(朱伟林等,2015)

南海盆地广泛分布着生物礁。南海演化决定了生物礁形成具有南早北晚、东早西晚的发育规律。南海东南部的巴拉望盆地在晚始新世就有生物礁生成,而北部的珠江口-琼东南盆地直到晚渐新世—中新世以后才开始形成生物礁。整体上看,南海盆地中新世以后为生物礁繁盛期。生物礁主要分布在北、西、南陆架和陆坡位置,类型有塔礁、补丁礁、块礁、台地边缘礁、岸礁和环礁(魏喜等,2005)。西部陆架、陆坡礁区主要包括万安、中建南等盆地和中沙-西沙隆起。中中新世,万安盆地台地碳酸盐岩分布广泛,但生物礁不发育,仅在台地边缘形成块礁、补丁礁和塔礁。晚中新世,随着海侵持续进行,在高水位体系域平衡型沉积阶段生物礁大量发育,形成台地边缘礁和大型块礁,主要分布于中部隆起、南部坳陷西斜坡南段和东南凹陷的次级凸起带上,表现为远岸礁带的特点。钻探已发现13个生物礁体。中建南盆地生物礁主要位于盆地的西部和北部,呈丘状零星分布,已发现5个礁体,时代为晚中新世。在西沙地区,中新世碳酸盐岩直接覆盖在前寒武纪变质岩之上,说明中新世以前这里一直处于陆地环境。早中新世西沙隆起开始海侵,在前寒武纪基底之上直接发育珊瑚礁和台地碳酸盐岩地层,经历了早、中、晚中新世3个成礁期。晚中新世中晚期西沙隆起遭受淹没事件,形成软白垩层。上新世以来该区生物礁大量发育,形成著名的永乐、宣德和宣德东3个大型环礁(魏喜等,2005)。

南海海域目前已发现为数不少的生物礁油气藏,如南海北部的流花11-1、流花4-1等,而西沙群岛也具有得天独厚的成礁背景,纬度低,具适宜的温度、盐度及水深。研究表明,该区从早中新世开始一直处于生物礁形成环境,在前寒武纪基底之上发育有中新世、上新世、更新世和全新世生物礁(魏喜等,2008)。

1.3 西沙地区新生代沉积环境

1.3.1 西沙岛礁钻井沉积相

赵强(2010)以西沙海域现代生物礁沉积相研究为基础,依据岩性特征、测井曲线、古生物特征和地球化学特征,对西沙海域5口钻井的沉积相进行详细划分。识别出的钻井沉积相主要有原地礁格架相(包括珊瑚格架相和藻黏结灰岩相)、礁坪相、灰砂岛相、礁后潟湖相(包括潟湖底和斑点礁)和生物碎屑滩相。

1.3.1.1 西科1井钻井沉积相

西科1井位于西沙群岛的石岛,为全孔取芯。西科1井晚中新世地层中发育6个暴露面、2个淹没面,结合生物地层及磁性地层分析,可将中中新世以来地层划分为9个三级层序(图1-9)。各三级层序发育演化与南海区域海平面变化具有很好的吻合关系。在生物礁体发育层段,层序界面通常为易于识别的暴露面;而在生物礁体不发育层段,层序界面通常为淹没面(朱伟林等,2015)。

1. 第四系乐东组层序特征

南海北部西沙岛第四纪为主要成礁期,西科1井乐东组以生物礁沉积为主。垂向上依据层序界面特点可划分为3个三级层序(Sq1~Sq3),对应于区域3次海平面升降旋回。每个三级层序界面均为暴露面,界面之下岩石溶蚀现象非常明显,界面附近见到含铁锈的黏土层,显示了非常清晰的暴露标志。每个三级层序只发育海进体系域(TST)和高位体系域(HST),两个体系域中均发育有生物礁体,高位体系域中以暴露型生长单元为主,海进体系域以淹没型生长单元为主(朱伟林等,2015)。

2. 上新统莺歌海组层序特征

莺歌海组可划分为3个三级层序:Sq4层序在海进体系域发育2套生物礁体,造礁生物为珊瑚和藻类,均为淹没型生长单元。Sq5层序以生屑滩相为主,仅在顶部发育1个生物礁生长单元。而Sq6层序也以生屑滩相为主,在上部发育2个生物礁生长单元,顶部礁核微相中生物颗粒有溶蚀现象。总体来看,莺歌海组以生屑滩相为主,仅发育少量生物礁相,且每个生物礁生长单元厚度较薄(朱伟林等,2015)。

3. 中新统黄流组层序特征

中新统黄流组为南海北部西沙岛第2个主要成礁期,尤其以黄流组二段最为发育。垂向上依据层序界面特点可划分为2个三级层序(Sq7和Sq8),对应区域为2个海平面升降旋回。两个层序界面均见到明显的暴露标志,如Sq8层序顶界面生物礁云岩的礁盖中见到淡红色的氧化层。比较而言,黄流组生物礁体发育具有2个特点:一是生物礁生长单元以珊瑚为主的骨架岩为主,局部出现黏结岩;二是每个准层序或生长单元厚度大,尤其是黄流组下部准层序厚度可达21m。这一特征可能是由于11.6Ma时为全球海平面下降时期(Haq,1987),随后的海平面上升缓慢,有利于生物礁生长。因此,在黄流组二段形成厚度大、发育时间长的垂向叠置的生物礁体(朱伟林等,2015)。

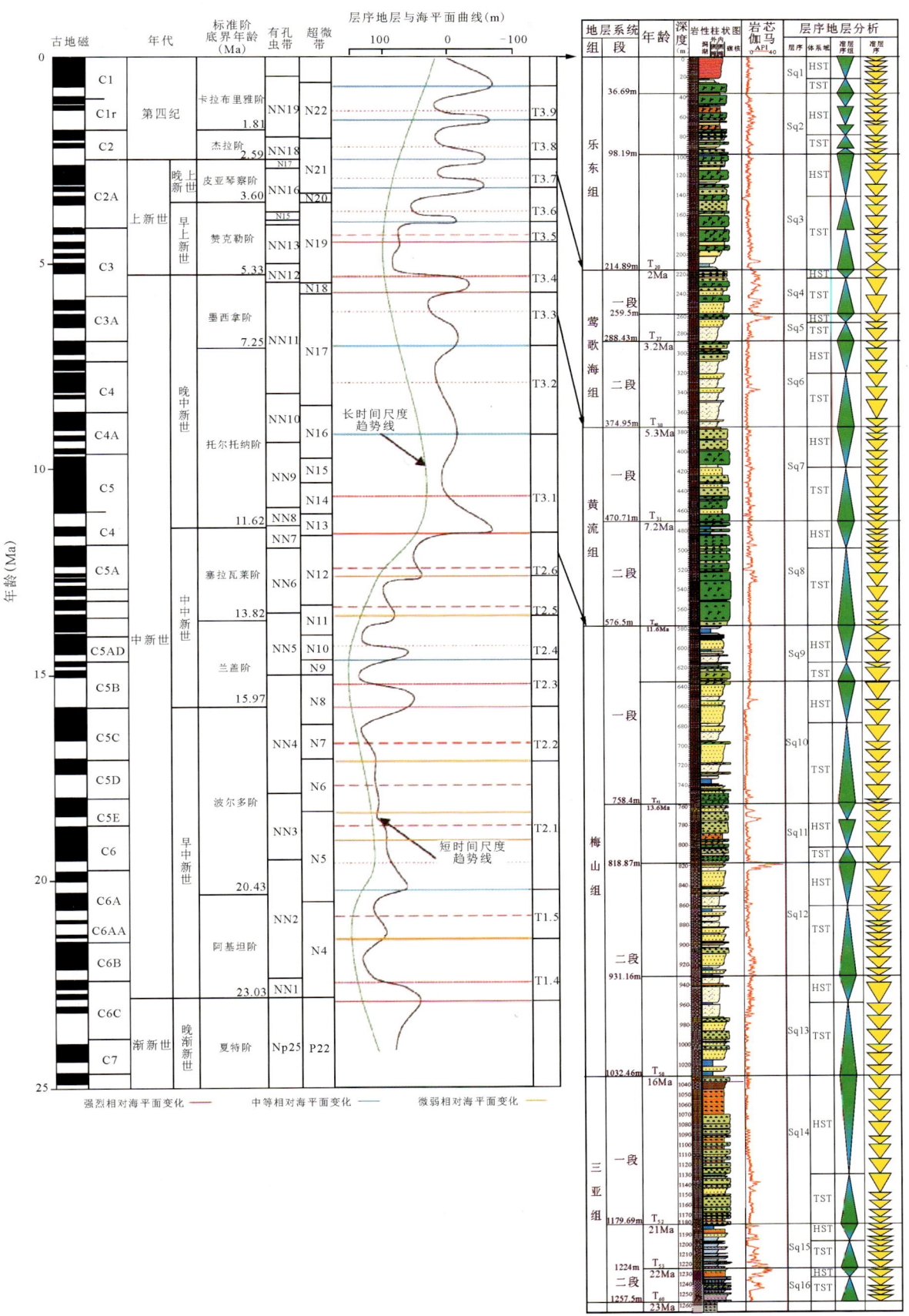

图1-9 西科1井关键界面和层序划分(朱伟林等,2015)

1.3.1.2 西琛 1 井钻井沉积相

据许红(1999)对西琛 1 井岩芯的描述,西琛 1 井 548～802.17m 井段(西沙组)主要为松散砂屑沉积,粒级大多都在粉—细砂级,有孔虫含量异常丰富,其他为藻砂屑和部分壳状红藻(珊瑚藻),少量棘皮类、腹足类、双壳类、六射珊瑚和苔藓类。其中部分属于异地生物,如经过较强磨蚀作用的红藻屑,系泥晶方解石组成的暗色富含有机质的粉—细砂屑(图 1-10)。据以上特征,判断其沉积环境为生物滩相

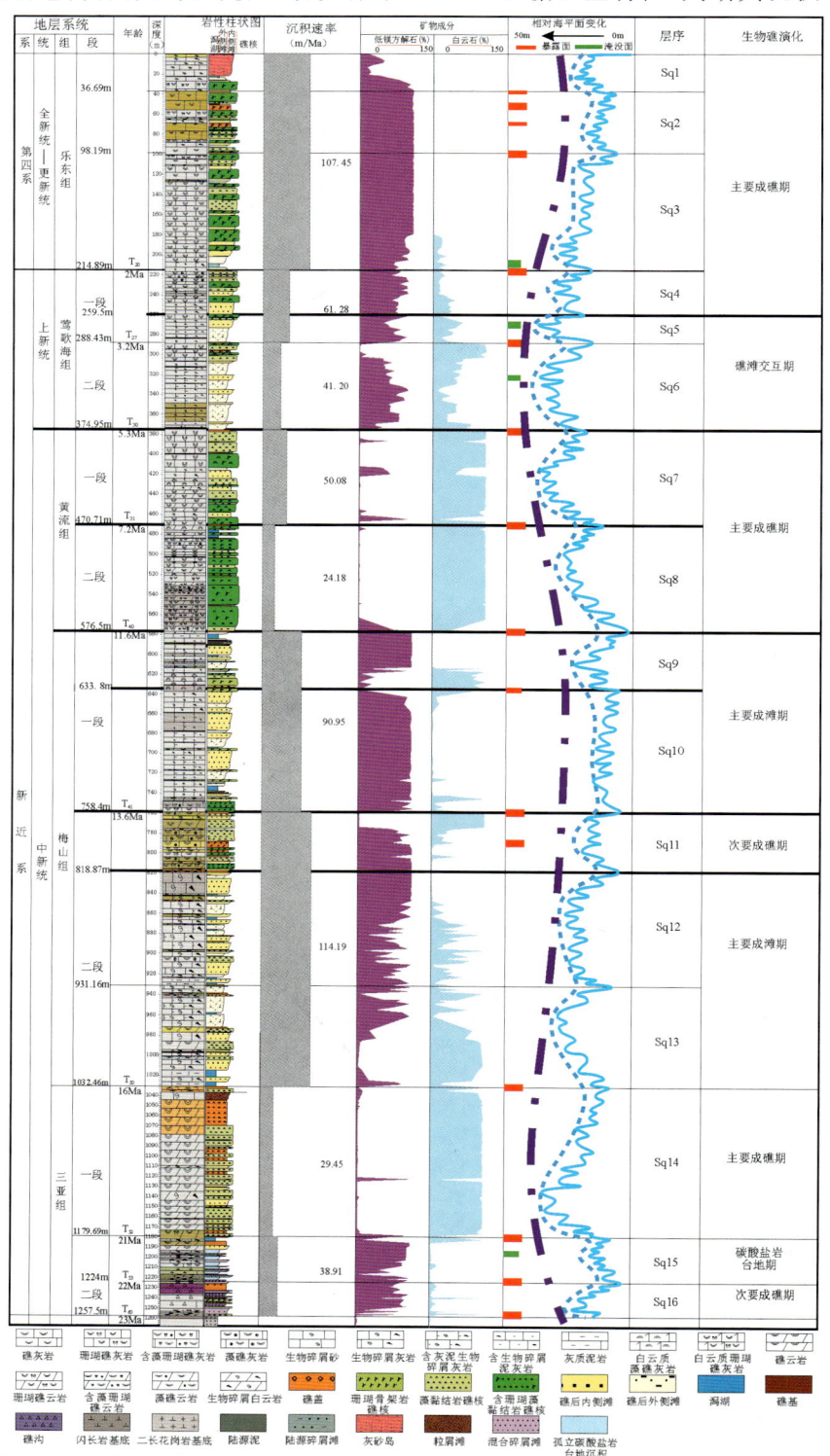

图 1-10 西琛 1 井沉积相综合柱状图(赵强,2010;张明书,何起祥,1989;魏喜,2007 修改)

(许红,1999;赵强,2010)。其岩性特征非常类似西沙现代礁相中的礁前浅海泥砂相,反映了很弱的水动力条件,赵强等(2010)将其定为礁前浅海生物碎屑滩相。该套沉积属于生物礁定殖期沉积,顶部开始出现礁坪、潟湖相沉积,说明定殖期接近完成。宣德组(548~319m)岩性上全为白云岩,灰质很少或不含,顶面为侵蚀面,经历过长时间的暴露,白云化作用便与此次暴露有关。岩相上为一套潟湖、礁坪相交互式沉积,偶见珊瑚礁格架,厚度不大,很可能为潟湖中的斑点礁,反映当时水体较浅。礁坪相以砂砾屑为主,生物组分以珊瑚屑和珊瑚藻占优,藻黏结较好,岩性较为致密。而潟湖相岩性以粒泥白云岩为主,生物组分中有孔虫、海绵、软体类和棘皮类含量较高,而珊瑚和珊瑚藻的含量相对较低,上部潟湖相沉积之中夹有一套灰砂岛或沙洲松散砂屑沉积(赵强,2010)。

上新统永乐组(319~218m)为一套潟湖相沉积,顶面为侵蚀面,上部约30m地层发生强烈白云化作用。斑点礁格架与潟湖底粒泥灰岩或藻屑灰岩互层产出,斑点礁格架的厚度大多不足1m,有时具藻缠绕现象,形成包裹被壳。下部(295~319m)潟湖沉积以粒泥灰岩为主,往上藻屑灰岩渐增,到上部(257.38~218m)以藻屑灰岩为主(赵强,2010)。

更新统永兴组沉积主要为潟湖相沉积,岩性以藻粒泥灰岩为主,夹斑点礁,顶面为侵蚀面,中间有一个短期暴露面;琛航组下部为潟湖相粒泥灰岩夹斑点礁,上部为格架礁灰岩,顶部为侵蚀面;石岛组由老到新依次出现礁格架相、礁坪相和灰砂岛相,反映水体逐渐变浅(赵强,2010)。

1.3.1.3 西永1井钻井沉积相

西永1井钻穿了生物礁地层(图1-11),完整地揭示了西沙生物礁孤立碳酸盐岩台地演化的整个过程。早中新世西沙组下部地层(1251~1100m)为白云质珊瑚介壳灰岩,相当于琼东南盆地三亚组,仅在西永1井有所揭示。该井段含有大量孢粉(王崇友,1979),为滨海生物碎屑滩相,其中上部发生白云化,可能与暴露有关。测井曲线上,1100~660m井段,自然电位和电阻率曲线平直稳定,表示岩性、岩相变化不明显。其中,1100~850m(西沙组中部)为珊瑚介壳灰岩,为浅海生物碎屑滩相。该套地层沉积完成后,平整的台地上出现了相对隆起的正地形,奠定了现代各环礁发育的基础。850~660m(西沙组上部)为一套生屑灰岩,自该套地层沉积始,西沙台地各环礁开始独自演化,到660m附近,结束了早中新世海侵旋回(王崇友等,1979)。中中新统宣德组下部650~620m开始发育藻格架灰岩,此后进入大套的潟湖相沉积(620~400m),400~370m再次出现藻格架灰岩。370~660m发生白云化作用,厚度近300m。这套白云岩与西琛1井的白云岩具有很好的可比性,是一个区域性的事件,顶部的间断面可能代表长期的暴露。中中新统宣德组沉积时,水体较为稳定,有利于区域上碳酸盐岩台地的发育。上新统永乐组上部370~300m为一套浅海钙质超微化石沉积,岩性为泥粒云灰岩,标志着相对海平面有一次迅速的上升。王崇友等(1979)将此套沉积归入中中新统,认为这次海平面的上升有可能造成了溺礁。但是,该期海侵事件在西琛1井和西永2井表现不明显。之后,海平面开始下降,上新统永乐组主要沉积了一套礁坪、灰砂岛交互式沉积,并发生白云化作用,与西琛1井、西永2井均有可比性。永兴组和琛航组为礁坪、潟湖相沉积,说明水体较浅。石岛组下部为原地礁格架相,石岛组上部及全新统西沙洲组均为松散灰砂岛沉积(赵强,2010)。

1.3.2 西沙地区沉积模式

晚渐新世之前,由于相对海平面较低,西沙碳酸盐岩建隆发育较少,仅在隆起周边斜坡部位有零星发育。如图1-12所示,在崖城组时期隆起部位出露地表,没有接受沉积,因此,该时期缺失T_{70}(马玉波等,2011)。晚渐新世陵水组时期,随着海平面的上升以及构造环境趋于平稳,在西沙隆起的边缘开始有碳酸盐岩发育,在其边缘碳酸盐岩建隆也开始小范围发育。此时碳酸盐岩建隆的发育在南海中部西区的不同部位略有不同,在西沙群岛的构造高部位此时的碳酸盐岩建隆发育不明显,而在广乐隆起的边缘,由于构造位置相对较低,碳酸盐岩建隆的发育规模较西沙群岛大一些。同时,此时无论是碳酸盐岩的发育,还是碳酸盐岩建隆的发育都受到基底地形的控制,呈现出凸凹不平的分布特征(图1-12)(马玉波等,2011)。

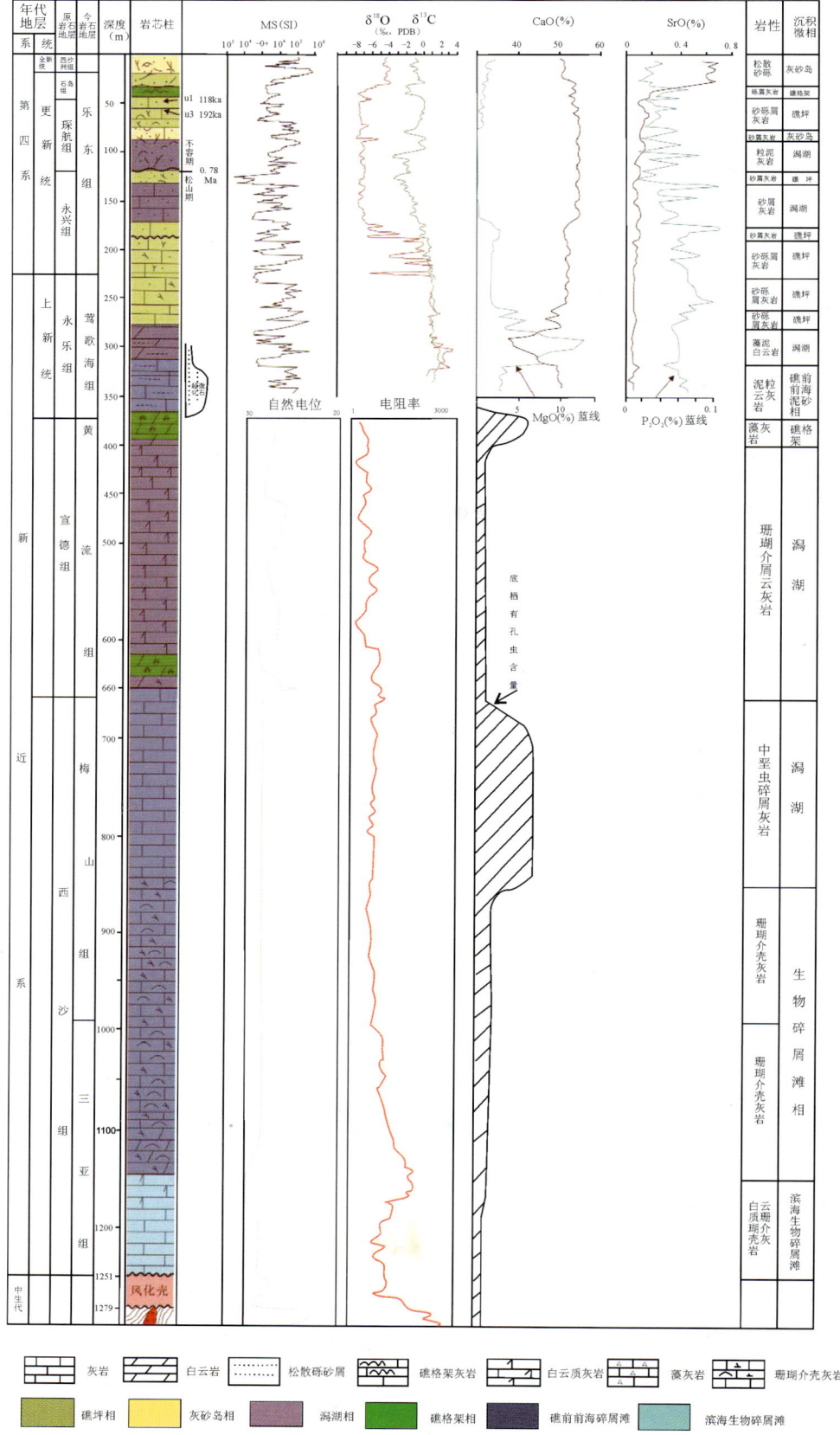

图 1-11　西永 1 井综合柱状图（赵强，2010，有修改）

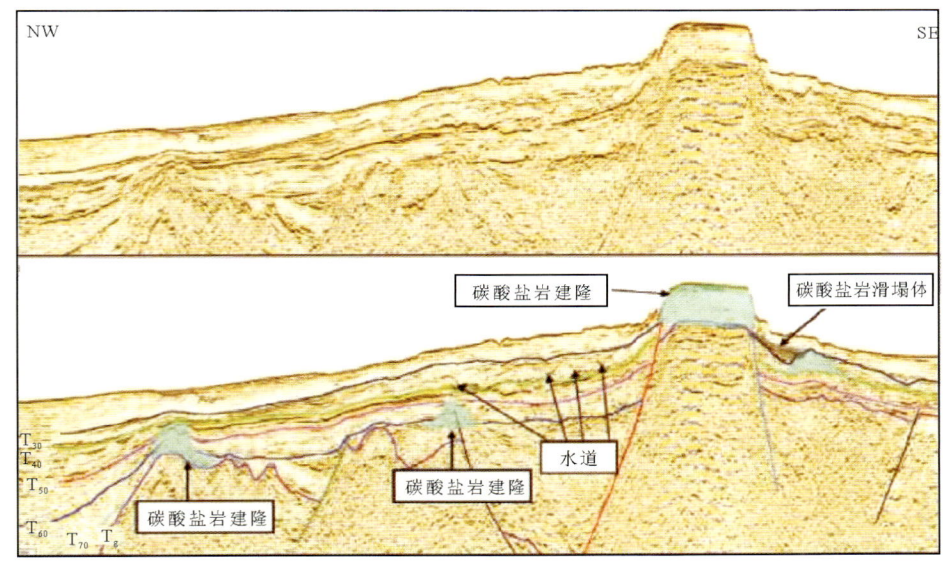

图 1-12 西沙碳酸盐岩建隆发育典型剖面(马玉波等,2011)

早中新世三亚组沉积时期,随着相对海平面的上升,西沙碳酸盐岩建隆开始向构造高部位进行迁移,早期的建隆停止发育,新一期的碳酸盐岩建隆开始发育。此时,台地内部由于早期发育的碳酸盐岩建隆在一定程度上起到分隔作用,形成了多个小型的封闭水体,潟湖沉积开始发育,在潟湖内沉积稳定(马玉波等,2011)。中中新世梅山组时期,整个研究区内无论是生物礁、碳酸盐岩台地,还是碳酸盐岩建隆发育都最为广泛,碳酸盐岩建隆的发育也呈现出垂向的加积和横向侧积相结合的特征。由于此时期内相对海平面在一定程度上稳定,因此,台地内部碳酸盐岩的沉积规模变大,潟湖的发育面积稍微减小(马玉波等,2011)。晚中新世黄流组海平面继续上升,碳酸盐岩建隆的垂向加积和横向侧积相结合的特征继续存在,但是,在黄流组末期,由于相对海平面发生了一次快速的下降,碳酸盐岩建隆在该时期末期主要表现为向海方向的侧积。此时,碳酸盐岩台地的发育面积增大,台地内部的潟湖沉积范围增大,同时,台地周缘也发育了较多的碳酸盐岩斜坡沉积(马玉波等,2011)。上新世至今,相对海平面持续上升,碳酸盐岩建隆的发育以向构造高部位的退积为主、垂向的加积为辅。台地内部的碳酸盐岩发育逐渐减弱以致停止,仅台地边缘的碳酸盐岩建隆持续发育,内部发育大面积的潟湖沉积。上述西沙碳酸盐岩建隆沉积模式主要是依据相对海平面的变化建立的(图 1-13),在其整个碳酸盐岩台地发育演化的过程中(早中新世至今),发生了多期这种沉积演化旋回(马玉波等,2011)。

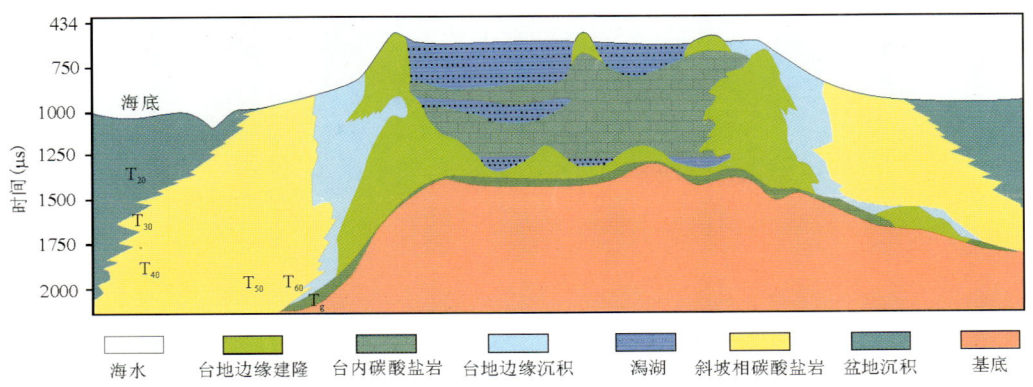

图 1-13 西沙碳酸盐岩建隆沉积模式(马玉波等,2011)

2 碳酸盐岩储层岩石组构与岩石类型

2.1 石灰岩储层

2.1.1 岩石组构

2.1.1.1 岩石组构类型

1. 颗粒

碳酸盐岩颗粒类型划分参照 Tucker et al(2008)的分类。西科1井钻遇碳酸盐岩中的颗粒类型包括生物格架、生物碎屑和内碎屑等。各种颗粒的特点分述如下。

(1)生物格架:主要由珊瑚、红藻和苔藓动物组成。其中,珊瑚和红藻为造礁生物,苔藓动物为辅助造礁生物。珊瑚主要为六射珊瑚,产状包括单个珊瑚骨架(图2-1d)和放射状珊瑚格架组合。红藻主要为珊瑚藻。珊瑚藻一般呈纹层状和结壳状产出,以精细网状结构为特征(图2-1a),表现为藻细胞的大小和排列方式都相当一致。部分红藻发育孢子囊。苔藓动物(图2-1c)内部和外部体管的大小和排列方式均不相同,以外部较大的体管深入到内部较小的体管为特征。苔藓动物产状包括网格状和分枝状。网格状苔藓体壁很薄,体管的大小和排列方式不同。分枝状苔藓内部体管较小,外部体管较大,指示其从中心向外生长。

(2)生物碎屑:生物碎屑类型丰富。参照Scholle et al(2003)的描述,识别出的生物碎屑由常见到罕见排列如下:有孔虫、红藻、珊瑚、棘皮动物、软体动物、苔藓动物和绿藻。其中,珊瑚、红藻和苔藓动物的基本特征见生物格架部分的描述,此处不再重复。

绿藻(图2-1b)以仙掌藻为主,呈节状,由内部髓质区和外部皮质区组成,髓质区的树枝状丝状体较皮质区大,丝状体相互缠绕形成椭圆囊。

有孔虫包括浮游有孔虫(图2-1e)和底栖有孔虫(图2-1f)。其中,底栖有孔虫壳体由多个房室组成,房室之间由隔壁分隔,房室排列方式多样,呈列状、纺锤状和螺旋锥状排列。镜下可见有孔虫的"V"形空腔和隔壁的放射状纤维结构。浮游有孔虫多呈球形,房室大且单一,发育骨刺。

棘皮动物的横切面呈特征的圆裂状外廓(图2-2a),棘刺上的穿孔呈放射状紧密排列;纵切面呈长锥状,顶端发育球形的附着窝,可见环绕棘皮动物形成的共轴增生式胶结物。

软体动物的介壳(图2-2b)有两种形态:①平滑弯曲,并向绞合部位逐渐增厚;②呈不规则的波浪形弯曲。软体动物介壳发育交错片状结构,受成岩作用的改造,其交错片状结构逐渐消失。

(3)内碎屑:主要由粒泥灰岩、泥粒灰岩和颗粒灰岩组成(图2-2c)。

2. 基质

基质$<62\mu m$,主要为泥晶(图2-2d)。部分泥晶重结晶形成重结晶的亮晶方解石。重结晶的亮晶

方解石以表面污浊、晶粒之间接触界线不规则为特征。

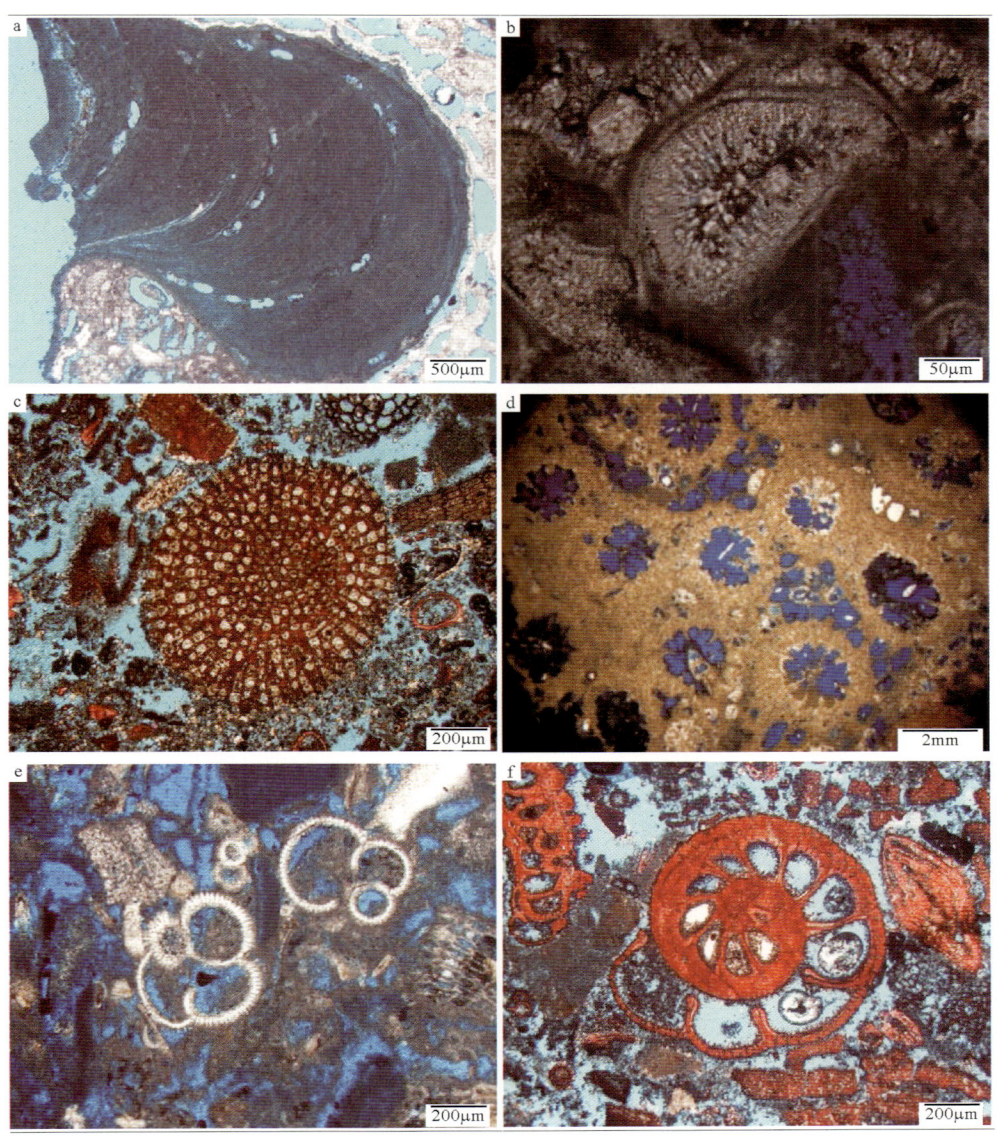

图 2-1　西科 1 井灰岩中常见生物特征

a.红藻(241.88m,颗粒灰岩,莺歌海组一段,单偏光);b.绿藻(265.87m,颗粒灰岩,莺歌海组一段,单偏光);c.苔藓动物(287.47m,颗粒灰岩,莺歌海组一段,单偏光);d.珊瑚(115.79m,颗粒灰岩,乐东组,单偏光);e.浮游有孔虫(216.75m,颗粒灰岩,莺歌海组一段,单偏光);f.底栖有孔虫(280.84m,颗粒灰岩,莺歌海组一段,单偏光)

3. 胶结物及交代矿物

胶结物由文石、高镁方解石、低镁方解石和白云石组成。按照产状,方解石胶结物可分为粒状、晶簇状、新月形、刀刃状和纤维状。其中,粒状方解石以细粒为主,呈等粒状充填于粒间孔和粒内孔中。晶簇状方解石呈不等粒状,由孔隙边缘向中心粒径增加,主要发育于生物骨架粒间孔内。新月形胶结物为细粒状方解石集合体呈新月形或桥状黏结相邻的骨架颗粒。刀刃状方解石晶体呈长三角形、菱形状,顶端有尖角,垂直生物体腔孔内壁生长,也有沿骨架颗粒边缘生长形成等厚环边。纤维状胶结物顶端呈针状、纤维状,一般发育于粒间孔和生物体腔孔内,垂直孔隙内壁生长,以文石居多,也有少量高镁方解石。

图 2-2 灰岩中生屑及基质特征

a.棘皮动物(270.75m,颗粒灰岩,莺歌海组一段,单偏光);b.软体动物(154.73m,颗粒灰岩,乐东组,单偏光);
c.内碎屑(54.94m,颗粒灰岩,乐东组,单偏光);d.基质(211.93m,颗粒灰岩,乐东组,单偏光)

2.1.1.2 颗粒组分的纵向分布

在三亚组 1257.52～1216.72m 井段,生物格架组分以珊瑚为主,碎屑组分随机分布。在 1216.72～1035.49m 井段,生物格架组分主要为红藻,碎屑组分以有孔虫为主(表 2-1)。

表 2-1 三亚组颗粒组分的纵向变化统计表

地层系统			层号	岩石类型	底深(m)	颗粒类型							
系	统	组				珊瑚	红藻	绿藻	有孔虫	棘皮动物	软体动物	苔藓动物	内碎屑
新近系	中新统	三亚组	1	泥粒灰岩	1035.49		●		●				
			2	白云岩	1180.15		●	◐	●				
			3	颗粒灰岩	1181.52		●		●	●	●		
			4	黏结灰岩	1184.92		●				◐		
			5	漂砾灰岩夹白云质灰岩	1204.44		●		●		◐	◐	
			6	含陆源碎屑-碳酸盐混积岩	1216.72	◐	◐		◐				
			7	陆源碎屑质-碳酸盐混积岩	1219.49						◐		
			8	含陆源碎屑-碳酸盐混积岩	1241.25	◐	◐		◐				◐
			9	灰质白云岩	1243.62	●							
			10	骨架灰岩	1245.71	●							◐
			11	含陆源碎屑-碳酸盐混积岩	1257.52	◐	◐		◐	◐	◐		◐

●常见;◐少见,下同。

梅山组生物格架组分以红藻为主,其次为苔藓动物;碎屑组分以有孔虫为主(表2-2)。

黄流组的生物格架组分以红藻为主,其次为苔藓动物;碎屑组分以有孔虫为主(表2-3)。

表 2-2 梅山组颗粒组分的纵向变化统计表

地层系统			层号	岩石类型	底深(m)	颗粒类型							
系	统	组				珊瑚	红藻	绿藻	有孔虫	棘皮动物	软体动物	苔藓动物	内碎屑
新近系	中新统	梅山组	1	漂砾灰岩	583.53		●		●			◐	●
			2	粒泥灰岩	585.18	◐	●		●			◐	●
			3	白云岩	578.42		●					◐	
			4	漂砾灰岩	605.78		●		●				
			5	粒泥灰岩	618.14		●			◐	◐		
			6	白云岩	637.44		●				◐	●	
			7	粒泥灰岩	639.89	◐	●						◐
			8	白云质灰岩	642.65		●						
			9	白云岩	646.33		●					◐	
			10	粒泥灰岩	652.93		●						
			11	漂砾灰岩	655.82		●					●	
			12	粒泥灰岩	678.06		●						
			13	泥粒灰岩	690.28		●		◐				
			14	漂砾灰岩	717		◐		●				●
			15	粒泥灰岩夹颗粒灰岩	725.77		●						
			16	白云岩	728.8		●						
			17	粒泥灰岩	733.67		◐					◐	
			18	漂砾灰岩	739.35								●
			19	颗粒灰岩	747.67		●			◐			
			20	粒泥灰岩	753.5		●						◐
			21	漂砾灰岩	757.18		●						◐
			22	白云岩	780.33		●						
			23	粒泥灰岩	788.43		●						
			24	白云质灰岩	791.25		●						
			25	粒泥灰岩	795.94		●						
			26	颗粒灰岩	803.17		●					◐	
			27	漂砾灰岩	808.93		●				●		●
			28	颗粒灰岩	818.02		●						
			29	砾屑灰岩	822.57								●
			30	漂砾灰岩夹颗粒灰岩	828.97		●		◐				●
			31	粒泥灰岩	835.29		●						
			32	颗粒灰岩夹砾屑灰岩	851.08		●					◐	◐
			33	白云质灰岩	860.63		●						
			34	粒泥灰岩	869.69		●		◐				
			35	灰质白云岩	873.26		●					◐	
			36	粒泥灰岩与白云质灰岩互层	883.65		●		◐			◐	
			37	灰质白云岩	887.17		●						
			38	白云质灰岩	892.02		●						
			39	粒泥灰岩	901.04		◐						
			40	灰质白云岩	911.5		●						
			41	黏结灰岩	928.82		●					◐	
			42	泥粒灰岩	948.49		●						
			43	粒泥灰岩	954.06		●						
			44	黏结灰岩	965.86		●					◐	
			45	白云岩	1008.78		●						
			46	白云质灰岩	1031.4		●						
			47	泥粒灰岩	1036.61		●		◐				

表 2-3 黄流组颗粒组分的纵向变化统计表

地层系统			层号	岩石类型	底深（m）	颗粒类型						
系	统	组				珊瑚	红藻	绿藻	有孔虫	棘皮动物	软体动物	苔藓动物	内碎屑
新近系	中新统	黄流组	1	灰质白云岩	393.48	●							
			2	白云岩	404.2		◐		◐			◐	
			3	灰质白云岩	413.96		◐		◐	◐		◐	
			4	白云岩灰质	417.74		◐		◐	◐		●	
			5	泥粒灰岩	423.12		◐		◐			◐	
			6	白云岩灰质	425.54		◐		◐			◐	
			7	灰质白云岩	431.02		◐		◐			◐	
			8	白云岩	435.02		◐		◐	◐	◐	●	
			9	灰质白云岩	476.5		◐		◐			◐	
			10	白云岩	564.67		◐		◐			◐	
			11	灰质白云岩	570.73	◐	◐		◐	◐	◐	◐	
			12	白云岩	576.5	◐							

莺歌海组的生物格架组分以红藻为主，其次为苔藓动物；碎屑组分多样化，包括有孔虫、棘皮动物和软体动物（表2-4）。

表 2-4 莺歌海组颗粒组分的纵向变化统计表

地层系统			层号	岩石类型	底深（m）	颗粒类型						
系	统	组				珊瑚	红藻	绿藻	有孔虫	棘皮动物	软体动物	苔藓动物	内碎屑
第四系—新近系	全新统—上新统	莺歌海组	1	粒泥灰岩夹粒泥灰岩	220.37		◐		◐	◐		●	
			2	黏结灰岩	230.71		◐		●		◐	●	
			3	粒泥灰岩	240.43		◐		◐			◐	
			4	黏结灰岩	247.16		●		●			●	
			5	粒泥灰岩	252.53		◐		◐			◐	
			6	泥粒灰岩	261.76		●		●		●	●	
			7	粒泥灰岩	269.22		●		●		◐	●	
			8	颗粒灰岩	272.66		◐		◐		◐	◐	
			9	黏结灰岩	275.31	●	◐		◐			●	
			10	泥粒灰岩	288.91		◐		●		◐	◐	
			11	白云质灰岩	291		◐		◐				◐
			12	白云岩	293.35		◐						
			13	白云质灰岩	304.25		●		●	◐	◐	●	◐
			14	泥粒灰岩	374.95	◐	◐		◐	◐			

乐东组的生物格架组分多样化，包括珊瑚、红藻和苔藓动物；碎屑组分亦多样化，包括有孔虫为主、棘皮动物和软体动物（表2-5）。

2.1.2 岩石类型

钻遇的岩石类型包括石灰岩、白云岩和混积岩。石灰岩主要为泥粒灰岩（34.29%）和粒泥灰岩（27.20%），其次为骨架灰岩（10.25%）和漂砾灰岩（9.29%）、黏结灰岩（5.56%）、颗粒灰岩（8.14%）和砾屑灰岩（5.27%）少量（图2-3）。

表 2－5 乐东组颗粒组分纵向变化统计表

地层系统			层号	岩石类型	底深（m）	颗粒类型							
系	统	组				珊瑚	红藻	绿藻	有孔虫	棘皮动物	软体动物	苔藓动物	内碎屑
第四系	更新统－全新统	乐东组	1	生物碎屑砂	2.92		●		●	◐			
			2	颗粒灰岩	10.88		●		●	◐			
			3	生物碎屑砂	22.3		●	●	●	◐	◐		
			4	泥粒灰岩夹骨架灰岩	28.44	◐	●		◐	◐	◐		
			5	骨架灰岩	41.4	●	●	◐	◐	◐	◐		
			6	泥粒灰岩	44.05	●	●		◐	◐	●		
			7	骨架灰岩	45.47	●	●		◐	◐	◐		
			8	泥粒灰岩	47.28	●	●		◐	◐	◐		
			9	骨架灰岩	49.19	●	●		●	●			
			10	泥粒灰岩夹泥粒灰岩	62.85	●	●		◐	◐	◐	◐	
			11	泥粒灰岩	64.21	◐	●		●	◐	◐		
			12	骨架灰岩	70.24	●			◐			◐	
			13	泥粒灰岩	77.95	◐	●		◐	◐	◐		
			14	骨架灰岩	83.38	●	●						
			15	泥粒灰岩	92.84	◐	◐		●	◐	◐		
			16	骨架灰岩	94.26	●	●						
			17	泥粒灰岩	105.7	◐	●	◐	◐	◐	◐	◐	◐
			18	粒泥灰岩与泥粒灰岩互层	113.99	●	●		◐	●	●		
			19	泥粒灰岩	119.64	◐	●			◐	◐		◐
			20	粒泥灰岩与泥粒灰岩互层	126.85	◐	●	◐	●	◐	◐	◐	
			21	泥粒灰岩	130	◐	●		◐	◐	◐		
			22	粒泥灰岩与泥粒灰岩互层	137.57	◐	●		◐	◐	◐		
			23	泥粒灰岩	140.93	◐	●		●	◐	◐		
			24	粒泥灰岩	147.71		●		●	◐	◐		
			25	粒泥灰岩与泥粒灰岩互层	193.06	◐	●		◐	◐	◐	◐	
			26	泥粒灰岩	200.41		◐		●	◐	◐	◐	
			27	粒泥灰岩夹泥粒灰岩	214.89	●	●		●	●	●	◐	

2.1.2.1 原地石灰岩

原地石灰岩是指由海底固着生物的生命活动所形成的石灰岩，包括骨架灰岩和黏结灰岩等。

（1）骨架灰岩。骨架灰岩由生物格架组成，格架间有时可充填灰泥（Embry et al，1971）或内沉积物。在西沙现代环礁体系中，骨架灰岩发育于礁体前缘，尤以迎风面最为发育（张明书等，1989）。

骨架灰岩主要发育于乐东组、莺歌海组一段和三亚组二段。生物格架以珊瑚为主，红藻少量。

（2）黏结灰岩。黏结灰岩由扁平状或纹层状植物在其生命过程中黏结微细颗粒沉积物所形成。张明书等（1989）将黏结灰岩定义为由藻类等纹层状或被壳状组分将碎屑物质黏结起来而形成的岩石。黏结灰岩主要分布于经常露出海面的礁顶带。在风力和波浪作用极强的生物礁中，被黏结组分主要为珊瑚骨屑；在风力和波浪作用强度中等的生物礁中，黏结灰岩常与块状或粗壮的分枝珊瑚共生。

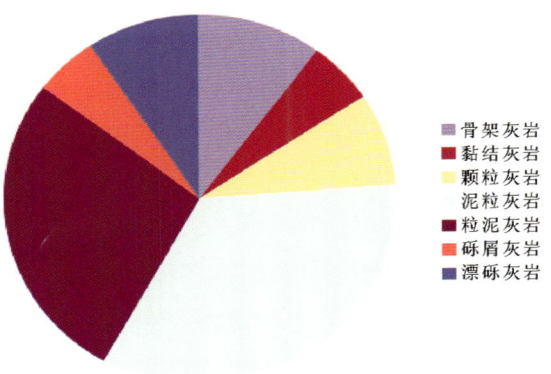

图 2－3 西科 1 井钻遇石灰岩岩石类型

黏结灰岩主要发育于乐东组、梅山组二段和三亚组二段。生物格架为红藻和苔藓动物。其中，纹层状红藻大面积发育，形成藻席，生物碎屑被黏结于藻席之中；苔藓动物群体发育，依附于红藻或基质之上生长。

2.1.2.2 异地石灰岩

(1)颗粒灰岩。颗粒灰岩(图 2-4a)中的颗粒类型为生物碎屑，包括有孔虫、钙藻、珊瑚、棘皮动物和软体动物碎屑。颗粒呈次圆状，分选较好—中等。粒径为 0.2～1mm。颗粒含量可达 90%。基质基本不发育。在埋藏浅部，颗粒灰岩多发育新月形和悬垂状胶结物。在埋藏深部，颗粒灰岩发育镶嵌状方解石。胶结物充填于颗粒之间，含量低于 10%。为颗粒支撑结构。

颗粒灰岩主要分布于乐东组、梅山组二段和三亚组二段。

(2)泥粒灰岩。泥粒灰岩(图 2-4b)中的颗粒类型为生物碎屑，包括钙藻、珊瑚、有孔虫、棘皮动物、软体动物和苔藓动物的碎屑。生物碎屑呈次棱角状—次圆状。分选较好—中等。颗粒大小不一，粒径多数为 0.2～1.2mm，少数形态完整的颗粒粒径为 1.5～2mm。颗粒含量为 60%～85%。基质为泥晶，含量为 10%～35%。胶结物为粒状方解石、刀刃状方解石和纤维状文石。其中，粒状亮晶方解石充填于粒间孔内，刃状方解石和纤维状文石多沿生物体腔内壁生长。胶结物含量为 3%～10%。为颗粒支撑结构。泥粒灰岩分布于乐东组、莺歌海组和梅山组一段。

(3)粒泥灰岩。粒泥灰岩(图 2-4c)中的颗粒类型为生物碎屑和内碎屑。其中，生物碎屑以有孔虫、红藻和苔藓动物为主，棘皮动物和软体动物少量。内碎屑的岩屑为颗粒灰岩和泥粒灰岩。生物碎屑呈次圆状—次棱角状，分选中等—较差，颗粒大小不一，粒径一般为 0.2～1.2mm，颗粒含量为 15%～60%。基质为泥晶，含量为 35%～80%。胶结物多发育粒状方解石，含量相对较低，为 2%～5%。为基质支撑结构。

粒泥灰岩主要分布于乐东组、莺歌海组一段和梅山组。

(4)砾屑灰岩。砾屑灰岩(图 2-4d)中的颗粒类型为生物碎屑和内碎屑。其中，生物碎屑主要为有孔虫、红藻、苔藓动物和棘皮动物碎屑。内碎屑岩性以颗粒灰岩为主。颗粒含量为 40%～85%。粒径大于 2mm 的砾屑主要为软体动物和内碎屑。砾屑内部形态保存较完整，呈次圆状，粒径为 2～6mm，含量为 30%～50%。粒径小于 2mm 的颗粒破碎程度不一，呈次圆状—次棱角状，分选中等，粒径一般为 0.2～1.2mm。基质为泥晶，充填于粒间孔内，含量为 10%～30%。胶结物发育粒状方解石，含量为 2%～8%。粒径大于 2mm 的砾屑形成支撑结构。

砾屑灰岩主要发育于乐东组、梅山组二段和三亚组二段。

(5)漂砾灰岩。漂砾灰岩(图 2-4e)中的颗粒为生物碎屑和内碎屑。其中，生物碎屑主要为有孔虫、红藻、苔藓动物和棘皮动物。内碎屑以颗粒灰岩为主，颗粒含量为 20%～70%，粒径大于 2mm 的砾屑主要为珊瑚、苔藓动物、软体动物、棘皮动物和内碎屑。砾屑形态保存较完整，呈次圆状。粒径为 2～6mm。含量为 10%～30%。粒径小于 2mm 的颗粒破碎程度不一，呈次圆状—次棱角状，分选中等，粒径一般为 0.2～1.2mm。基质为泥晶，充填于粒间孔内，含量为 30%～70%。胶结物为粒状方解石，含量为 2%～5%。基质或粒径小于 2mm 的颗粒形成支撑结构。

漂砾灰岩主要发育于乐东组、黄流组二段、梅山组和三亚组二段。

2.1.2.3 碳酸盐砂

碳酸盐砂(图 2-4f)的颗粒类型为生物碎屑，包括有孔虫、钙藻、珊瑚、棘皮动物和软体动物。颗粒多呈次圆状，分选较好—中等，粒径为 0.2～1mm，颗粒含量大于 95%。基质基本不发育。

碳酸盐砂主要分布于乐东组。

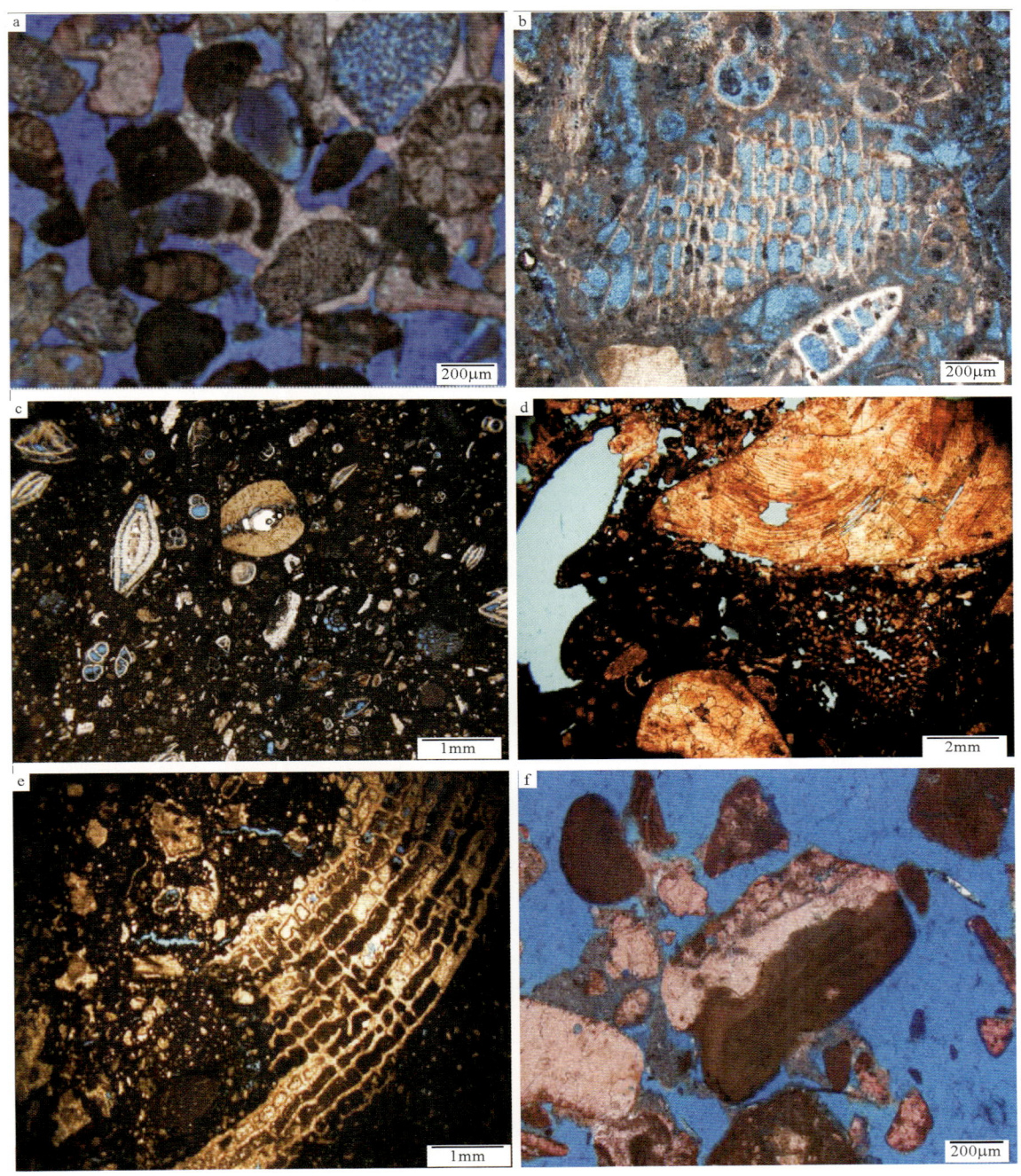

图 2-4 异地石灰岩特征

a. 颗粒灰岩(No.20,7.61m,乐东组,单偏光);b. 泥粒灰岩(No.741,283.23m,莺歌海组一段,单偏光);c. 粒泥灰岩(No.851,328.76m,莺歌海组二段,单偏光);d. 砾屑灰岩(No.347,133.56m,乐东组,单偏光);e. 漂砾灰岩(No.388,154.13m,乐东组,单偏光);f. 碳酸盐砂(No.8,2.46m,乐东组,单偏光)

2.1.2.4 混积岩

混积岩分布于发育于花岗片麻岩基底之上,以含陆源碎屑-碳酸盐混积岩(94.44%)为主,少量为陆源碎屑质-碳酸盐混积岩(5.56%)。

(1) 含陆源碎屑-碳酸盐混积岩。碎屑石英呈次棱角状,含量为5%～25%。碳酸盐组分包括生物格架、生物碎屑、内碎屑和泥晶。碳酸盐组分部分白云岩化。碳酸盐组分含量为80%～95%。

(2) 陆源碎屑质-碳酸盐混积岩。碎屑石英呈次棱角状,含量为30%～50%。碳酸盐组分主要由泥晶和生物碎屑组成。碳酸盐组分部分白云岩化,含量为50%～70%。碎屑石英多具裂纹和裂缝等脆性破裂特征,但其周围组分未被裂缝切穿,暗示石英中的脆性破裂形成于成岩前。

2.1.2.5 岩石类型的纵向分布

各组段优势岩石类型及其纵向组合特征见表2-6及图2-5。

表2-6 西科1井岩石类型纵向分布特征

地层系统				岩性特征
系	统	组	段	
第四系	更新统—全新统	乐东组	一	下部为粒泥灰岩与泥粒灰岩近等厚互层,中部为粒泥灰岩夹泥粒灰岩;上部为骨架灰岩与粒泥灰岩及泥粒灰岩不等厚互层并过渡为以骨架岩为主,顶部为碳酸盐砂和颗粒灰
新近系	上新统	莺歌海组	一	黏结灰岩、粒泥灰岩和泥粒灰岩不等厚互层
			二	下部为厚层泥粒灰岩,上部为白云质灰岩夹薄层白云岩
	中新统	黄流组(上)	一	灰质白云岩夹白云岩、白云质灰岩和泥粒灰岩
			二	以白云岩为主,底部夹灰质白云岩薄层,顶部过渡为白云质灰岩
		梅山组(中)	一	下部为漂砾灰岩与粒泥灰岩不等厚互层,中部为白云岩,上部为漂砾灰岩与粒泥灰岩互层
			二	下部为白云质灰岩,向上过渡为厚层白云岩。中部发育黏结灰岩、粒泥灰岩、泥粒灰岩、颗粒灰岩以及薄层白云岩和灰质白云岩;上部为厚层白云岩
		三亚组(下)	一	以白云岩为主,顶部发育薄层泥粒灰岩
			二	下部为陆源碎屑-碳酸盐混积岩,上部为漂砾灰岩夹白云质灰岩,顶部为黏结灰岩
前古近系				花岗岩和花岗片麻岩

(1) 三亚组二段:下部为含陆源碎屑-碳酸盐混积岩夹薄层陆源碎屑质-碳酸盐混积岩和骨架灰岩,上部为漂砾灰岩夹白云质灰岩,顶部为黏结灰岩。其中,陆源碎屑-碳酸盐混积岩分布于1257.52～1204.44m深度段,夹薄层骨架灰岩。漂砾灰岩发育于1204.44～1185.32m。黏结灰岩分布的深度为1185.32～1179.69m(图2-5～图2-8)。

(2) 三亚组一段:以白云岩为主,顶部发育薄层粒泥灰岩(图2-5～图2-8)。

(3) 梅山组二段:下部以白云岩、白云质灰岩为主,中部主要为黏结灰岩、泥粒灰岩与粒泥灰岩,上部为颗粒灰岩、粒泥灰岩和漂砾灰岩,顶部见白云岩(图2-5～图2-7、图2-9)。

(4) 梅山组一段:下部为漂砾灰岩、粒泥灰岩与泥粒灰岩不等厚互层,中部为白云岩夹薄层粒泥灰岩与白云质灰岩,上部为漂砾灰岩与粒泥灰岩互层(图2-5～图2-7、图2-9)。

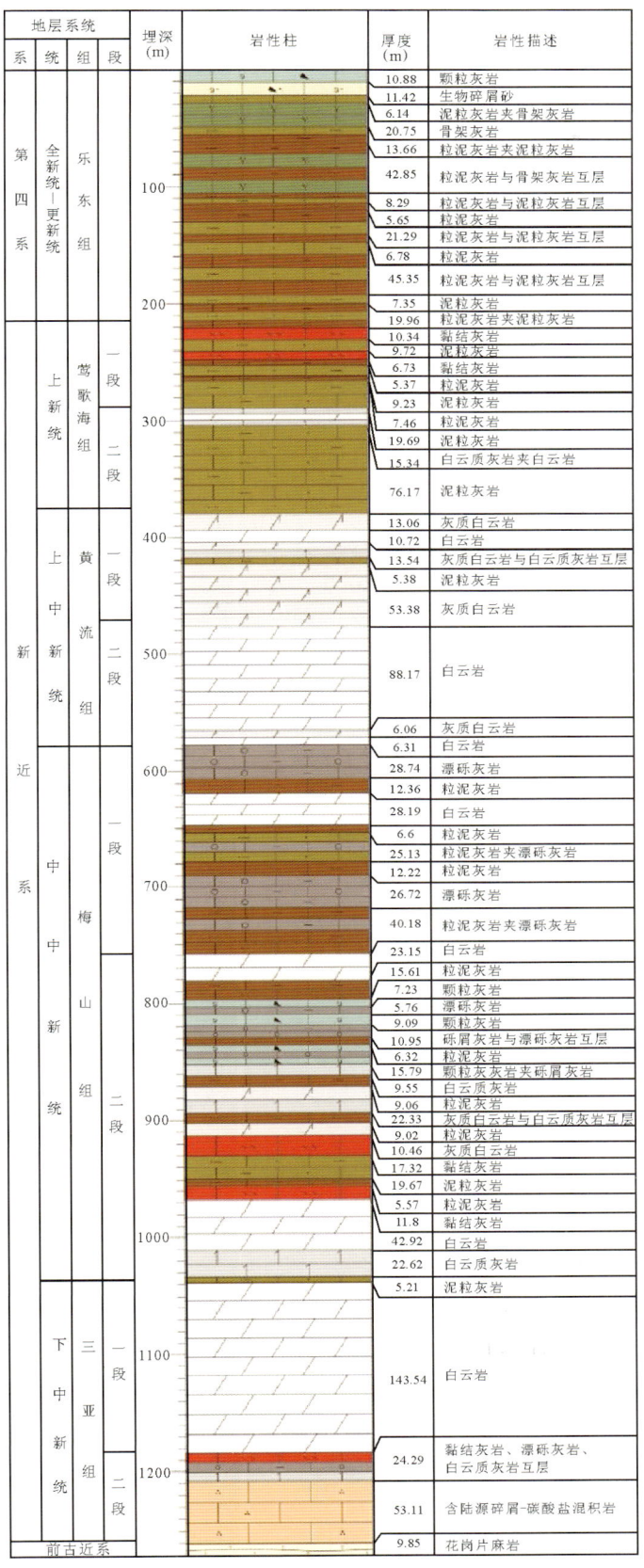

图 2-5 岩石类型柱状图

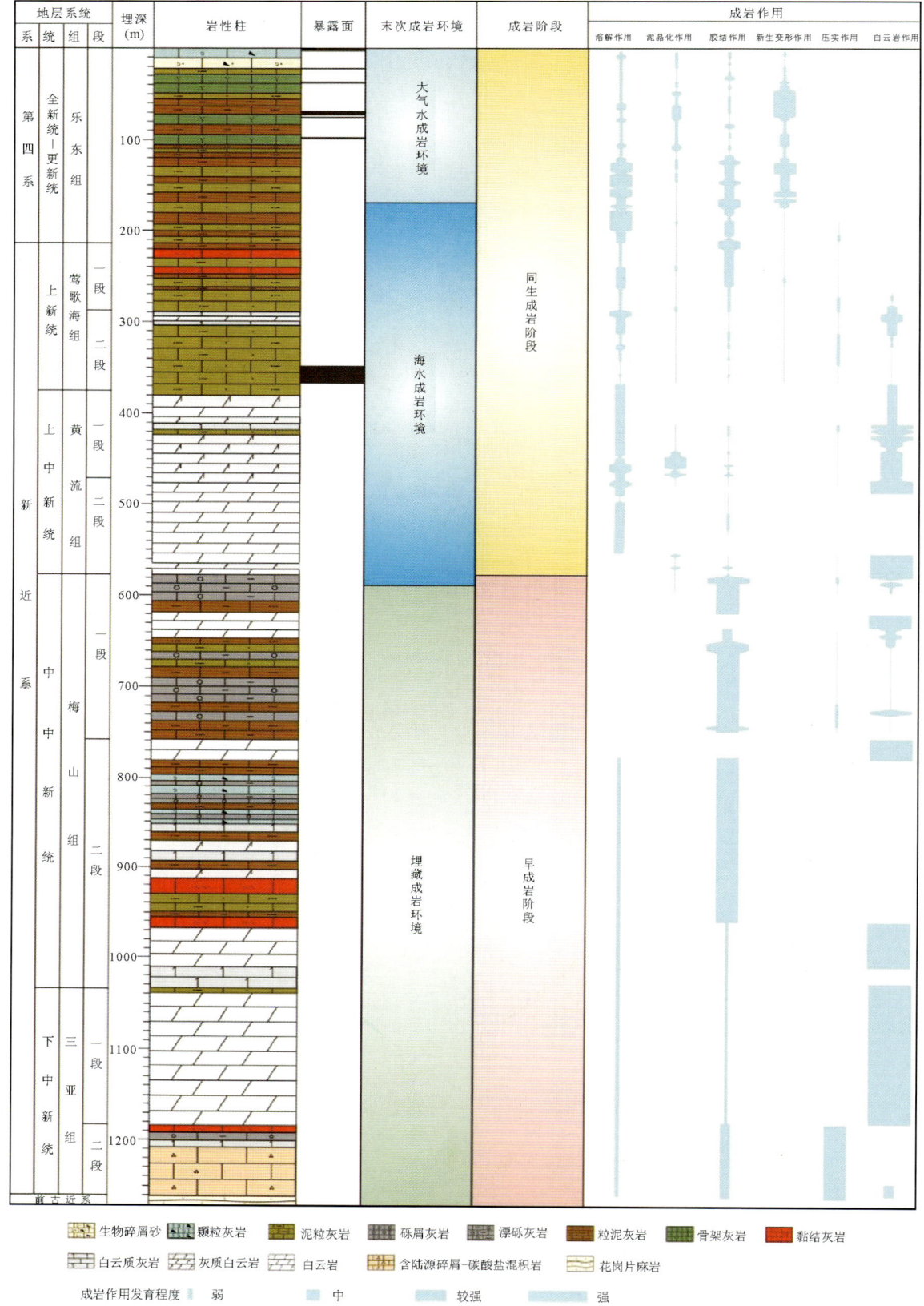

图 2-6 末次成岩环境与方解石胶结物旋回柱状示意图

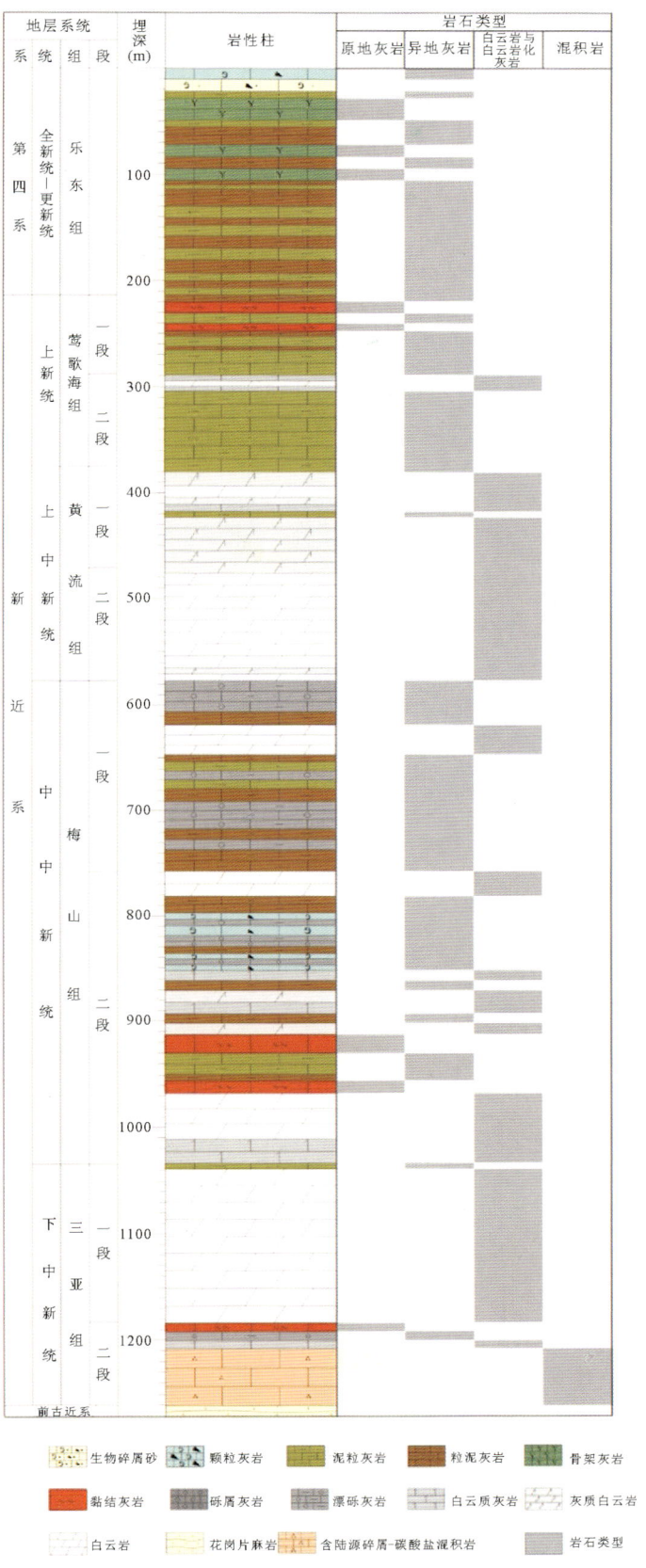

图 2-7 岩石类型纵向分布

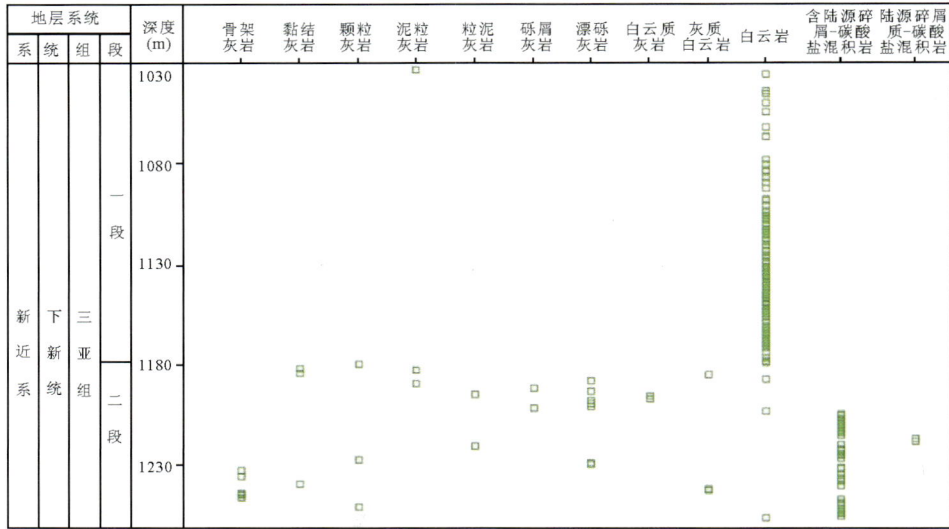

图 2-8 三亚组岩石类型纵向变化图

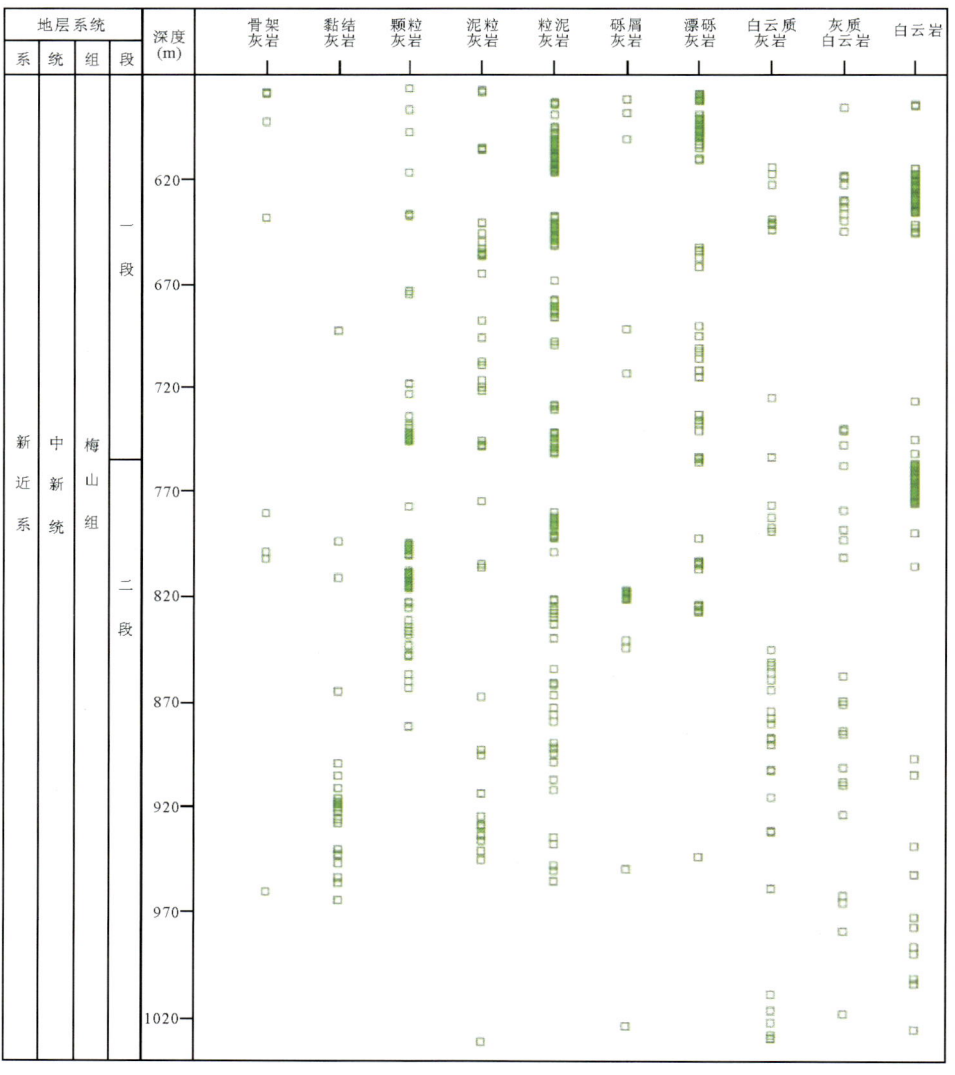

图 2-9 梅山组岩石类型纵向变化图

(5)黄流组二段：以白云岩为主，底部夹灰质白云岩薄层，顶部过渡为白云质灰岩（图2-5～图2-7、图2-10）。

(6)黄流组一段：灰质白云岩为主，上部夹白云岩、白云质灰岩及泥粒灰岩（图2-5～图2-7、图2-10）。

(7)莺歌海组二段：下部为厚层泥粒灰岩，上部为白云质灰岩夹薄层白云岩（图2-5～图2-7、图2-11）。

(8)莺歌海组一段：黏结灰岩、粒泥灰岩和泥粒灰岩不等厚互层，夹薄层颗粒灰岩（图2-5～图2-7、图2-11）。

(9)乐东组：下部为粒泥灰岩与泥粒灰岩近等厚互层，中部为粒泥灰岩夹泥粒灰岩及薄层骨架岩，上部为骨架灰岩与粒泥灰岩及泥粒灰岩不等厚互层并过渡为以骨架岩为主，顶部为碳酸盐砂和颗粒灰（图2-5～图2-7、图2-12）。

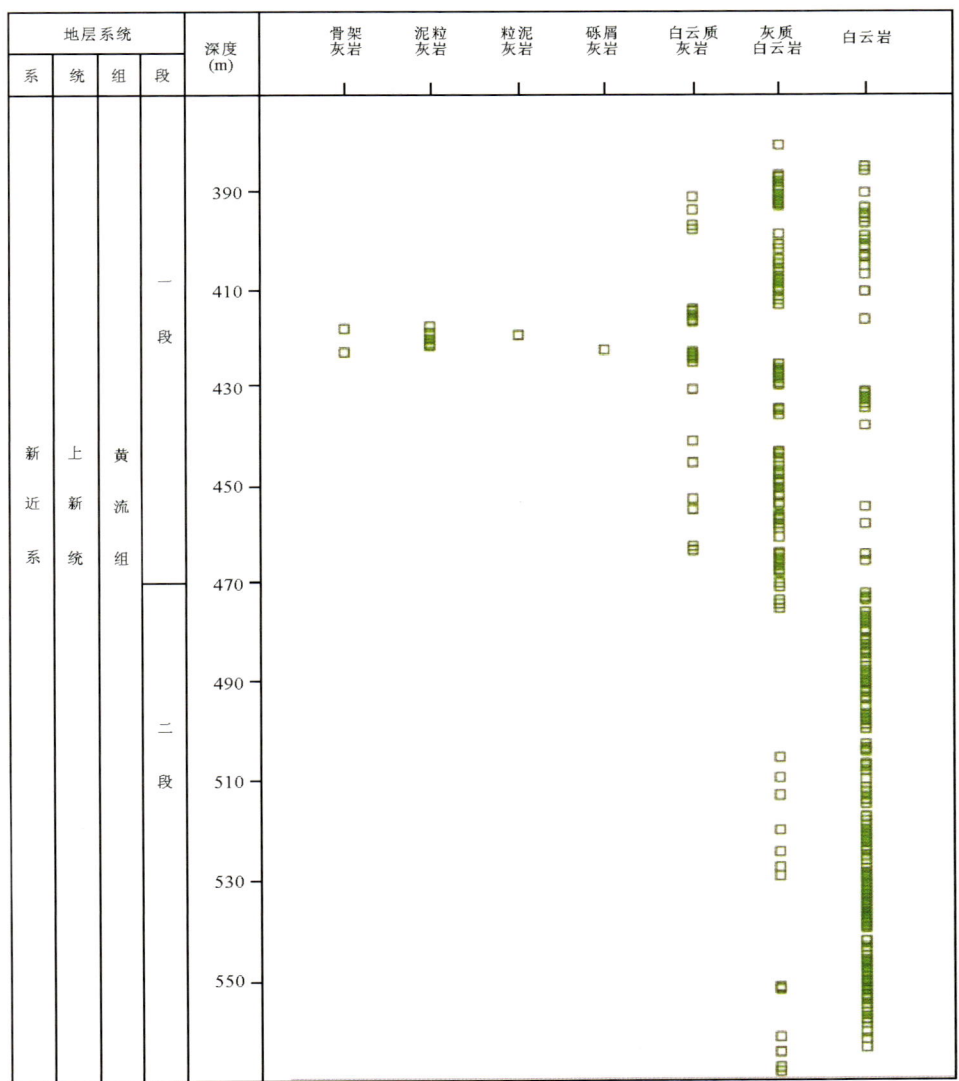

图2-10 黄流组岩石类型纵向变化图

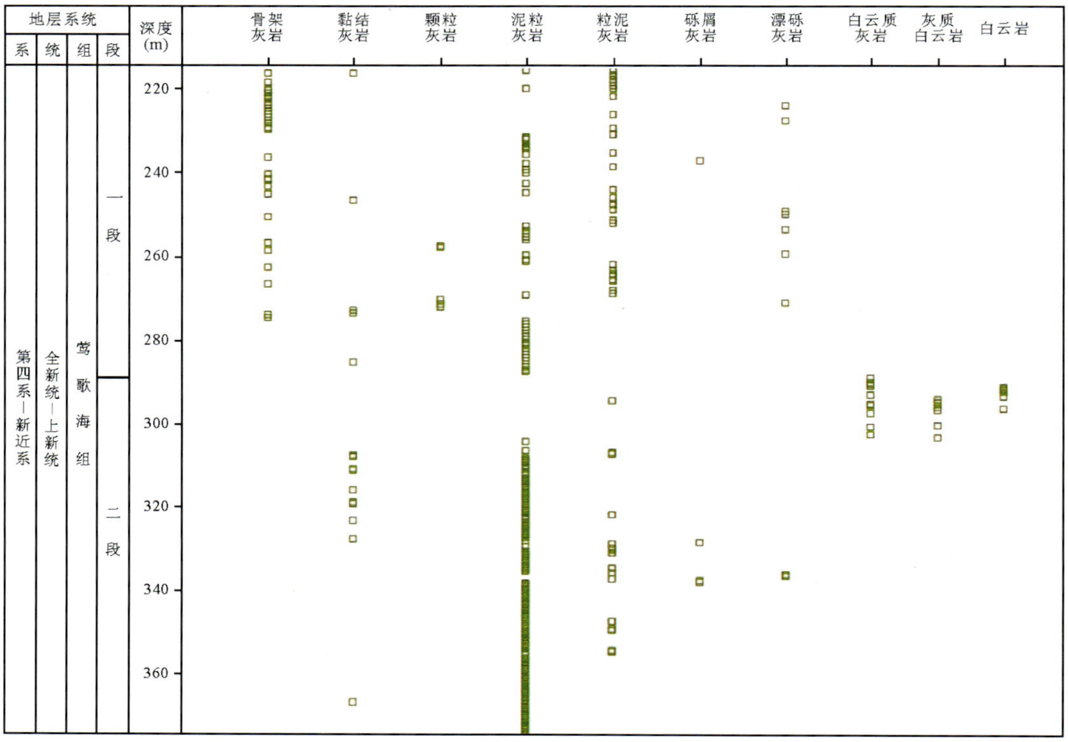

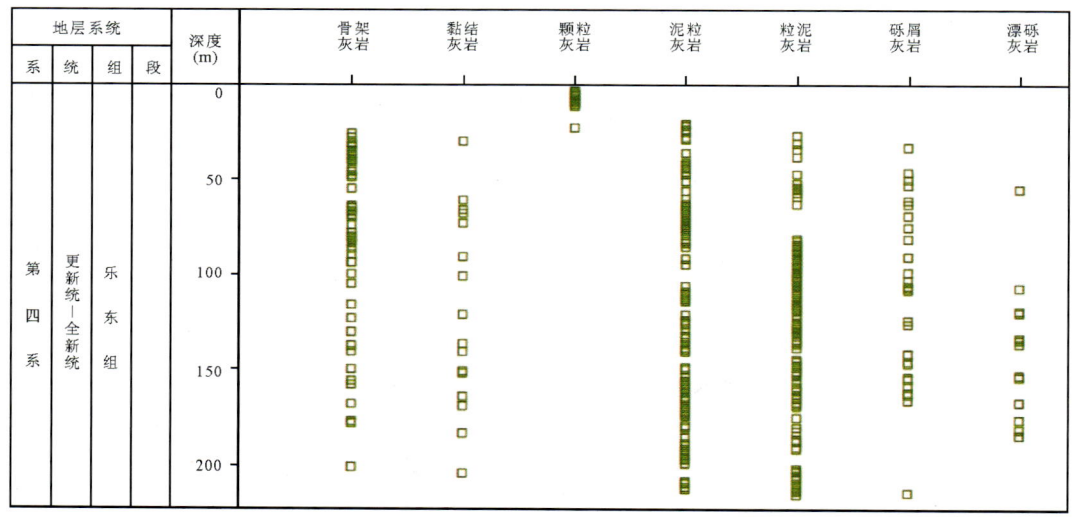

图 2-11 莺歌海组岩石类型纵向变化图

图 2-12 乐东组岩石类型纵向变化图

2.1.3 微相

碳酸盐岩微相类型划分详见表 2-7。其中，在原地石灰岩中识别出 5 种微相类型：珊瑚骨架灰岩、珊瑚-珊瑚藻骨架灰岩、苔藓动物黏结灰岩、苔藓动物-珊瑚藻黏结灰岩和珊瑚藻黏结灰岩。在异地石灰岩中识别出的微相类型包括生屑颗粒-泥粒-粒泥灰岩、内碎屑粒泥-砾屑-漂砾灰岩、仙掌藻泥粒灰岩、有孔虫泥粒灰岩、珊瑚漂砾灰岩、苔藓动物砾屑-漂砾灰岩和软体动物砾屑-漂砾灰岩等。将混积岩划分为 4 种微相类型：含石英-生物格架混积岩、含石英-生物碎屑混积岩、含石英-内碎屑混积岩和石英质-生物碎屑泥晶碳酸盐。

表 2-7 微相类型划分标志

原地石灰岩		异地石灰岩					白云岩化石灰岩			混积岩		
骨架灰岩	黏结灰岩	粒泥灰岩	泥粒灰岩	颗粒灰岩	砾屑灰岩	漂砾灰岩	白云质灰岩	灰质白云岩	白云岩	含陆源碎屑-碳酸盐混积岩	陆源碎屑质-碳酸盐混积岩
造礁生物支撑形成格架	造礁生物发育黏结组构	丰富的生物碎屑	丰富的内碎屑	较完整的生物碎屑	丰富的生物碎屑	>2mm 破碎的造礁生物碎屑	>2mm 较完整的造礁生物碎屑	>2mm 丰富的内碎屑	组构保留白云质灰岩	组构保留灰质白云岩	组构保留白云岩	石英和生物碎屑	石英、生物碎屑和泥晶
珊瑚骨架灰岩	珊瑚藻骨架灰岩; 苔藓动物-珊瑚藻黏结灰岩; 珊瑚-珊瑚藻黏结灰岩	生屑粒泥灰岩	仙掌藻泥粒灰岩; 有孔虫泥粒灰岩	生屑颗粒灰岩	苔藓动物砾屑灰岩; 软体动物砾屑灰岩	珊瑚漂砾灰岩; 苔藓动物漂砾灰岩	内碎屑漂砾灰岩	组构破坏白云岩			含石英-生物格架混积岩; 含石英-生物碎屑混积岩	石英质-生物碎屑泥晶混积岩

2.1.3.1 原地石灰岩

(1)珊瑚骨架灰岩(MF1)：由珊瑚骨架构成。珊瑚的发育代表水体清浅、温度适宜的水体环境。珊瑚含量高，一般大于80%。珊瑚形态保存完整，亮晶方解石和泥晶方解石充填于生长格架孔内。不含或者含少量的生物碎屑，可识别的生物碎屑以有孔虫为主。基质为泥晶方解石，含量为0～15%。胶结物为粒状方解石，多充填于珊瑚生长格架孔内，含量为0～10%。镜下可见珊瑚骨架部分溶解作用强烈，有时珊瑚骨架仅残留隔壁。珊瑚的文石质骨架新生变形形成的方解石因残留原始文石包体而显得较浑浊。

(2)珊瑚-珊瑚藻骨架灰岩(MF2)：由珊瑚和珊瑚藻共同构成。其中，珊瑚藻黏附于珊瑚骨架。生物格架含量高，一般大于80%。可识别的生物碎屑以有孔虫为主，生物碎屑形态完整或破碎，粒径多数为0.2～1mm，含量为2%～5%。基质几乎不发育。胶结物为粒状方解石，含量低，一般小于5%。

(3)苔藓动物黏结灰岩(MF3)：由苔藓动物固着于较大的生屑颗粒或基质之上并在其上结壳形成(图2-13a)。该微相不具备坚固的抗浪骨架。镜下可见苔藓动物呈分枝状群体发育，粒径较粗，从毫米级到厘米级不等，含量一般为80%～90%。生物碎屑以珊瑚藻和有孔虫为主，偶见棘皮动物、软体动物和内碎屑。生物碎屑多发生破碎，呈次圆状，粒径一般为0.1～0.5mm，少数棘皮动物和软体动物的粒径可达1mm。基质为泥晶方解石，含量为10%～20%。胶结物为粒状方解石和镶嵌状方解石，含量为5%～12%。

(4)苔藓动物-珊瑚藻黏结灰岩(MF4)：其中的生物格架由苔藓动物和珊瑚藻共同构成(图2-13b)。其中，苔藓动物群体较大，以向外加厚的体壁和体壁内密集排列的虫室为特征；珊瑚藻以纹层状和精细的网格状内部构造为鉴定标志。格架组分含量为60%～85%。碎屑组分多发生破碎，可识别的碎屑为有孔虫和珊瑚藻，碎屑颗粒呈次圆状，粒径一般为0.2～0.6mm，含量为5%～15%。基质为泥晶方解石，含量为5%～20%不等。胶结物呈粒状和刀刃状，含量为2%～6%。

(5)珊瑚藻黏结灰岩(MF5)：由原地生长的珊瑚藻将泥晶和生物碎屑黏结而成(图2-13c)。珊瑚藻呈纹层状或贝壳状。珊瑚藻长径可达厘米级，含量一般大于70%。基质为泥晶方解石，含量为0～10%。胶结物为粒状方解石，含量低，一般为0～5%。在珊瑚藻黏结灰岩中，纹层状和粗枝状珊瑚藻生长于高能环境。纹层状珊瑚藻分布广泛，基质不发育。

2.1.3.2 异地石灰岩

1. 生屑颗粒-泥粒-粒泥灰岩(MF6)

按照颗粒和基质的含量以及支撑类型划分为生屑颗粒灰岩(MF6-1)、生屑泥粒灰岩(MF6-2)和生屑粒泥灰岩(MF6-3)。

(1)生屑颗粒灰岩(MF6-1)：岩石组分以颗粒为主体(图2-13d)。生物碎屑包括有孔虫、珊瑚藻、棘皮动物、软体动物和仙掌藻。生物碎屑破碎严重，呈次棱角状，粒径0.1～0.6mm不等，含量大于90%。基质几乎不发育。为颗粒支撑结构。发育特征的新月形和悬垂形胶结物，含量小于10%。生物碎屑种类多样，磨圆度差，基质不发育。

(2)生屑泥粒灰岩(MF6-2)：由生物碎屑和泥晶组成(图2-13e)。生物碎屑类型多样，呈次棱角状—次圆状，粒径0.1～2mm不等，生物碎屑含量为50%～80%。基质为泥晶方解石，含量为10%～30%。为颗粒支撑结构。胶结物为粒状方解石以及刀刃状方解石、纤维状文石和共轴增生方解石。胶结物含量为10%，左右镜下可见软体动物发生新生变形，原始文石质骨架被粒状或镶嵌状方解石交代，其外部结构依然保留。生物碎屑边缘由于微生物钻孔往往形成泥晶套。

(3)生屑粒泥灰岩(MF6-3)：由生物碎屑和泥晶组成(图2-13f)。颗粒成分为生物碎屑和少量内碎屑，颗粒含量为10%～50%。其中，生物碎屑的破碎程度较生屑泥粒灰岩更严重，呈次棱角状—次圆状，粒径一般为0.1～1mm。偶见内碎屑。内碎屑成分主要为泥粒灰岩和颗粒灰岩，呈不规则的次圆状,粒径一般为0.5~1mm。基质为泥晶方解石和重结晶方解石,含量一般为30%~60%。镜下显示出清晰的基质支撑结构。胶结物主要为粒状方解石,含量一般为0~10%。

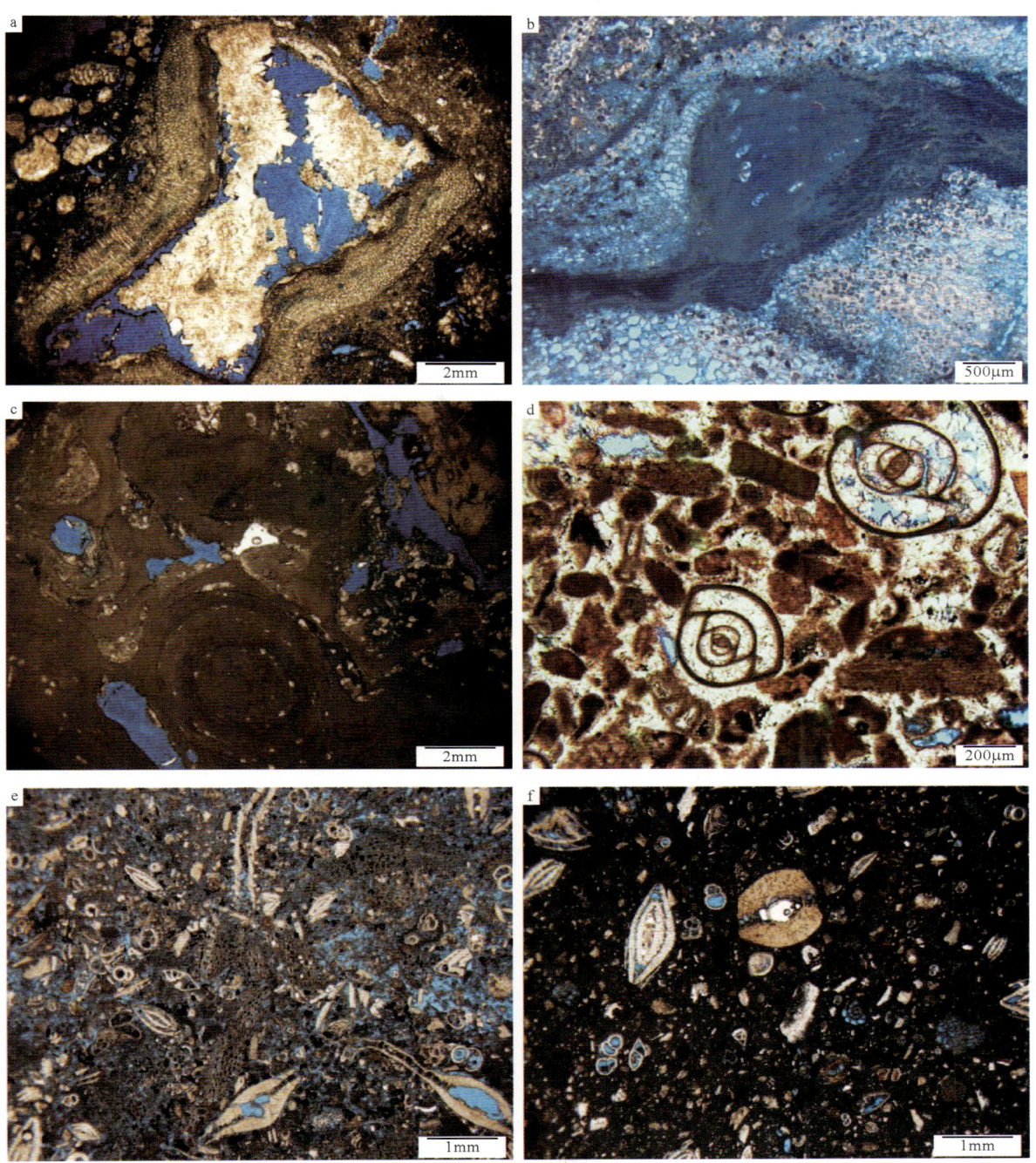

图2-13 灰岩类型图

a.苔藓动物黏结灰岩(MF3)(118.76m,乐东组,单偏光);b.苔藓动物-珊瑚藻黏结灰岩(MF4)(226.72m,莺歌海组一段,单偏光);c.珊瑚藻黏结灰岩(MF5)(120.97m,乐东组,单偏光);d.生屑颗粒灰岩(MF6-1)(743.34m,梅山组一段,单偏光);e.生屑泥粒灰岩(MF6-2)(330.39m,莺歌海组二段,单偏光);f.生屑粒泥灰岩(MF6-3)(328.76m,莺歌海组二段,单偏光)

2. 仙掌藻泥粒灰岩(MF7)

仙掌藻泥粒灰岩(MF7)(图2-14a)以仙掌藻含量高且分选好为特征。生物碎屑主要为仙掌藻、珊瑚藻、珊瑚及有孔虫碎屑。生物碎屑含量为50%~70%。其中,仙掌藻保存较完整,横切面近似呈圆形,纵切面呈长条形,可见其外部皮质区和内部髓质区,分选好,粒径为0.5~2mm。其余生物碎屑形状多样,分选较好,粒径0.1~1mm不等。基质为泥晶方解石,含量为25%~35%。颗粒支撑结构。胶结物不发育或者零星发育。

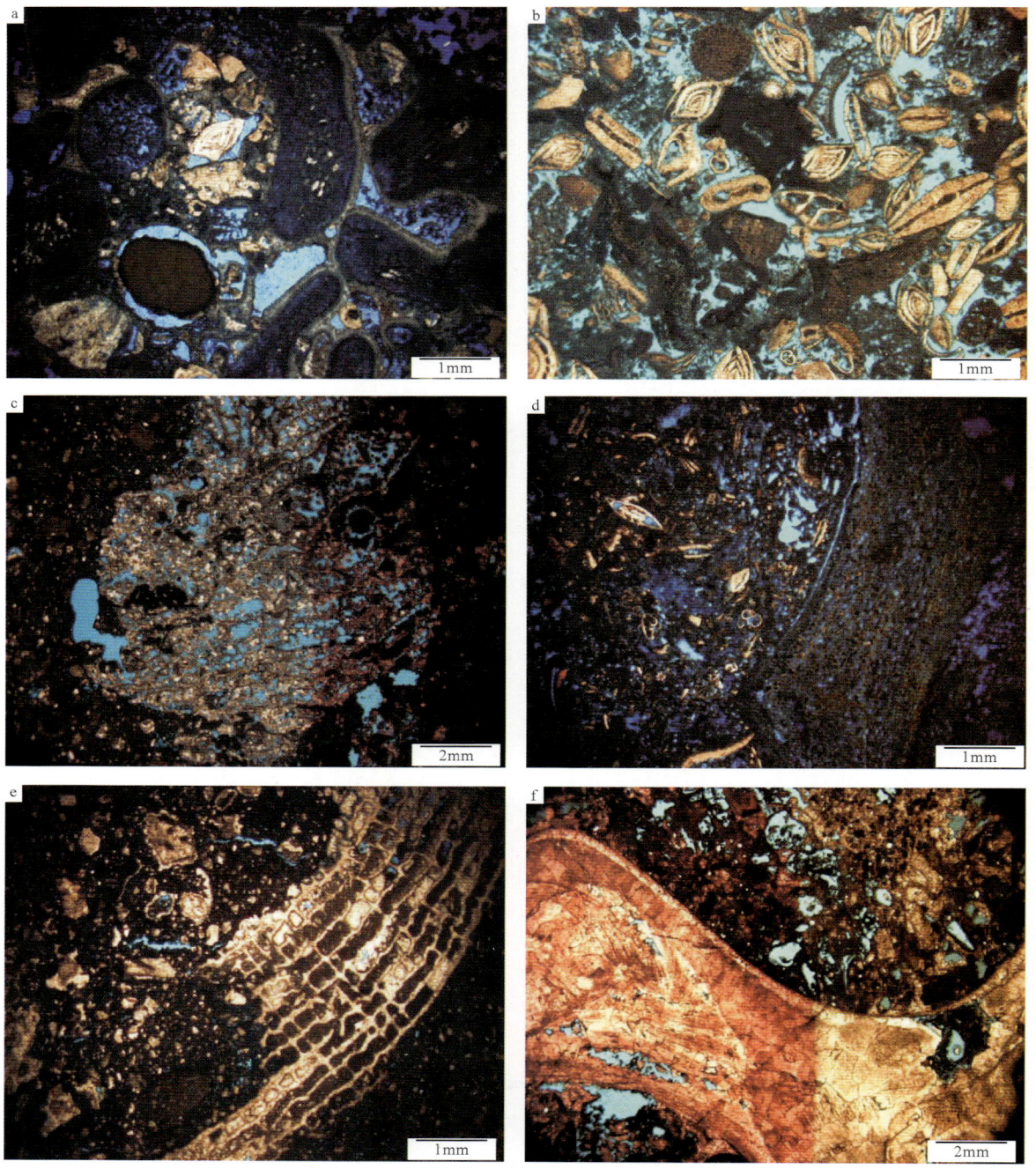

图2-14 异地石灰岩特征图

a. 仙掌藻泥粒灰岩(MF7)(32.99m,乐东组,单偏光);b. 有孔虫泥粒灰岩(MF8)(354.05m,莺歌海组二段,单偏光);c. 珊瑚漂砾灰岩(MF9)(184.32m,乐东组,单偏光);d. 苔藓动物砾屑灰岩(MF10-1)(337.64m,莺歌海组二段,单偏光);e. 苔藓动物漂砾灰岩(MF10-2)(154.13m,梅山组二段,单偏光);f. 软体动物砾屑灰岩(MF11-1)(161.78m,乐东组,单偏光)

3. 有孔虫泥粒灰岩(MF8)

有孔虫泥粒灰岩(MF8)(图2-14b)以有孔虫大量发育为特征。镜下可见有孔虫的"V"形空腔和隔壁的放射状纤维结构。生物碎屑以有孔虫碎屑为主,珊瑚藻和苔藓动物少量。生物碎屑多呈次圆状,粒径为0.5~2mm,含量为60%~85%。基质为泥晶方解石,含量为10%~20%。颗粒支撑结构。胶结物为粒状方解石和纤维状文石,含量为5%~15%。

4. 珊瑚漂砾灰岩(MF9)

珊瑚漂砾灰岩(MF9)(图2-14c)中的颗粒主要为生物碎屑和内碎屑。生物碎屑多数破碎,呈次圆状,粒径一般为0.2~1mm,含量一般为20%~40%。其中,砾屑以珊瑚为主。珊瑚破碎成块,具有一定磨圆,呈次圆状,粒径一般为2~6mm。内碎屑呈次圆状,粒径为0.5~1mm,含量为0~5%。基质为泥晶方解石,含量为30%~45%。胶结物主要为粒状方解石,偶见棘皮动物边缘发育共轴增长方解石胶结,胶结物含量为5%~10%。

5. 苔藓动物砾屑-漂砾灰岩(MF10)

以苔藓动物的大量发育为典型特征。按照颗粒和基质的含量以及支撑类型划分为苔藓动物砾屑灰岩(MF10-1)和苔藓动物漂砾灰岩(MF10-2)。

(1)苔藓动物砾屑灰岩(MF10-1):颗粒为苔藓动物骨骼碎屑(图2-14d)。生物碎屑多数保存完整,呈次圆状,分选中等—差,粒径为0.2~1.5mm,含量为65%~85%。其中,砾屑以苔藓动物为主,粒径一般为3~5mm,含量为30%~50%。基质为泥晶方解石,含量为10%~25%。砾屑形成支撑结构。胶结物以粒状方解石为主,含量为5%~10%。

(2)苔藓动物漂砾灰岩(MF10-2):颗粒为苔藓动物骨骼碎屑(图2-14e)。生物碎屑破碎程度不一,次棱角状—次圆状,分选中等—差,粒径为0.2~1mm,含量为30%~40%。其中,砾屑以苔藓动物为主,粒径一般为2~3mm,含量为10%~30%。基质为泥晶方解石,含量为30%~60%。为基质支撑结构。胶结物为粒状和晶簇状方解石,胶结物含量为5%~10%。

6. 软体动物砾屑-漂砾灰岩(MF11)

以软体动物的大量发育为典型特征。按照颗粒和基质的含量以及支撑类型,划分为软体动物砾屑灰岩(MF11-1)和软体动物漂砾灰岩(MF11-2)。

(1)软体动物砾屑灰岩(MF11-1):颗粒成分主要为软体动物砾屑和生物碎屑,偶见少量棘皮动物砾屑和苔藓动物砾屑(图2-14f)。软体动物保存较完好,镜下可见软体动物骨架的交错片状构造,粒径一般为4~10mm。砾屑含量为30%~60%。生物碎屑粒径一般为0.2~1mm,含量为50%~70%。基质为泥晶方解石,含量为5%~15%。为颗粒支撑结构。胶结物主要为粒状亮晶方解石,含量为5%~10%。

(2)软体动物漂砾灰岩(MF11-2):颗粒成分主要为软体动物砾屑和生物碎屑。其中,软体动物砾屑多呈长条状,粒径约为2mm。砾屑含量为10%~30%。生物碎屑呈次棱角状—次圆状,粒径为0.2~0.5mm,含量为50%~70%。基质为泥晶,含量为10%~30%。为基质支撑结构。胶结物主要为粒状亮晶方解石,含量为5%~15%。

7. 内碎屑粒泥-砾屑-漂砾灰岩(MF12)

以内碎屑的大量发育为典型特征,基质含量相对较高。按照颗粒和基质的含量以及支撑类型,划分为内碎屑粒泥灰岩(MF12-1)、内碎屑砾屑灰岩(MF12-2)和内碎屑漂砾灰岩(MF12-3)。

(1)内碎屑粒泥灰岩(MF12-1):颗粒成分主要为内碎屑和少量生物碎屑。内碎屑成分主要为泥灰岩、生屑粒泥灰岩和生屑泥粒灰岩,磨圆较好,粒径为0.2~1mm,含量为20%~30%。基质为泥晶方解石,含量为30%~60%,构成基质支撑结构。胶结物几乎不发育。

(2)内碎屑砾屑灰岩(MF12-2):颗粒成分主要为内碎屑和少量生物碎屑。内碎屑成分以生屑泥粒灰岩为主。粒径为5~8mm,含量为50%~70%。基质为泥晶方解石,含量为10%~20%。形成砾屑支撑结构。胶结物含量低,以粒状方解石为主。

(3)内碎屑漂砾灰岩(MF12-3):颗粒主要为内碎屑和少量生物碎屑。内碎屑成分主要为生屑粒泥灰岩、生屑泥粒灰岩和生屑颗粒灰岩。较大内碎屑颗粒粒径可达2mm,其余粒径一般为0.5~2mm,含量为10%~20%。基质为泥晶方解石,含量大于40%。基质支撑结构。胶结物不发育。

2.1.3.3 混积岩

(1)含石英-生物格架混积岩(MF16):其中的碎屑石英呈次棱角状,含量为5%~10%(图2-15a)。碳酸盐岩组分以生物格架为主体。其中,生物格架发育珊瑚和珊瑚藻,镜下可见其大面积发育。碳酸盐岩含量为90%~95%。

(2)含石英-生物碎屑混积岩(MF17)(图2-15b):碎屑石英呈次棱角状,含量为10%~25%。碳酸盐岩组分以生物碎屑为主。其中,部分生物碎屑被白云石交代。在生物碎屑之间或内部存在交代成因的白云石。碳酸盐岩含量为75%~90%。

(3)含石英-内碎屑混积岩(MF18)(图2-15c):碎屑石英呈次棱角状,含量为5%~15%。碳酸盐岩组分为碎屑和生物碎屑,泥晶少见。其中,内碎屑成分多为颗粒灰岩。碳酸盐岩含量为88%~95%。

(4)石英质-生物碎屑泥晶混积岩(MF19)(图2-15d):碎屑石英呈次棱角状,破碎严重,含量为30%~50%。碳酸盐岩组分为生物碎屑和泥晶基质。碳酸盐岩含量为50%~70%。

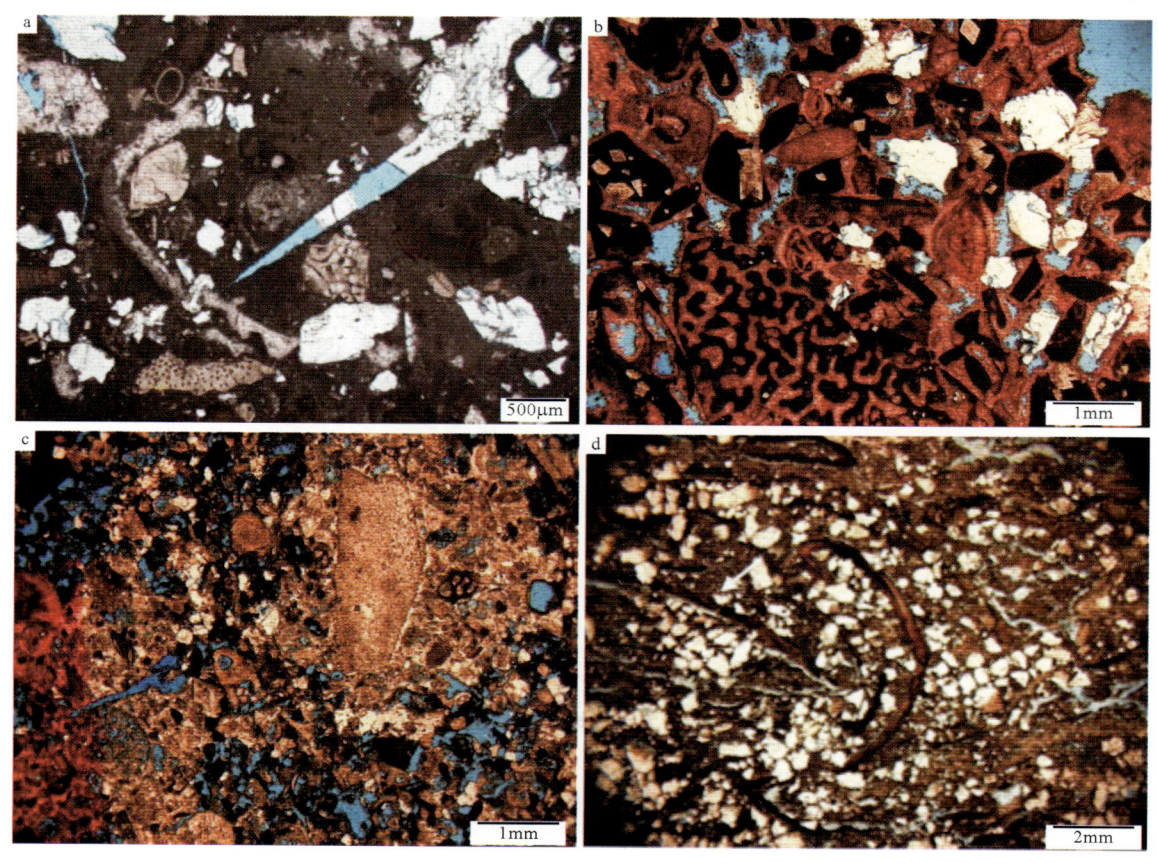

图2-15 西科1井混积岩特征图

a.含石英-生物格架混积岩(MF16)(1236.65m,三亚组二段,单偏光);b.含石英-生物碎屑混积岩(MF17)(1251.57m,三亚组二段,单偏光);c.含石英-内碎屑混积岩(MF18)(1229.62m,三亚组二段,单偏光);d.石英质-生物碎屑泥晶混积岩(MF19)(1214.02m,三亚组二段,单偏光)

2.1.4 生物礁

2.1.4.1 生物礁类型

生物礁的造礁生物主要为珊瑚、珊瑚藻和苔藓动物。按照 Riding(2002)的造礁骨架形态分类,西科 1 井钻遇生物礁的骨架形态为格架状(图 2-16a)、层状(图 2-16b)和穹隆状(图 2-16c、d)。

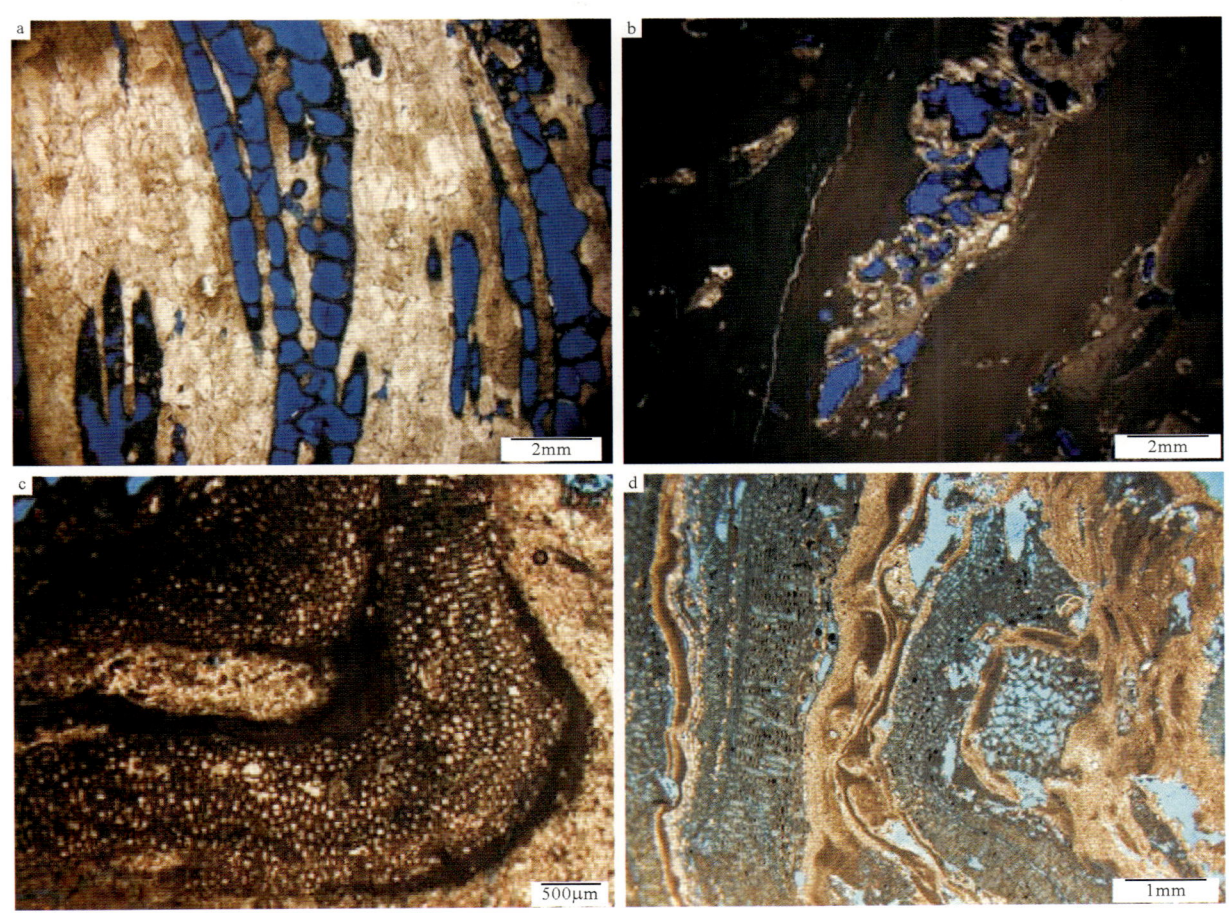

图 2-16 西科 1 井礁碳酸盐岩特征
a.格架状骨架(78.93m,乐东组,单偏光);b.层状骨架(68.75m,乐东组,单偏光);c.穹隆状骨架(141.24m,乐东组,单偏光);
d.穹隆状骨架(413.31m,黄流组一段,单偏光)

按照 Riding(2002)的生物礁分类方案,在对全井段的原地碳酸盐岩铸体薄片观察的基础上,选择其中固结程度高的样品薄片,首先识别基质(M)、原地形成的骨架(S)和胶结物(C)三端元组分;然后选定代表性视域,采集照片,进行组分统计;最后将组分统计结果投到 MSC 三角图(Riding,2002)上以确定生物礁类型(图 2-17)。在 Riding(2002)的分类系统中,胶结物是指同沉积胶结物,不包括交代成因的白云石。在西科 1 井中,凡是落在 MSC 三角图上"胶结物礁区域"的样品均属于"组构保留的灰质白云岩"及少量"组构破坏的白云岩";而部分落在"骨架礁区域"中的样品中也含有较多的白云石。考虑到以上情况,将西科 1 井钻遇的生物礁划分为骨架礁、白云化骨架礁和白云岩化生物礁。骨架礁中的骨架组分主要为珊瑚、珊瑚藻和苔藓动物,胶结物为文石和方解石,相应的岩石类型为骨架灰岩和黏结灰岩。按照主要造礁生物类型,可细分为珊瑚骨架礁、珊瑚藻骨架礁和苔藓骨架礁。白云岩化骨架礁属于遭受白云岩化的骨架礁,其主要特征是:①岩石中赋存的白云石含量低于50%;②岩石中基本保留原岩结构。白云岩化生物礁的主要特征是:①岩石中赋存的白云石含量高于50%;②岩石中基本保留原岩结构。

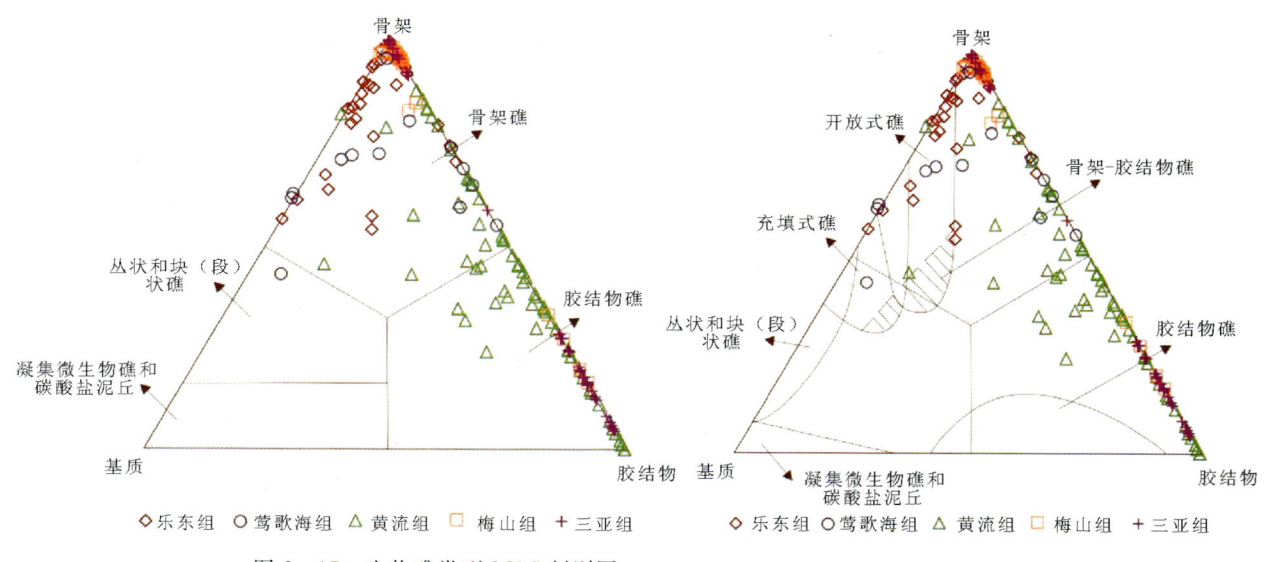

图 2-17　生物礁类型 MSC 判别图(底图据 Riding,2002,数据点来自本次研究)

2.1.4.2 生物礁的纵向分布

骨架礁、白云岩化骨架礁和白云岩化生物礁的纵向分布详见图 2-18。

珊瑚骨架礁分布于乐东组的 27.08～49.72m 和 64.51～94.51m 井段。苔藓骨架礁分布于莺歌海组的 230.71～220.37m、247.16～240.43m、275.31～272.66m 和 291～288.91m 井段。

黄流组生物礁的造礁生物主要为珊瑚藻,少量为苔藓动物。生物礁类型为骨架礁和白云岩化生物礁。其中,发育于黄流组一段的白云岩化生物礁厚度大于黄流组二段。骨架礁主要发育于黄流组二段。

埋深 529.71～500.67m 发育骨架礁和白云岩化骨架礁。其中,514.65～500.67m 为白云岩化骨架礁,属礁核部分,由原岩为珊瑚藻黏结灰岩的白云岩组成;518.25～514.65m 为礁盖,由原岩为生屑粒泥灰岩的白云岩构成,溶孔发育;529.71～518.25m 为礁核,由原岩为珊瑚藻黏结灰岩的白云岩构成。

埋深 494.76～485.16m 为白云岩化骨架礁,属礁核部分,由原岩为珊瑚藻黏结灰岩的白云岩组成。

埋深 474.06～422.82m 以白云岩化骨架礁夹骨架礁为特征。其中,474.06～435.02m 为礁核,由原岩为珊瑚藻黏结灰岩和苔藓动物黏结灰岩的灰质白云岩构成。435.02～431.02m 为礁翼,由原岩为生屑粒泥灰岩的白云岩构成;31.02～422.82m 为礁核,由原岩为珊瑚藻黏结灰岩的白云质灰岩构成。

埋深 417.1～388.19m 发育白云岩化骨架礁。其中,417.1～413.96m 为礁翼,由原岩为生屑泥粒灰岩的白云质灰岩组成。413.96～409.6m 为礁核,由原岩为珊瑚藻黏结灰岩的灰质白云岩组成。409.6～406.29m 为礁盖,由原岩为生屑泥粒灰岩的灰质白云岩和白云岩组成,溶孔发育。406.29～388.19m 为礁核,由原岩为珊瑚藻黏结灰岩的灰质白云岩和白云岩组成。

1. 生物礁类型的纵向分布

生物礁集中发育于 5 个井段(图 2-18)。其中,1246.74～1232.85m 井段发育骨架礁,1166.85～978.76m 井段发育白云岩化生物礁,965.86～500.67m 井段以骨架礁夹白云岩化骨架礁为特征,494.76～388.19m 井段以白云岩化生物礁夹骨架礁为特征,291～27.08m 井段发育骨架礁。

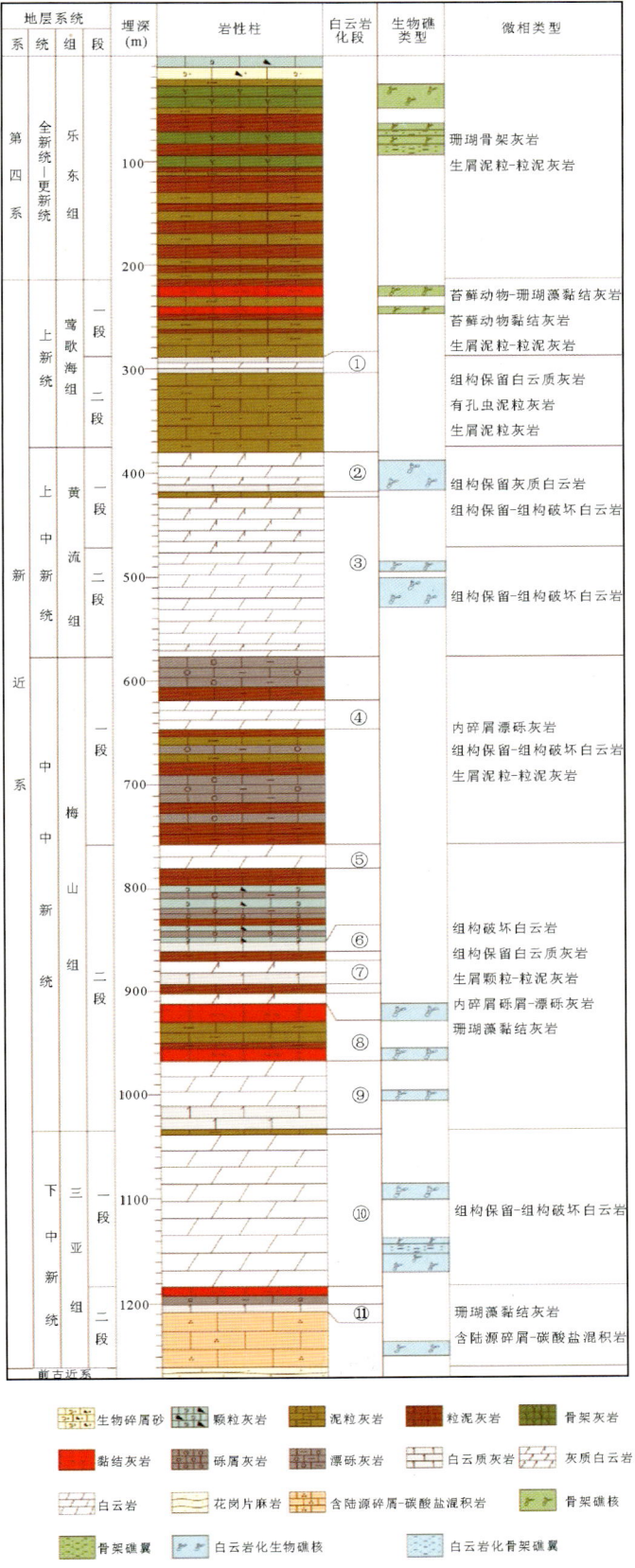

图 2-18 生物礁类型的纵向分布

每个地层单元均不同程度地发育生物礁。其中,三亚组以白云岩化生物礁为主,少量为骨架礁;梅山组既发育骨架礁,也发育白云岩化生物礁;黄流组生物礁类型以白云岩化生物礁为主,其次为骨架礁;莺歌海组和乐东组仅发育骨架礁。

2. 各地层单位的生物礁类型构成

(1)三亚组生物礁的造礁生物为珊瑚藻和珊瑚,由两层白云岩化生物礁和一层骨架礁组成。其中,白云岩化生物礁发育于三亚组一段,骨架礁发育于三亚组二段。具体如下:在1246.74～1232.85m井段发育的骨架礁为礁核部分,由珊瑚骨架灰岩、珊瑚藻黏结灰岩和原岩为珊瑚骨架灰岩的白云质灰岩组成。在1166.85～1149.04m井段发育的白云岩化生物礁也为礁核部分,其原岩为黏结灰岩。在1166.85～1133.89m井段发育的白云岩化礁中,1140.18～1133.89m为礁核,原岩为黏结灰岩;1149.04～1140.18m为礁翼,原岩为粒泥灰岩。1083.44～1098.6m井段发育的白云岩化生物礁为礁核部分,原岩为珊瑚藻黏结灰岩。

(2)梅山组生物礁的造礁生物为珊瑚藻,所形成的骨架礁和白云岩化生物礁均发育于梅山组二段。

在1004.28～978.76m井段发育的白云岩化生物礁为礁核部分,其原岩为珊瑚藻黏结灰岩。在906.86～954.06m井段发育的骨架礁也属于礁核部分,由珊瑚藻黏结灰岩构成。在928.82～911.5m井段发育的骨架礁中,928.82～926.19m为礁核部分,由珊瑚藻黏结灰岩构成;926.19～923.7m为礁翼,由生屑泥粒灰岩构成;923.7～916.4m为礁核,由珊瑚藻黏结灰岩构成;916.4～911.5m为礁翼,由生屑泥粒灰岩、生屑粒泥灰岩和珊瑚藻黏结灰岩构成。

2.2 白云岩储层特征

2.2.1 白云岩分布及颜色

在西科1井0～748m层段,白云岩主要分布于上新统莺歌海组二段的顶部、上中新统黄流组及中中新统梅山组一段(图2-19)。在莺歌海组二段顶部,白云岩累计厚度约为11m,在其上的莺歌海组一段的下部,灰岩中零星含有白云石,含量为1%～3%;黄流组钻遇厚度为201m,以白云岩为主,仅在局部偶见云质灰岩,在黄流组之上的莺歌海组二段底部的颗粒灰岩呈浅褐色,含较大白云石(连晶结构)晶体;在梅山组一段(已获取岩芯层段为577～748m),白云岩累计厚度约为13m,主要分布于该段上部577～653m深度段。该段岩石一般较为疏松,白云石含量5%～100%不等,局部(如580～583m深度段)可见白云石集合体及方解石晶簇。根据连续的铸体薄片观察,在750～1267m井段,白云岩主要分布于757.5～775.9m、965.8～1005m以及1032.4～1179.55m井段(图2-19),主要为大段块状白色坚硬云岩,次为褐色及黑色、浅褐色、白色组成的杂色云岩。肉眼观察白云岩呈砂糖状,为晶粒云岩,个别层段白云岩含小于30%的陆源砂及陆源粉砂。镜下观察白云岩中普遍具有雾心亮边,白云岩硬度普遍大于相邻层位的灰岩。基底之上(1255～1257.72m)亦发育砂质云岩,与下伏基底火成岩呈断层接触关系,二者之间界线明显,应为新生代构造运动所致。肉眼观察其呈褐色,含20%～30%的石英、长石、云母、锆石等陆源砂级碎屑,镜下可见白云石晶体巨大,为粗晶—巨晶白云石。与730m以浅碳酸盐岩中云质灰岩及灰质云岩厚度较小不同,西科1井深部岩芯发育较厚的云质灰岩及灰质云岩,即灰岩中常见含量不等的白云石晶体,如在847～965.8m以及1005～1031.4m井段,为灰质云岩及云质灰岩互层,偶夹白云岩薄层(图2-19)。

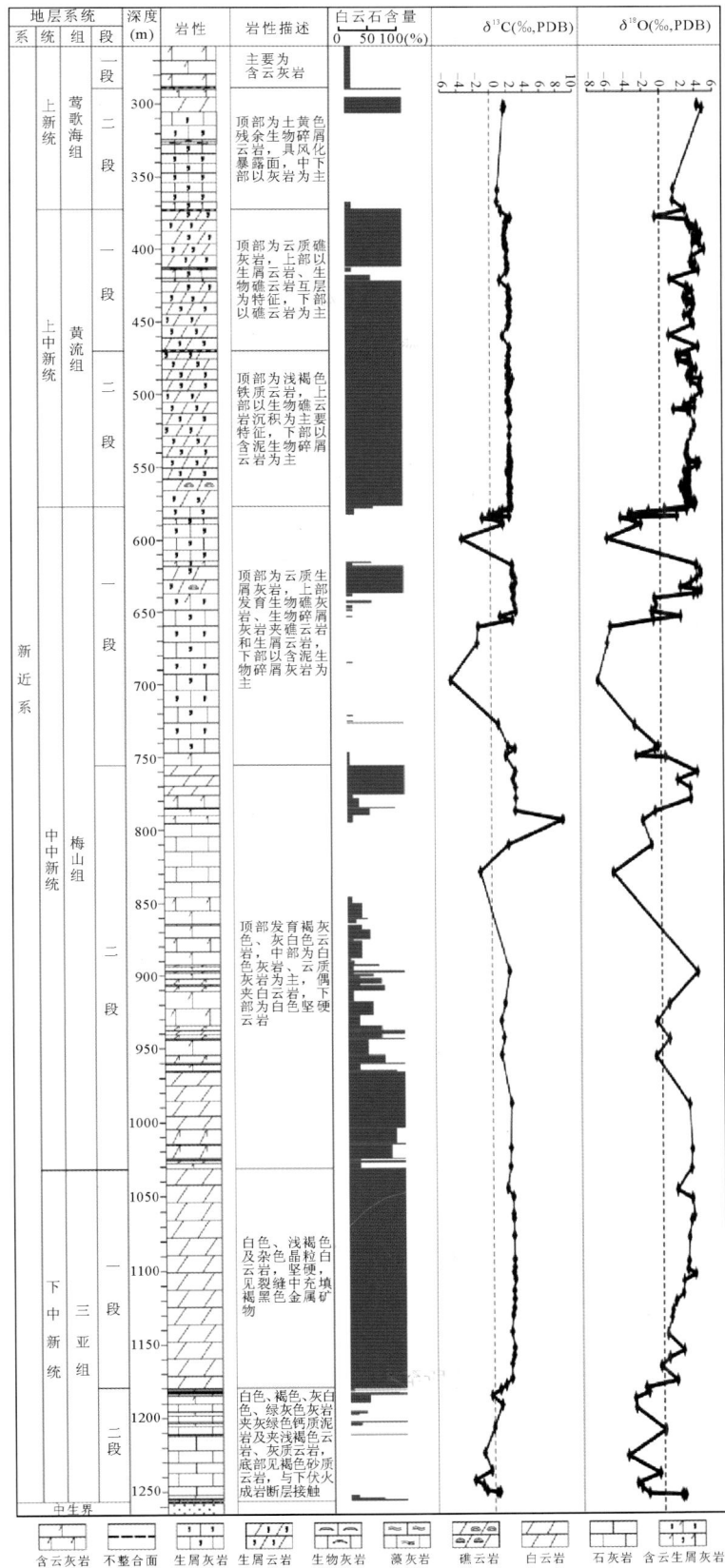

图 2-19 西科 1 井白云岩分布及碳、氧同位素柱状图

2.2.2 白云岩颜色及古暴露面

总体来看，西科1井白云岩累计厚度大于380m，主要的白云岩层段一般发育在褐铁矿浸染的古暴露面之下（图2-20），显示白云岩化与一定地质历史时期的相对海平面下降有关。在西科1井，由上而下从灰岩到白云岩的岩性界面突变最主要发生在288.4m（莺歌海组一段、二段间的界线，图2-20a）、375m（莺歌海组与黄流组间界线，图2-20b）及758.4m（梅山组一段、二段界线）、1032.5m（梅山组与三亚组界线）。在1032.5m界线之下，白云岩普遍发育褐铁矿浸染而使白云岩呈褐色色调（图2-20a、c，图2-21），显示了古暴露界面的影响。这一特征在黄流组二段的顶部也有显示，如在470m（黄流组一段、二段界线）深度见铁质浸染的脉体（图2-20d）或见大量褐色铁质矿物结核（图2-20e），显示发育在白云岩之间的界面可能为和古暴露有关的事件沉积界面。

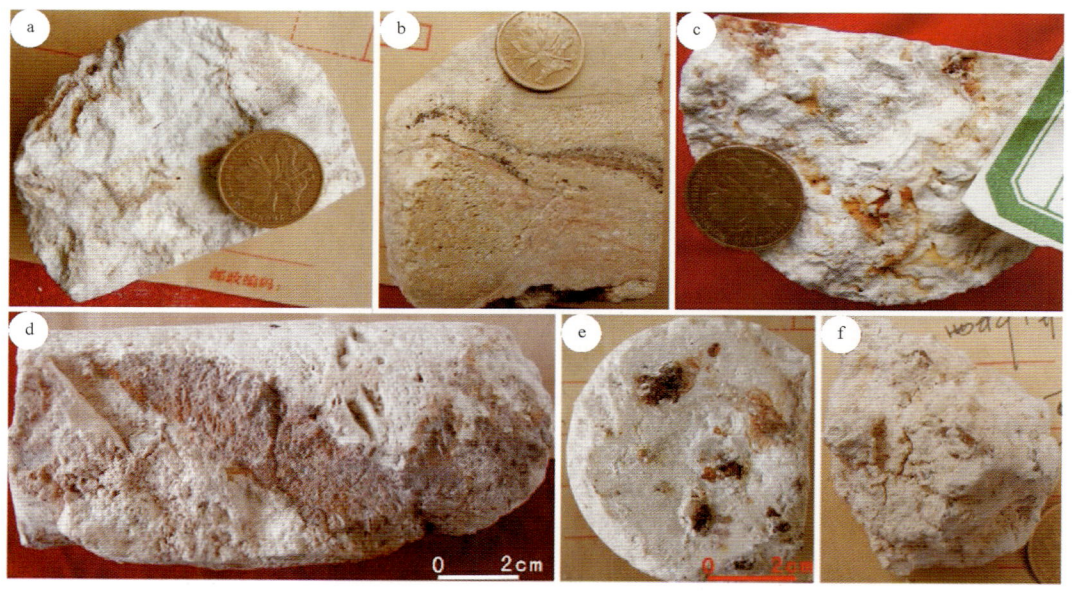

图2-20 西科1井莺歌海组及黄流组白云岩宏观特征

a．上新统莺歌海组二段顶部（289.2m）白云岩中有褐色金属矿物浸染；b．莺歌海组底部发育浅褐色白云质颗粒灰岩（375.9～376.0m），其沉积时受到中新世末构造运动造成的古暴露面的影响；c．中新统黄流组顶部（376.1m）白云岩受到褐色铁质矿物浸染；d．黄流组二段近顶部（470.2～470.6m）见铁质浸染脉；e．黄流组二段近顶部（470.64m）见铁质矿物结核；f．中中新统梅山组近顶部（582.4m）白云质灰岩中见白云石结核及厘米级的方解石巨晶，二者在显微镜下均可识别

如在梅山组二段的顶部（758.4m以下），白云石层段的顶部一般发育黄色、褐色铁质矿物浸染现象（图2-21c、d），预示着古暴露面与白云岩有成因上的联系。在三亚组上部（三亚组一段顶深1032.5m以下约40m深度范围内），白云岩普遍显示褐红、褐色或棕色色调（图2-21a、b），白云岩受氧化条件影响显著。

西科1井获取的大量岩芯中白云岩的类型多为微晶云岩、粉晶云岩、礁云岩、生物云岩及生屑云岩，其中以生屑云岩和粉晶云岩、礁云岩最为常见，且微晶云岩和粉晶云岩或多或少保留了原始基质的微晶结构、颗粒结构或生物礁结构的残余结构。西科1井白云岩一般呈白色，在黄流组及三亚组一段均可见大段纯白色白云岩，白云岩中可见双壳类、腹足类、珊瑚等生屑。局部有铁质矿物浸染而呈浅褐色（图2-21），偶含褐色铁质矿物结核；白云岩一般呈固结状态，在莺歌海组二段白云岩及黄流组一段部分白云岩呈半固结状态。相比来说，白云岩硬度高于一般呈现疏松状态的弱固结的灰岩（或为沉积物），显示白云岩的固结成岩早于灰岩。在西科1A井930～1266m井段白云岩以白色、淡褐色坚硬的晶粒白云岩为主，个别层段白云岩呈褐色、淡褐红色（图2-21、图2-22），部分层段的白云岩见黑色斑点或黑色、褐色、褐红色金属物质沿裂缝分布充填孔隙，呈浸染状（图2-21b，图2-22b、d、e）。白云岩的孔隙发育程度不一,和白云化前的原岩性质有关。总体看,大部分白云岩孔渗性较好,大孔隙保存较多。

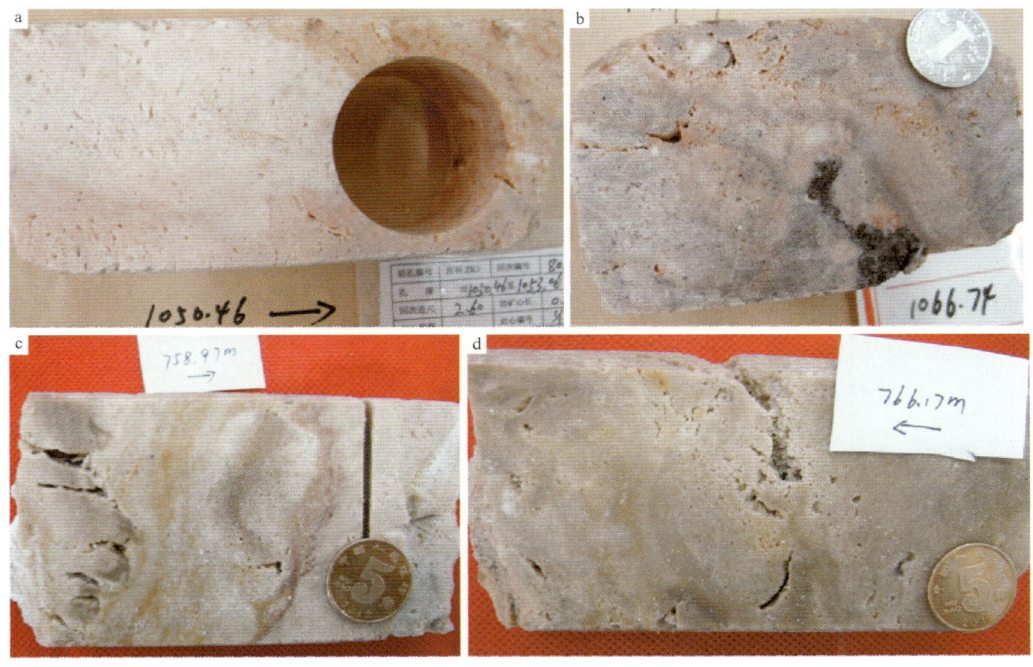

图 2-21　西科 1 井不整合面以下白云岩宏观特征
a. 三亚组上部褐红色含铁白云岩;b. 三亚组上部褐棕色白云岩,孔洞中见黑色充填物;c. 梅山组二段顶部具褐色、
棕黄色不规则条纹的白云岩;d. 梅山组二段上部白云岩中见褐黄色黄铁矿

图 2-22　西科 1 井白云岩颜色及裂缝充填特征
a. 白色白云岩,局部淡褐色矿物浸染;b. 沿裂缝见黑色充填物(1108.22m);c. 棕黄色及褐红色矿物顺层发育(1107.3m);
d. 沿裂缝发育的褐色矿物浸染;e. 黑色矿物浸染现象

西科 1 井基底岩石为花岗岩及闪长岩,墨绿色闪长岩与上覆的褐色不等晶白云岩呈明显的断层接触关系(图 2-23a),显示着新生代强烈的构造运动。岩芯观察显示白云岩中褐色、褐红色、黑色充填物与裂缝关系密切(图 2-23b),也显示着构造运动对白云岩的影响。电子探针测试表明,裂缝中及其附近白云岩孔洞中充填的暗色矿物多为铁质矿物,其次为由铜、锌、锰、铬等金属元素组成的矿物,另有铁铝质矿物和磷镧铈矿(图 2-24)。镧系元素多与岩浆作用有关,因此可以推断其和白云岩形成以后的构造-岩浆作用有关。考虑到已经进行电子探针测试的白云石中该类元素含量少,因此可以认为其对白云石的作用较小,为较晚时期构造-岩浆作用的产物。

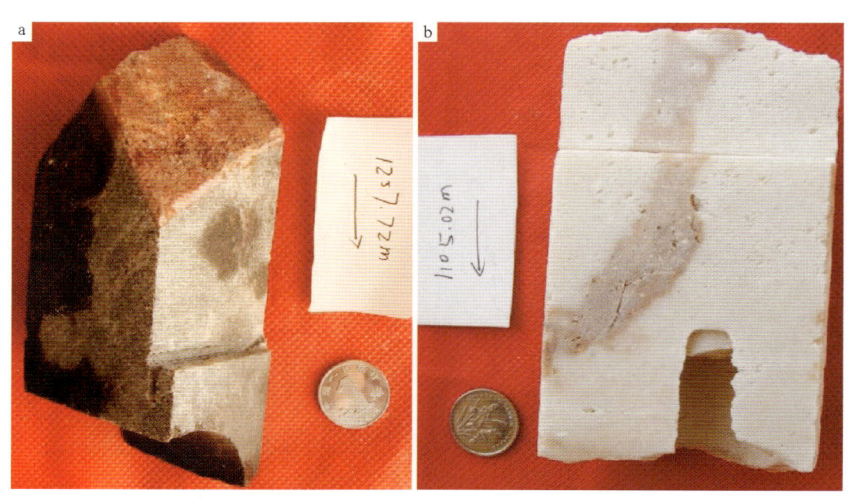

图 2-23　西科 1 井碳酸盐岩基底及沿裂缝的棕色充填物

a.碳酸盐岩(不等晶白云岩)与墨绿色基底闪长岩呈明显的断层接触关系;b.沿裂缝见棕褐色充填物

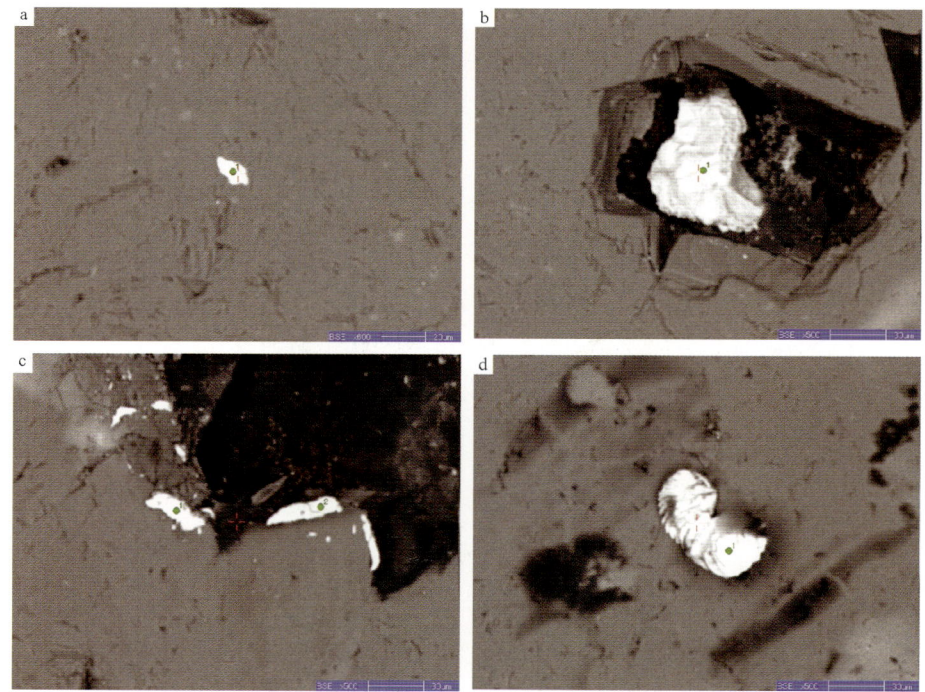

图 2-24　西科 1 井白云岩中金属矿物微观特征(背散射图像)

a.孔洞中充填磷镧铈矿,其金属元素多为 Ce、La,次为 Nd、Th、Gd、Y,深度 1173.9m;b.孔洞中充填铁质矿物,其金属元素几乎均为 Fe,1173.9m;c.孔洞中充填矿物所含金属元素主要为 Fe、Cr,有少量的 Mo(检测值在误差范围内,可信度低),1035.5m;d.孔洞中充填矿物所含金属元素主要为 Cu 和 Zn,1035.5m

2.2.3 白云岩微观特征

2.2.3.1 白云石晶体大小

从西科1井井深288m开始,随深度的增加较大晶粒白云石在岩石中的比例增加(图2-25)。白云石的晶体直径随深度的增加而变大,这一趋势一直到三亚组一段井深都较为明显。晶粒白云岩,尤其是细晶白云岩坚硬,呈浅黄褐色的砂糖状,与致密程度不佳的半固结状的白色灰岩比较,肉眼即可大致分辨出岩性是灰岩还是白云岩。砂糖状白云岩在400~1200m井深较易发现。白云石晶体随深度增加的趋势,本次研究认为和白云岩化发生时以及后期成岩变化过程中的白云石重结晶有关,受到地层温度的影响,地层温度的增加使得白云石易于重结晶而形成较大晶粒(图2-25)。

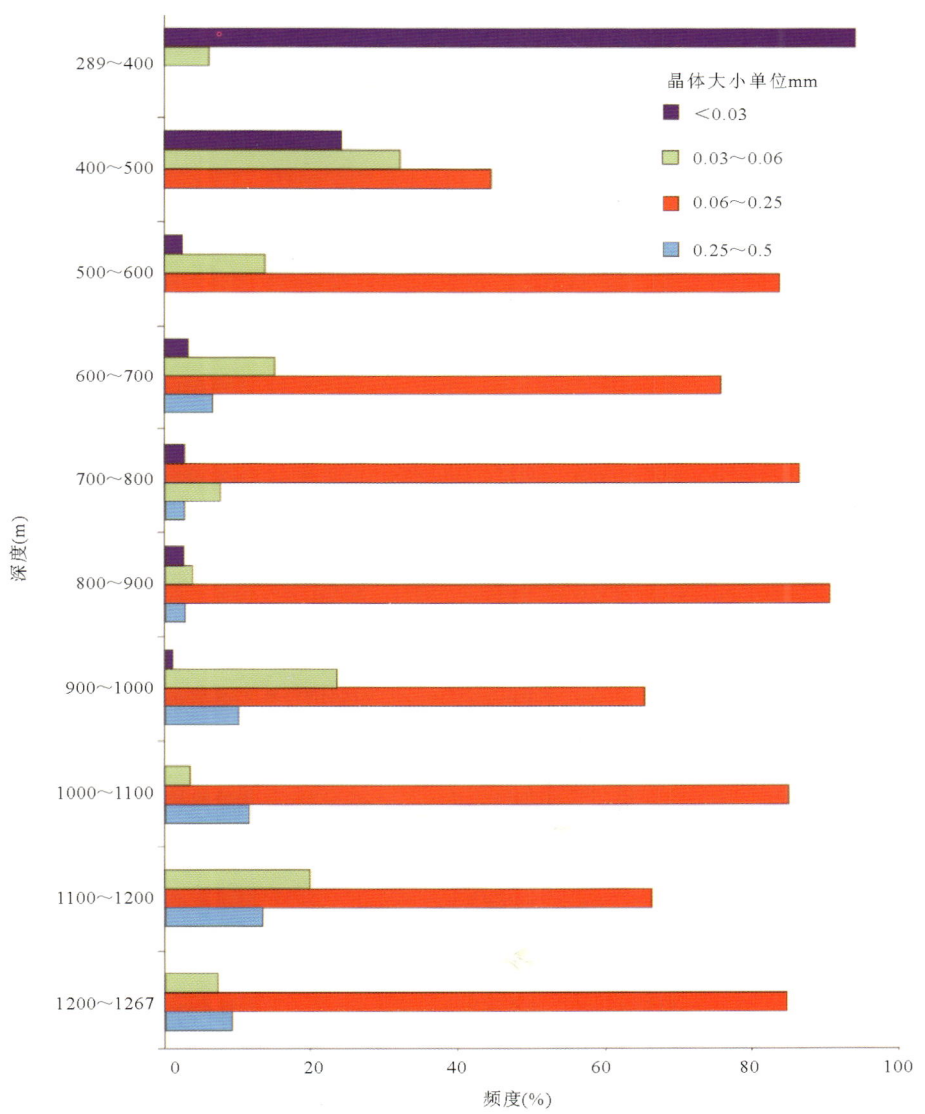

图2-25 白云石晶体大小随深度变化趋势图(762件样品)

2.2.3.2 白云石结构特征

根据岩石薄片及扫描电镜分析,白云岩中白云石多呈微晶-粉晶结构,残余结构较为明显。在溶蚀孔洞或生物骨架孔中偶见细晶白云石,从 288m 开始,随深度的增加较大晶粒白云石在岩石中的比例增加。在 288～740m 分布的白云岩中白云石矿物呈微晶及细粉晶双峰态结构,微晶白云石为灰岩基质经选择性白云石化的结果,呈平直晶面半自形晶,主要为灰泥杂基、微晶砂屑、生屑及隐晶、微晶方解石生物(如珊瑚、红藻等)白云石化的结果,单偏光镜下颜色偏暗,不干净不明亮(图 2-26b～h)。而粉晶-细晶白云石呈平直晶面自形晶,为胶结物白云石或过度白云化(黄思静,2010;Machel,2004;Saller & Henderson,2001)结果。胶结物白云石生长在孔隙内或发生于生屑边缘,晶体明亮、干净(图 2-26f、h),为从孔隙水中自生沉淀的结果;过度白云化发生于生物碎屑等基质或发育在孔隙中,白云石呈雾心亮边(图 2-26c、d、e、i),其与胶结物白云石很可能是同一时期、在同样条件的孔隙水介质下形成,二者的区别可能在于白云石沉淀时的成核基质不同。过度白云化的白云石为先交代、重结晶而后次生加大综合成因的,其雾心亮边的"亮边"与胶结物白云石成分一致,阴极发光下二者显示相同的光性特征(图 2-27b、d)。

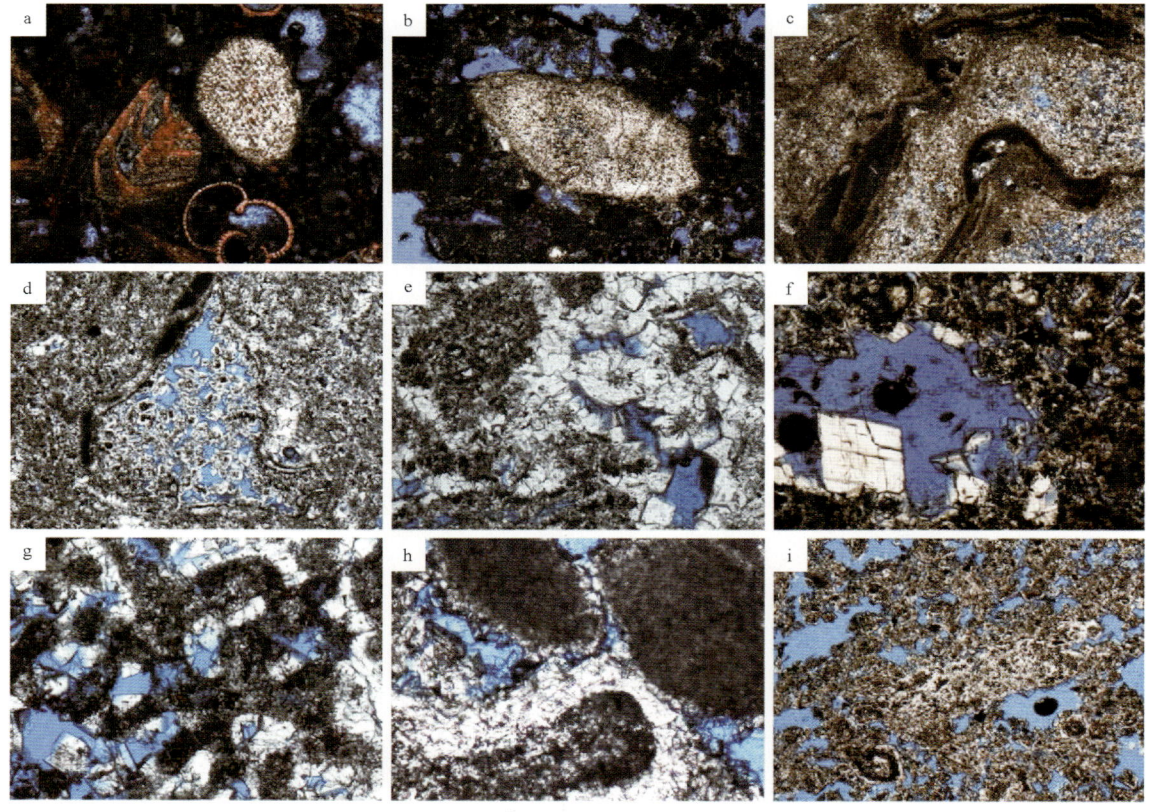

图 2-26 西科 1 井白云岩微观特征(均为单偏光)

a.莺歌海组一段下部(284.69m)含云微晶生屑灰岩,仅棘皮类生物碎屑发生不完全的白云石化,茜素红染色,对角线长 1.6mm;b.莺歌海组二段顶部(288.91m)微晶生屑云岩,照片中间的棘皮类生屑完全白云石化,对角线长 4mm;c.黄流组一段(457.21m)藻云岩,藻类由微晶白云石组成,孔隙内见雾心亮边白云石,对角线长 4mm;d.黄流组二段(534.03m)粉晶云岩,基质见大量不彻底的过度白云化白云石,孔隙内见雾心亮边白云石,对角线长 4mm;e.黄流组二段(542.29m)微晶-粉晶云岩,微晶基质边缘及孔隙内见雾心亮边粉晶白云石,对角线长 1.6mm;f.黄流组二段(568.2m)粉晶云岩孔隙内沉淀粉晶自形晶胶结物白云石,对角线长 0.8mm;g.黄流组底部(576.7m)灰质珊瑚云岩,隐晶质珊瑚未发生白云化(或发生去云化),生物骨架孔内主要填充粉晶胶结物白云石,对角线长 1.6mm;h.梅山组一段(621.97m)生屑云岩,胶结物白云石发育在颗粒边缘,粒间孔内见雾心亮边白云石,对角线长 1.6mm;i.梅山组一段(628.86m)粉晶残余珊瑚云岩,过度白云化"雾心亮边"粉晶白云石含量高,对角线长 4mm

过度白云化雾心亮边白云石和胶结物白云石在西科 1 井白云岩中普遍存在,但总体上随着埋深的增加,其含量有增加的趋势。在 462m 深度以下的黄流组二段及梅山组,其形成的白云石晶体直径较大(图 2-26d～h),因此粉晶白云石含量更多,呈菱形自形晶结构或颗粒边缘的连晶结构,雾心亮边普遍发育,原始结构改变较多(图 2-26d～i)。Machel(2004)认为低温白云石化作用趋向于原始结构保存,而高温白云化流体造成原始结构的完全消失。如果大规模白云化发生的时候侵入流体对白云石是高度过饱和的(不一定是温度的作用),白云岩原始结构也会消失(Machel,2004;黄思静,2010)。笔者倾向于认为温度是造成西科 1 井白云石在纵向上出现结构差异的主要原因,这是因为深度最大的梅山组白云岩所见雾心亮边白云石和胶结物白云石晶体大,含量多,而已钻遇的梅山组是以灰岩、含云灰岩夹灰质云岩、云岩为特征的,过度饱和的孔隙水可以造成更大的白云石晶体沉淀,但不可能形成纵向上更少的白云岩分布。

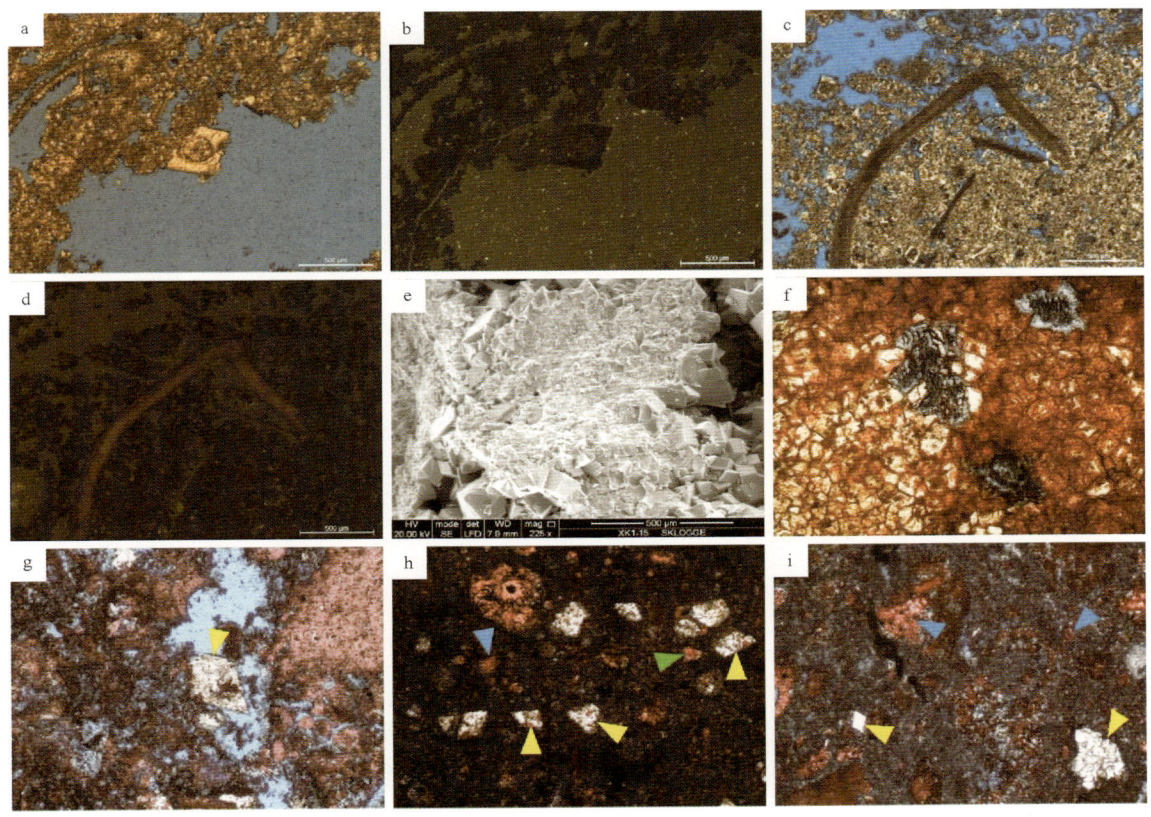

图 2-27　白云岩阴极发光、扫描电镜显示特征及去云化现象

a、b. 黄流组二段残余生屑云岩(482.85m)单偏光及阴极发光照片,白云石不发光;c、d. 黄流组二段粉晶云岩(504.44m)单偏光及阴极发光照片,微晶生屑及雾心亮边白云石中心发暗色光性;e. 黄流组二段粉晶云岩(505.00m)扫描电镜下特征:生物体内部为泥微晶白云石,外部为晶粒白云石;f. 梅山组一段上部(585.18m)白云石被方解石不完全交代,大部分白云石晶体边缘被首先交代,一部分白云石晶体内部被首先溶解交代,单偏光,茜素红染色,对角线长 1.6mm;g. 梅山组一段含云灰岩(648.45m)中见菱形自形晶白云石(黄色三角所指)内部发生方解石交代作用,单偏光,茜素红染色,对角线长 1.6mm;h. 梅山组一段云质灰岩(652.93m)中自形晶粉晶白云石(黄色三角所指)普遍发生不完全去云化,局部较小的晶体(蓝色三角所指)已完全被方解石交代,绿色三角所指晶体为近乎完全去云化的白云石晶体,单偏光,茜素红染色,对角线长 1.6mm;i. 梅山组一段含云灰岩(712.01m)中见白云石结核及菱形自形晶白云石(黄色三角头所指),蓝色三角所指区域疑为白云石结核发生完全去云化所致,单偏光,茜素红染色,对角线长 0.8mm

在与白云岩相邻的含云灰岩或云质灰岩段(主要分布于莺歌海组一段下部、莺歌海组二段下部及梅山组一段),不同基质发生选择性白云石化。不同结构的生物白云化的难易程度不同,如单晶结构的棘

皮类生屑可较容易地被白云石交代（图2-26a），而隐晶结构的珊瑚较难白云石化（图2-26i），或者在白云化后容易发生去云化而被方解石交代。

在740m以深井段，特别是930m以深井段所见白云岩中白云石晶体更大（图2-28），白云岩多呈不等晶结构，雾心亮边白云石更为明显（图2-28a、b、c），在白云岩中的含量也更高，相比相对浅部产出的白云石，其"雾心"偏小而"亮边"更为明显。在靠近基底(1257.72m)的白云岩中一般含20%～30%的陆源砂（图2-28d），多为石英、长石及云母，与基底火成岩矿物组成类似，显示二者有成因上的联系。

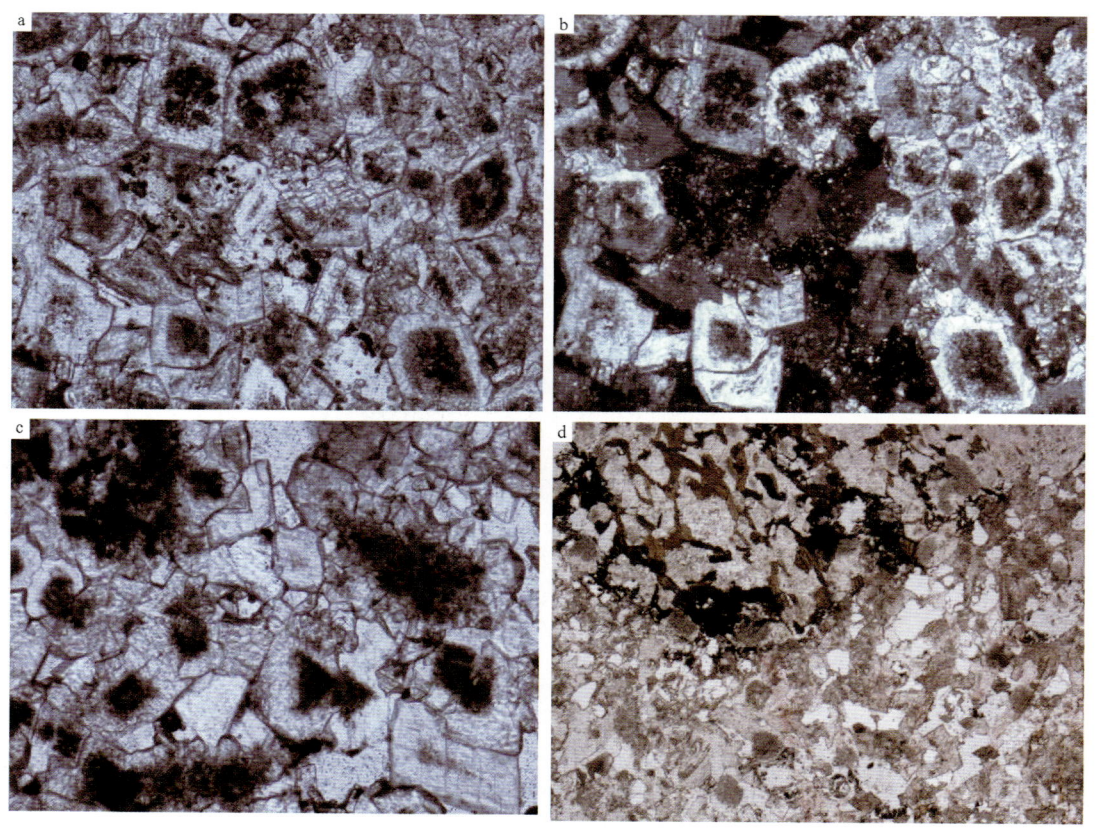

图2-28 西科1井深部（大于1000m埋深）白云岩微观特征

a、b 白云石雾心亮边明显，1095.0m，对角线长1.6mm，左为单偏光，右为正交偏光；c. 白云石雾心亮边微观特征，1170.42m，单偏光，对角线长1.6mm；d. 1257.4m 白云岩中见鞍形白云石，混杂有侵入岩砾石，单偏光，对角线长8mm

2.2.3.3 白云岩微相

在白云岩化石灰岩及白云岩中划分出4种微相类型：组构保留的白云质灰岩、组构保留的灰质白云岩、组构保留的白云岩、组构破坏的白云岩。

1. 组构保留的白云质灰岩（MF13）

在组构保留的白云质灰岩（MF13）中，白云石含量为10%～50%。白云岩化程度微弱，石灰岩的组构基本保留。保留的原始组构主要为生物碎屑和基质。镜下可见纹层状珊瑚藻、有孔虫和苔藓动物。

2. 组构保留的灰质白云岩（MF14）

在组构保留的灰质白云岩（MF14）中，白云石含量为50%～90%。白云岩化程度中等，石灰岩中的原始组构基本保留。未白云石化的组分主要为生物碎屑。镜下可见珊瑚藻、有孔虫和苔藓动物的内部结构。

3. 组构保留-组构破坏的白云岩(MF15)

按照原始组构保留程度,划分为两个亚类。

(1)组构保留的白云岩(MF15-1):在组构保留的白云岩(MF15-1)中,白云石含量大于90%。白云岩化程度比较高,镜下多见纹层状珊瑚藻和多孔珊瑚强烈白云岩化,仅保留外部轮廓。

(2)组构破坏的白云岩(MF15-2):在组构破坏的白云岩(MF15-2)中,白云石含量大于90%。白云岩化程度高,石灰岩中原始组构几乎荡然无存。

2.2.4 白云岩的先驱岩石

西科1井白云岩多具有一定程度的残余结构,可见白云石组成的生屑或未完全白云化生屑,岩芯中多呈砂糖状晶粒结构;无残余结构白云岩在西科1井也较为常见,其白云化显著,显示为晶粒云岩。

2.2.4.1 无残余结构白云岩

总体来说,无残余结构白云岩在西科1井白云岩中所占比例不大,由铸体薄片观察约占不到10%,在黄流组及莺歌海组,该类白云岩所见甚少,而在埋深较大的三亚组中,该类白云石所占比例增加,且晶体直径变大,由粉晶-细晶白云岩变为中晶或不等晶白云岩(图2-29)。因为强烈的白云石化,该类白云岩原始组构不清,难以确定其为哪种灰岩交代而来。

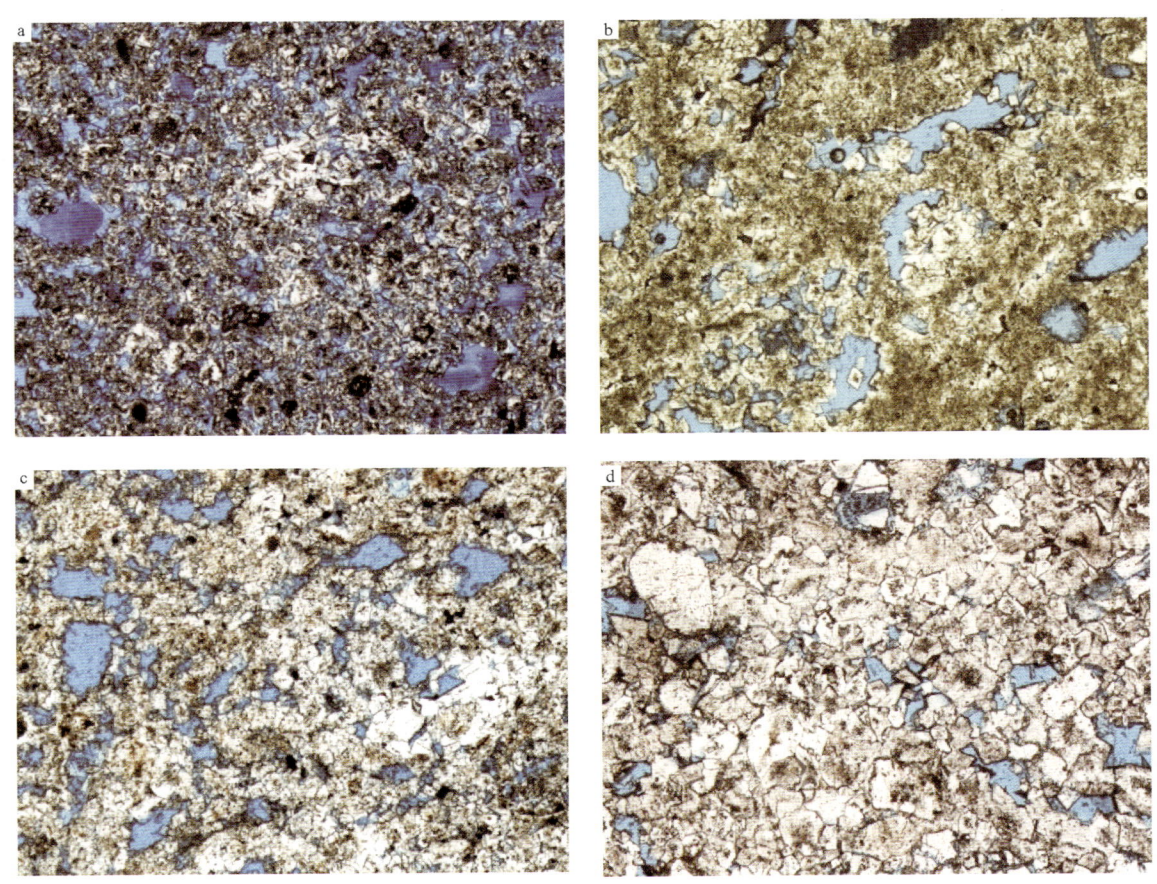

图2-29 无残余结构白云岩镜下特征(单偏光,对角线长4mm)

a.粉晶白云岩原始沉积结构不明显,局部显示为细晶白云石,梅山组一段624.76m;b.细-粉晶白云岩可显示模糊的残余结构,但难以分辨由何种灰岩交代而成,梅山组二段960.08m;c.细晶白云岩,孔隙较为发育,三亚组一段1184.02m;d.砂质中、粗晶白云岩,三亚组二段近底部1256.86m

2.2.4.2 具残余结构白云岩

具有残余结构的白云岩是西科 1 井最为发育的白云岩,多显示为生屑结构(图 2 - 30),原始岩石为生屑灰岩或生屑微晶灰岩。生屑以红藻石(图 2 - 30a、b、c)、珊瑚化石最为易认,其次为棘皮类、有孔虫(图 2 - 30d)等生屑;而大部分生屑因白云石化强烈而不显显微结构,难以分辨为何种生物化石,仅能看到生物化石的形态。可观察到的形态及生物组构细节的白云石构成的生屑,多为隐晶—微晶质,边缘的胶结物显示为晶体更大的白云石,一般为雾心亮边明显的细晶白云石(图 2 - 30)。棘皮类生屑被白云石交代后亦显示为微晶结构。(含生屑)微晶灰岩的白云石化常见白云石由粉细晶构成,白云化不彻底。本次研究认为白云石化与灰岩原始组构没有明确的相关关系,与原生孔隙也无关(图 2 - 30)。原始孔隙发育的与孔隙不发育的灰岩均可发生完全的白云岩化,这与白云岩的最初形成和中等盐度流体的渗透回流有关(详见白云石化流体章节及白云化模式章节),原始孔隙度低的灰岩在白云化过程里可由相对长的地质历史时期予以弥补。

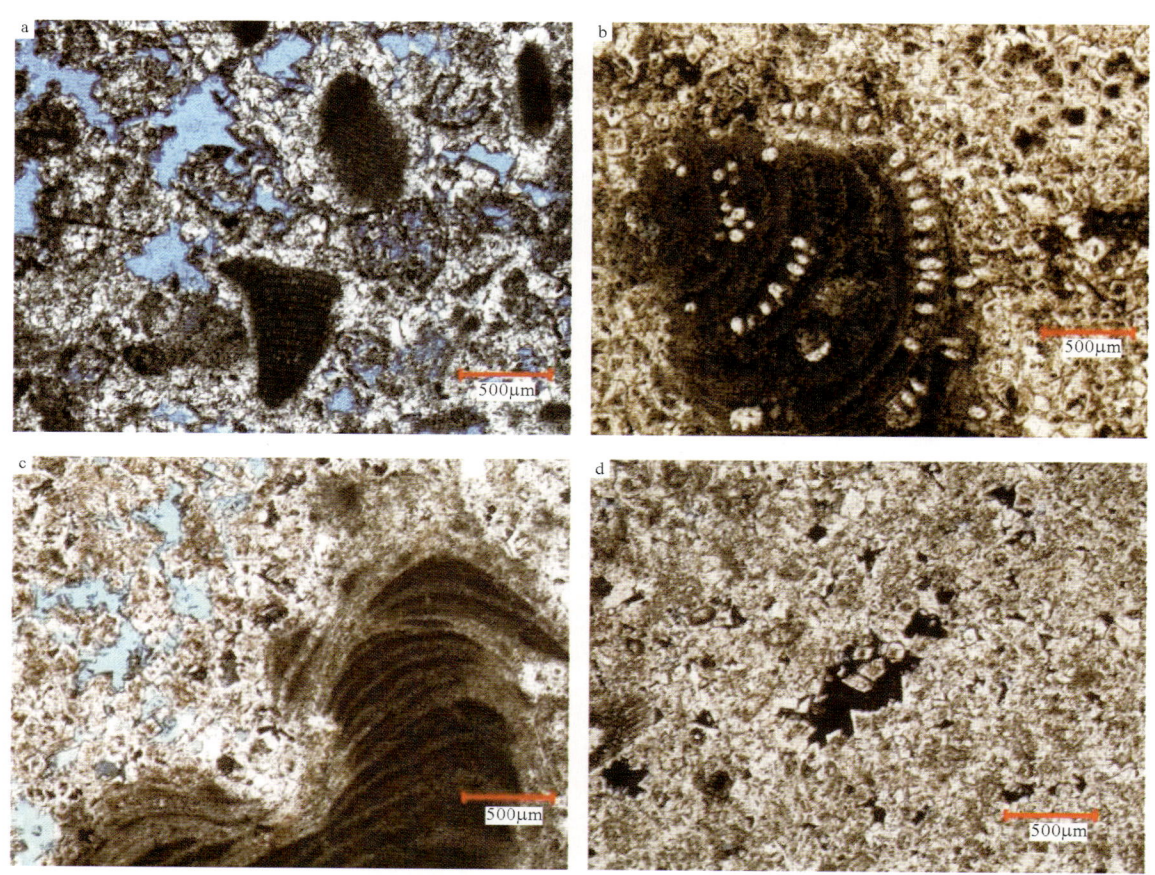

图 2 - 30　西科 1 井具残余结构白云岩微观特征

a.生屑云岩,红藻石生屑结构明显,胶结物白云石明亮,单偏光,黄流组二段 542.29m;b.生屑云岩孔隙度较低,生屑隐晶结构,交代基质的白云石晶体大,雾心亮边明显,单偏光,梅山组二段 760.7m;c.红藻石生屑隐晶质,单偏光,梅山组二段 771.62m;d.可见模糊的较少生屑残余结构,孔隙不甚发育,正交偏光,三亚组一段 1119.7m

2.2.4.3 具残余结构灰质白云岩

通过具残余结构灰质白云岩可更清晰地了解白云化过程,更明了地观察白云化先驱岩石。该类白云岩在梅山组二段常见,在莺歌海组二段、黄流组、梅山组一段及三亚组仅局部发育,一般位于灰岩层附近,在大段白云岩内部少见。与具残余结构白云岩生屑常见类似,具残余结构灰质白云岩依旧是以生屑灰质云岩(或为云质灰岩)为主,一般灰质成分为生屑(图2-31),是生屑不完全白云化所致(或在此基础上发生一定的去云化)。该类白云岩中白云石通常为粉晶-细晶白云石,交代除生屑以外的填隙物组分,或在孔隙中沉淀,白云石常发生程度不等的去云化,为方解石所交代(这种现象在云质灰岩中更为普遍)。

未被白云石交代的生屑以有孔虫及双壳类、介形类生屑最为常见(图2-31b、c),其次为珊瑚(图2-31d),沿生屑边缘发育的短柱状方解石(同生期及成岩早期沉淀的文石新生变形作用所致)未被白云石交代的现象也很明显,这都显示白云化过程是选择性的。需要指出的是,灰岩中棘皮类及红藻石生屑易被白云石交代,但也有强烈白云化的灰质云岩或含灰云岩中有未被白云石交代的现象,推测为去云化所致,其内在的机制有待进一步研究。

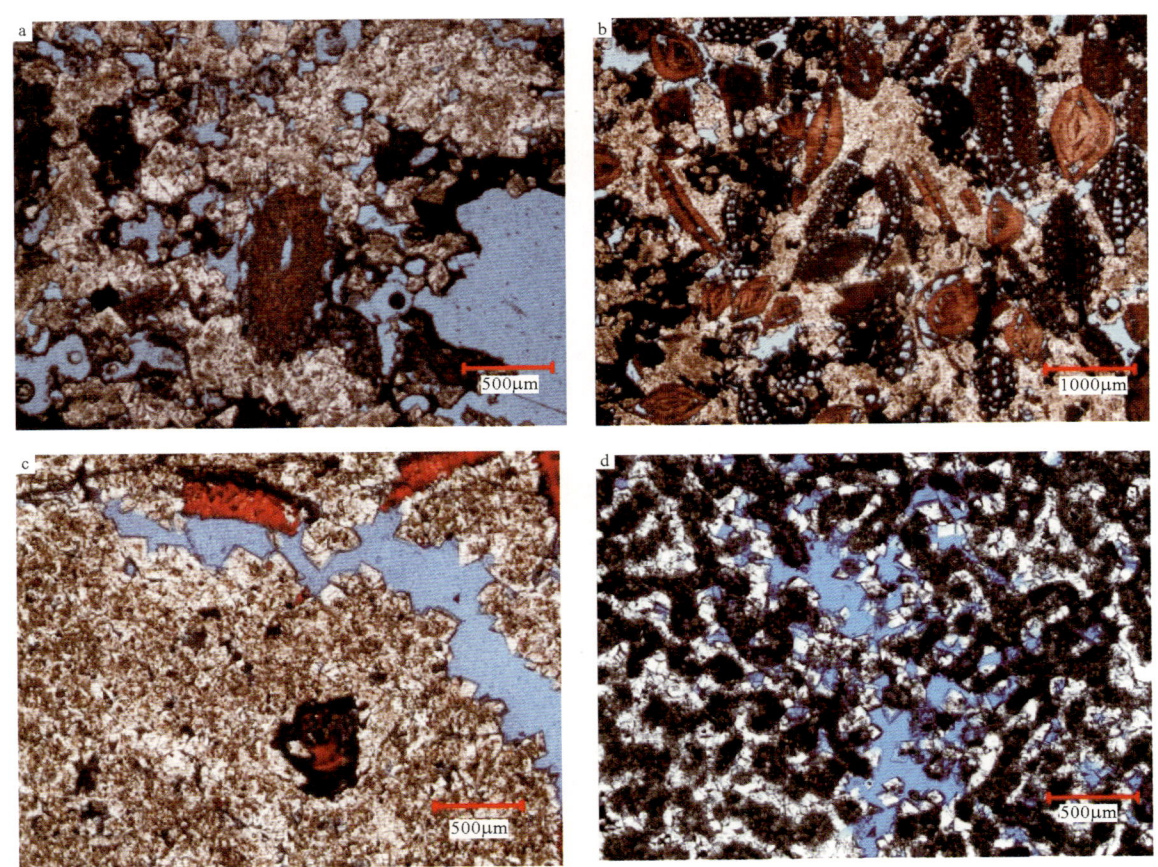

图2-31 西科1井具残余结构灰质白云岩微观特征(均为单偏光)

a.灰质晶粒云岩中可见少量生屑未被白云石交代,梅山组二段1004.28m;b.梅灰质云岩中未发生白云化有孔虫生屑结构清晰,梅山组二段947.19m;c.含灰晶粒云岩中部分生屑未白云岩化,梅山组一段745.35m;d.灰质珊瑚云岩,隐晶质珊瑚白云化较弱,残余有方解石成分,黄流组二段576.7m

2.2.5 矿物成分

1. 白云石

阴极发光测试显示胶结物白云石和雾心亮边白云石边缘不发光(图2-27b、d),而由隐晶-微晶白云石组成的生物碎屑(图2-27d)及雾心亮边白云石中心发暗色光。黄思静(1992,2010)认为锰含量小于20×10^{-6}时,碳酸盐矿物不发光,而西科1井白云岩锰含量一般小于该数值,89个白云岩样品中仅有

6个大于该数值，占 6.74%，因此西科 1 井多数白云石是不发光的(图 2-27b、d)。图 2-27d 中微晶生屑及雾心亮边白云石中心发暗橘色光，(就西科 1 井实际微量元素测试结果来看)显示其锰含量相对较高。一般来说海水中锰含量较淡水(如大气降水)低(黄思静，2010)，因此暗橘色阴极发光可能显示出在白云石形成之前或者形成时期原始基质受到大气降水的影响。

扫描电镜显示的白云岩结构(图 2-27e)与铸体薄片中所见类似：在碳酸盐颗粒内部常是微晶结构的，而在颗粒边缘或者孔隙(如生物体腔孔)内壁的白云石晶体较大，呈粉晶-细晶结构，且能谱确认晶粒大小对 Mg/Ca 比值影响较小；能谱分析测试未在已送样的白云岩中发现铁白云石(在梅山组一段上部 585.18m 处薄片中发现菱形自形晶细晶白云石单偏光镜下呈浅褐色，此次研究证实其为白云石而非为铁白云石)。

在西科 1 井上新统莺歌海组及中新统黄流组，白云岩及灰岩之间的过渡类型如含云灰岩、云质灰岩及灰质云岩并不常见(可由钨、镁常量元素测试验证)，白云石通常是粉晶的，部分结晶较好的胶结物白云石及过度白云化雾心亮边白云石呈细晶结构；而在埋深较大的梅山组二段和三亚组，二者间的过渡类型非常普遍。且梅山组及三亚组灰岩中的白云石晶体较大，以细晶—中晶为主，随埋深的增加，鞍形白云石更为明显，晶径更大，亦见鞍形白云石填充于裂缝或孔洞中。在梅山组二段，鞍形白云石并不明显，灰岩中的白云石普遍可见，白云石化程度不一，白云石通常是细晶的，仅局部的裂缝及大的孔洞中可见中晶鞍形白云石。而在三亚组二段，鞍形白云石常见且通常是中粗晶的(图 2-32)，显示出随着埋深的增加晶体的结晶程度变好。

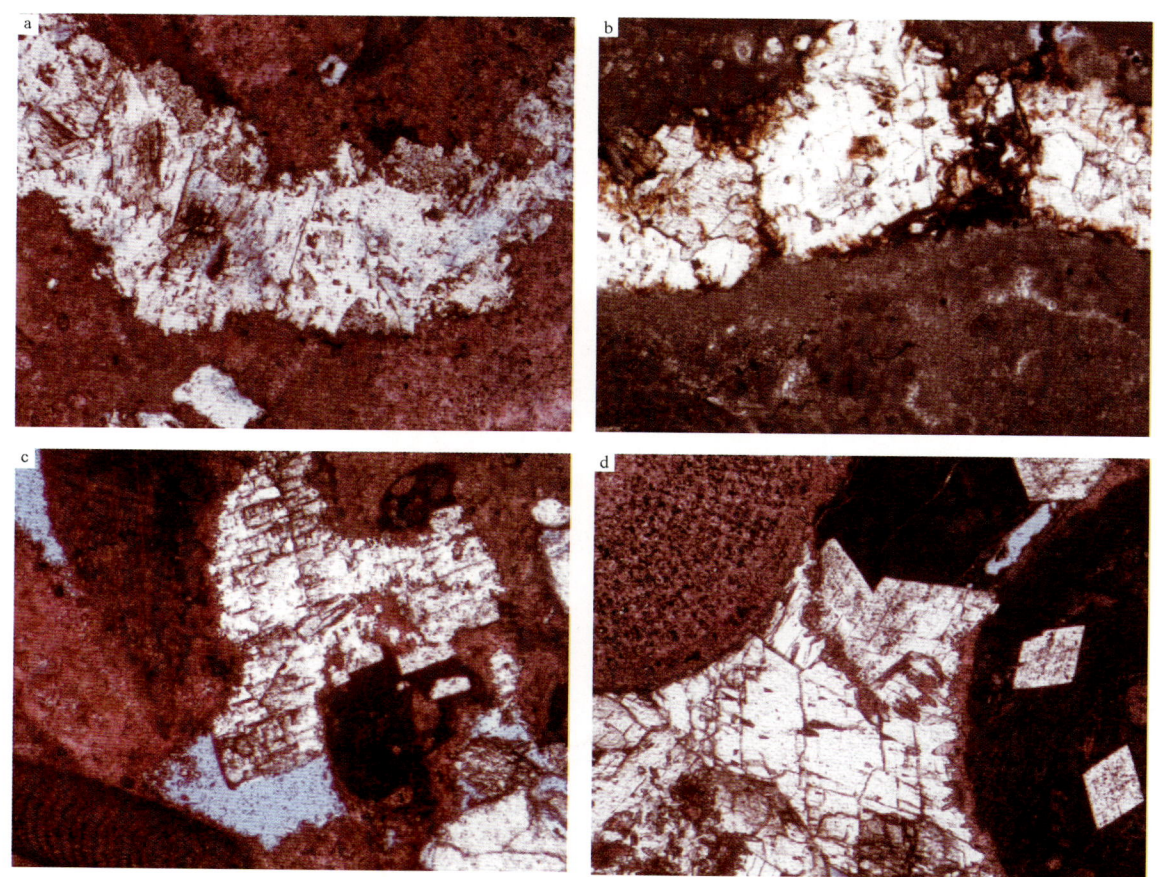

图 2-32 西科 1 井中新统三亚组二段灰岩中的白云石特征(对角线长 1.6mm)

a. 中、粗晶鞍形白云石充填于灰岩裂缝中，白云石可见雾心亮边，单偏光，1239.42m；b. 中、粗晶鞍形白云石充填于灰岩裂缝中，铁质浸染白云石，单偏光，1240.81m；c. 鞍形白云石交代灰岩不彻底，单偏光，1241.85m；d. 中晶白云石交代生屑灰岩填隙物不彻底，粉晶白云石交代生屑，单偏光，1254.68m

2. 方解石

方解石主要出现于灰质云岩及含灰云岩中,显示为白云石交代不彻底的岩石,或为埋藏期发生去云化的白云岩。白云石交代不彻底的方解石矿物形态保持了原始生屑或胶结物特征(图2-33),如双壳类生屑的片状方解石晶体几何体特征。有孔虫也不易白云岩化,所显示的方解石生屑柱纤结构明显。含灰云岩以及灰质云岩中常见灰岩中大量出现的一世代方解石沿颗粒发育的环边胶结物(早期为柱状文石沉积),其在白云化不彻底的碳酸盐岩中常未被白云石交代而保存下来。去白云化通常发生于具有较大晶体的白云石,在西科1井288m以下各个层段都有发育,在白云化不彻底岩石中更易发育,在埋深较大的三亚组中可见鞍形白云石沿解理被方解石交代的现象(图2-32)。棘皮类生屑(如海胆刺)以及红藻石易被白云石交代,但在一些岩石薄片中可见被方解石交代的现象(图2-33b、d)。

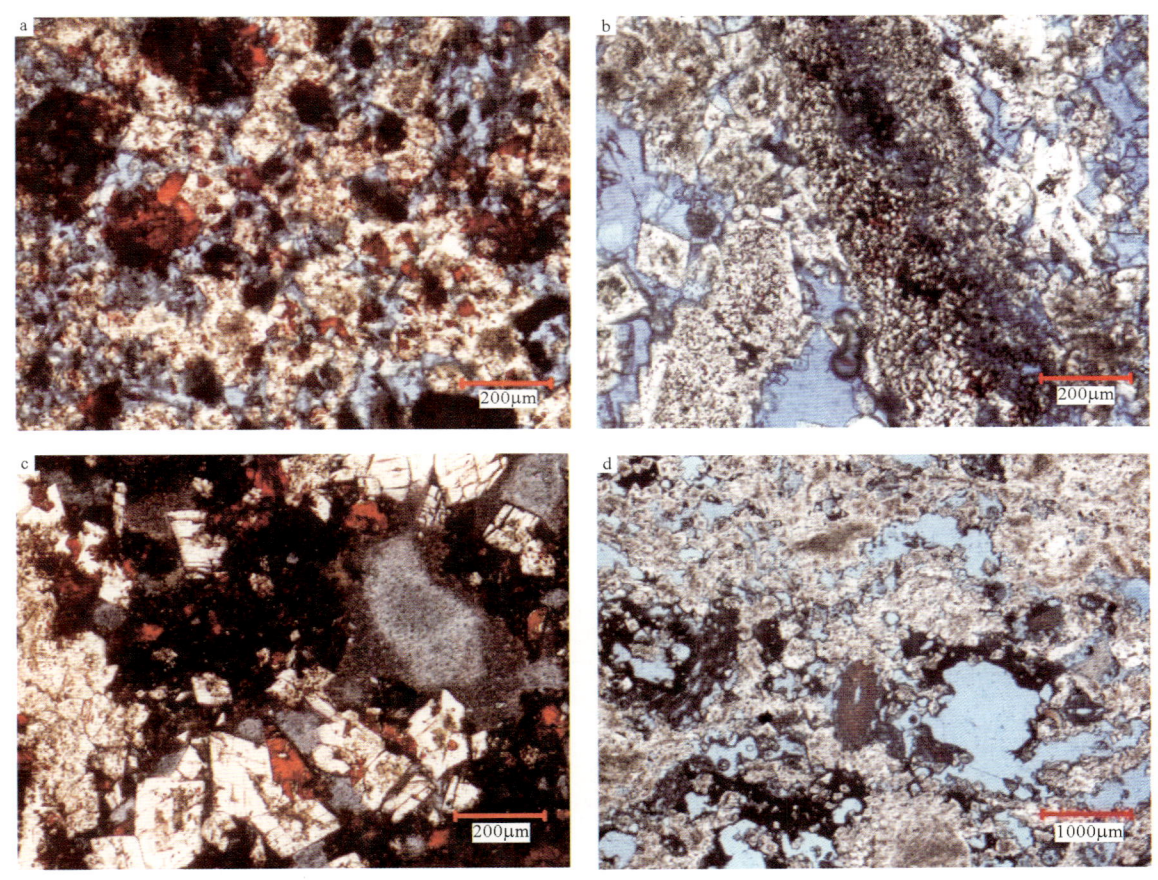

图2-33 灰质云岩及含灰云岩中方解石特征(均为单偏光)

a.白云石晶体发生去云化,部分生屑似未被白云石交代,梅山组一段,748.86m;b.红藻石生屑发生去云化,梅山组二段775.61m;c.生屑及锥柱状方解石胶结物未被白云石交代,梅山组二段,780.13m;d.海胆刺发生去云化,梅山组二段,1004.28m

3. 其他矿物

除了白云石,白云岩中另见白钛矿(图2-34a),胶磷矿(图2-34b),黄铁矿(图2-35a、b),褐铁矿(图2-35c、d),石膏(图2-36),氧化镍(图2-37)及软锰矿(图2-38)等特殊自生矿物(图2-39)。

褐铁矿显示了氧化暴露环境,黄铁矿指示着还原环境。二者发生于深度差别不大的区域,反映了氧化还原条件的变化。一般认为古暴露面是形成褐铁矿的有利条件,在埋藏期的还原条件下,褐铁矿在硫元素的参与下可能发生黄铁矿的交代作用。已知的经能谱分析验证的褐铁矿的分布如图2-40所示(并不代表所有的分布),与古暴露有关,在基底之上的白云岩中的产出可能反映了当时的暴露氧化环境。

图 2-34　白云岩中的白钛矿与胶磷矿

a.1255.92m 砂质云岩中晶间见白钛矿及氧化锰(背散射电子图像);b.1067.74m 褐色云岩的白云石晶间见胶磷矿

图 2-35　白云岩中的铁质矿物

a.430.5m 含铁云岩中发育黄铁矿;b.1211.80m 晶粒云岩霉球状黄铁矿(背散射电子图像);c.白云石晶间见褐铁矿(435.10m);d.白云石晶间见絮状褐铁矿(1256.50m)

图 2-36 白云岩中的石膏

a.443.12m 白云石晶体上自生柱状石膏;b.505.9m 杂色晶粒白云岩偶见石膏

图 2-37 白色白云岩中发育黑色不规则斑点状氧化镍矿物(989.20m)

a.手标本特征,岩石宽度 1.5cm;b、c、d.扫描电镜下特征,b 为背散射电子图像

图 2-38 白云岩中广泛发育的软锰矿

a、b.1046.20m 晶粒云岩手标本(宽 2cm)及扫描电镜下所见球状软锰矿交代白云石特征；c、d.1064.80m 棕色藻云岩手标本(宽 2.2cm)及扫描电镜下所见球状软锰矿,该样品中未见铁质物；e.1102.72m 灰褐色云岩中见软锰矿交代白云石(背散射电子图像)；f.1067.74m 褐色云岩中发育结核状软锰矿

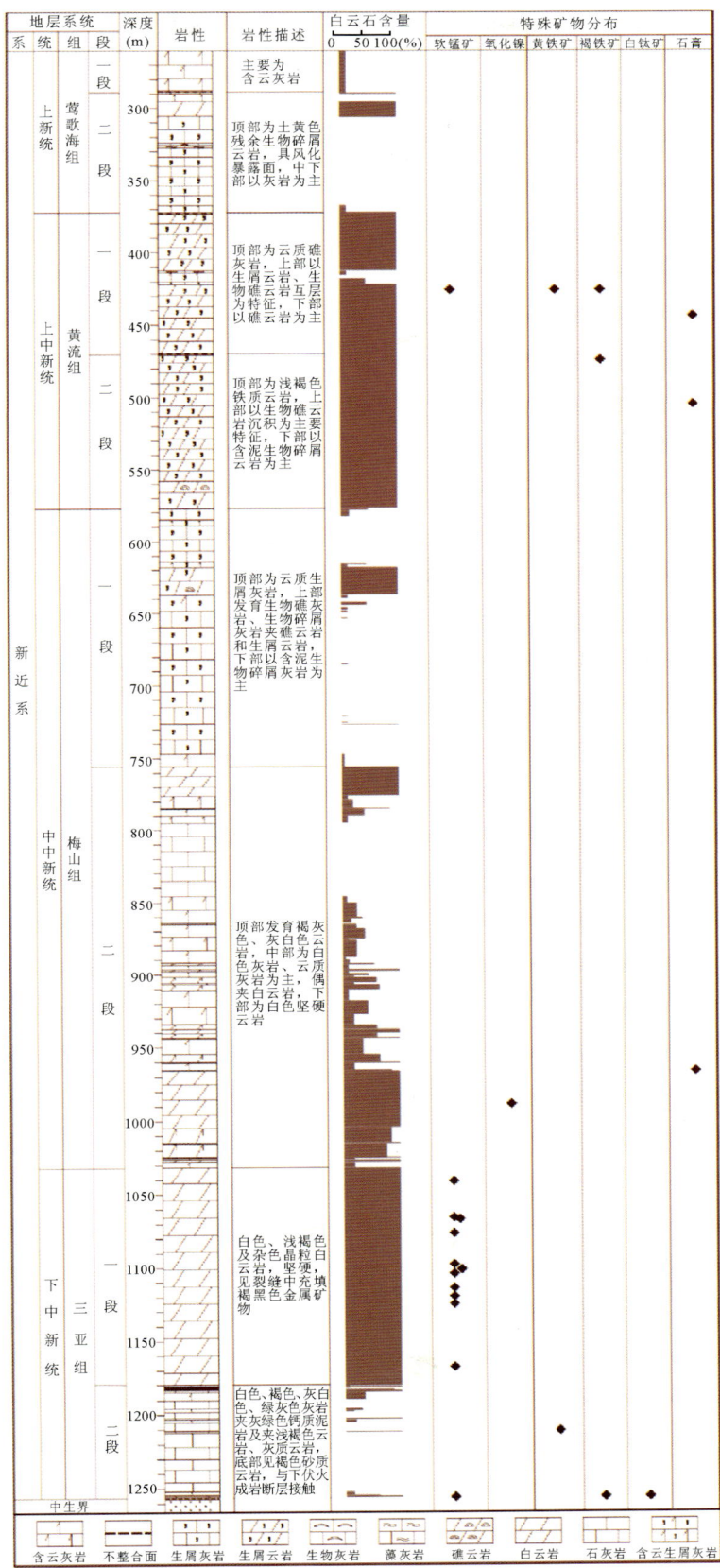

图 2-39 西科 1 井特殊矿物的已知分布图

石膏反映着干旱蒸发环境,见于443~506m井段以及966.90m(图2-36、图2-39),显示白云岩化发生的沉积环境是干旱、炎热的,同生期及准同生期海水受蒸发剧烈,浓缩的海水有利于Mg/Ca比的升高,从而促进白云岩化的产生。

本次研究发现白云岩中的黑色矿物主要为软锰矿(氧化锰)及氧化镍矿物,可强烈交代白云石晶体,显示其形成于白云化之后,它的出现可能与白云化后海平面快速上升有关,由岩芯观察可知部分软锰矿和断层关系较为密切,在1030m井深以下层位分布普遍。镍、钛质矿物的出现需进一步深入研究。

3 成岩作用

3.1 石灰岩储层

3.1.1 成岩作用方式

西科1井灰岩储层的成岩作用方式包括新生变形作用、微生物泥晶化作用、溶解作用、胶结作用、压实作用和白云岩化作用。

3.1.1.1 基本特征

1. 新生变形作用

新生变形作用是指引起晶体粒径和矿物学均发生变化的成岩作用(Folk,1965),包括加积和退积两种类型。加积新生变形作用又称重结晶作用,在灰岩中最为常见。该作用通常导致晶体粒径增加,表现为在细粒灰岩中形成补丁状、透镜体、纹层或层状微亮晶。退积新生变形作用不常见,目前仅报道于遭受埋藏成岩作用和可能的初始变质作用的海百合灰岩中。文石颗粒或胶结物被方解石交代的现象(方解石化)亦属于新生变形作用。

加积新生变形作用形成的微亮晶方解石粒径多数为 $5\sim30\mu m$,晶体大小不均一,与泥晶方解石间可见晶体粒径的过渡。重结晶作用强烈时可形成粗粒的亮晶方解石,这种亮晶方解石往往呈浑浊状、云雾状(图 3-1a、b)。

双壳纲、珊瑚、腹足等的骨骼的成分主要为文石。珊瑚藻、绿藻、棘皮动物和部分有孔虫的骨骼成分为高镁方解石。文石与高镁方解石均属于亚稳态矿物。文石为方解石的同质多象矿物,按稳定性由高到低依次为低镁方解石、高镁方解石和文石。因此,文石质的生物碎屑颗粒在大气水环境或埋藏环境下最终会转变为低镁方解石,高镁方解石也会随着 Mg^{2+} 的流失而转变为低镁方解石。在所研究的样品中,生物骨骼的方解石化以骨骼部分或全部转变为低镁方解石并残留生物结构为特征。方解石化的生物骨骼主要为软体动物、红藻和珊瑚等(图 3-1c、d)。虽然生物骨骼全部转变为低镁方解石,但是其中生物的纤维状结构或生长纹层有时仍清晰可见。此外,分布于生物骨骼边缘的方解石的粒度明显小于生物骨骼的中央部分,暗示生物骨骼边缘的新生变形作用强度低于生物骨骼的中央部分。

2. 微生物泥晶化作用

微生物引起的泥晶化作用是藻类、真菌和细菌对海底或紧邻海底之下的生物骨骼的改造作用,表现为骨架颗粒边缘被钻穴而后被细粒沉积物所充填,进而形成泥晶套。当泥晶化强烈时,甚至可以将整个生物骨骼改造成泥晶化颗粒(马永生等,1999)。泥晶化作用以生物骨骼外缘发育 $2\sim10\mu m$ 厚的泥晶套为特征(图 3-1e、f)。完全泥晶化的颗粒极为少见。

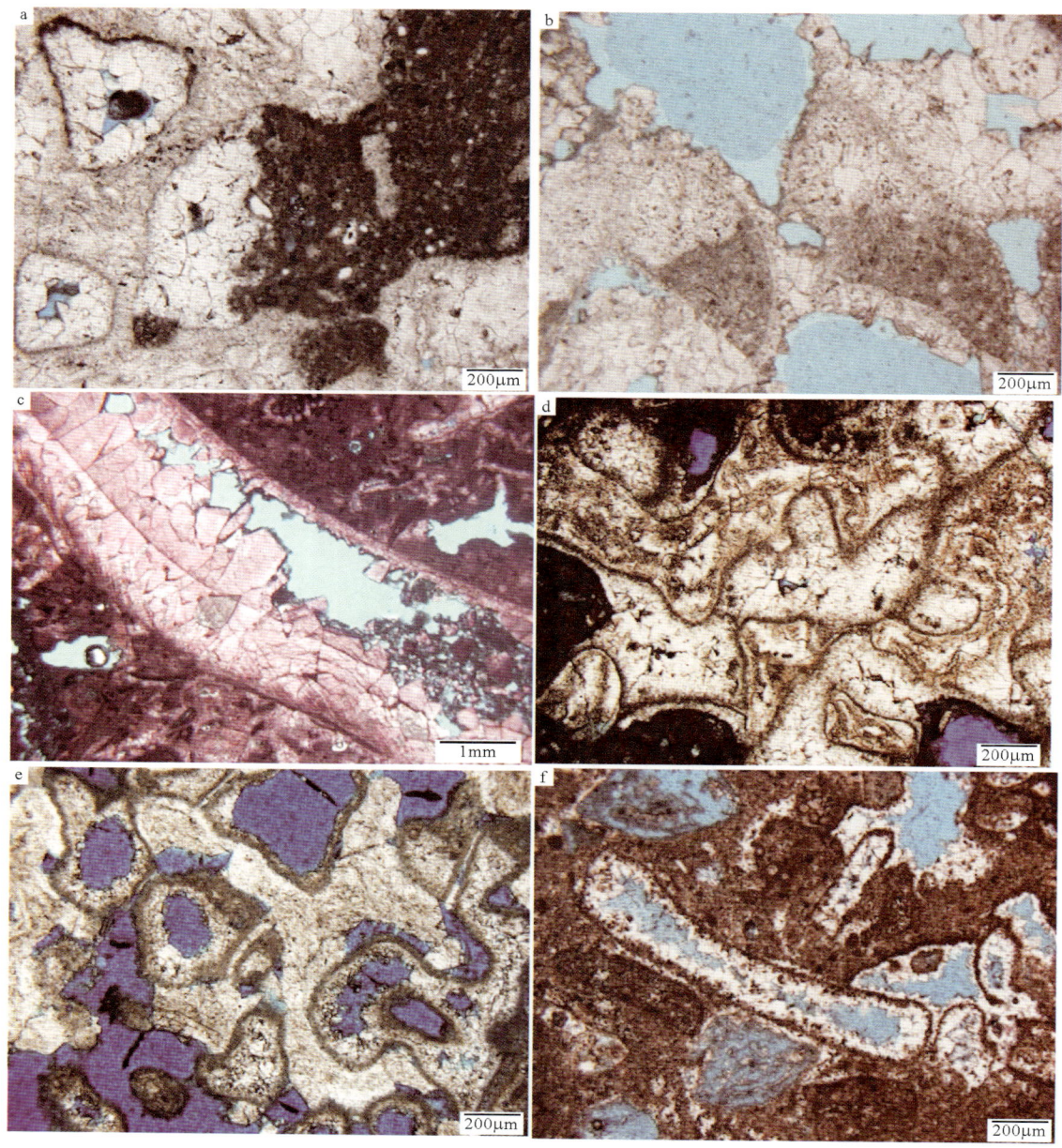

图 3-1 西科 1 井灰岩新生变形作用及泥晶化作用

a. 新生变形作用(146.22m,砾屑灰岩,乐东组,单偏光);b. 新生变形作用(150.13m,骨架灰岩,乐东组,单偏光,);c. 软体动物的方解石化(165.65m,泥粒灰岩,乐东组,正交偏光,染色薄片);d. 珊瑚的方解石化(27.08m,骨架灰岩,乐东组,单偏光);e. 泥晶套(123.55m,骨架灰岩,乐东组,单偏光);f. 泥晶套(445.48m,白云质灰岩,黄流组一段,单偏光)

3. 溶解作用

溶解作用是指碳酸盐沉积物、胶结物和已石化的灰岩在相对于碳酸盐矿物不饱和的孔隙流体作用下发生的溶解行为。在所研究的碳酸盐岩中,溶解作用普遍,溶解现象见于整个井段。一般情况下,初始碳酸盐沉积物和生物骨骼的矿物成分为高镁方解石或文石,两者不稳定,易发生溶解,特别是在近地表的大气水环境中。大气水对文石和高镁方解石不饱和,对方解石和白云石饱和,因此,文石和高镁方解石的溶解往往与大气水成因的孔隙流体有关。在所研究的样品中,发生溶解的颗粒包括红藻、有孔虫、绿藻、珊瑚、棘皮动物和苔藓动物等(图 3-2a、b),溶解强烈时,生物骨骼被溶解殆尽,仅保留其泥晶套,形成铸模孔隙。此外,个别针状文石见有溶断现象。

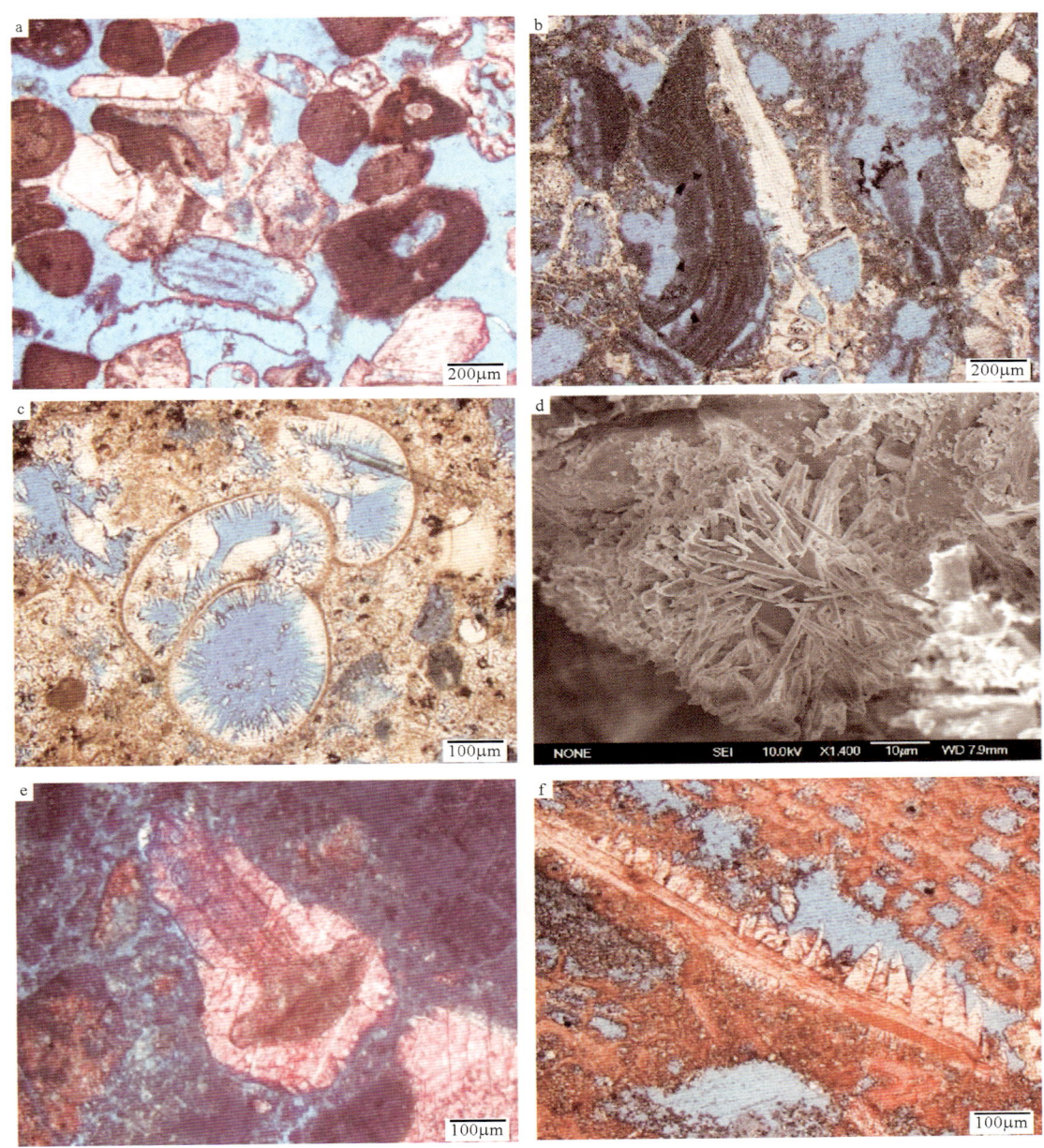

图 3-2　西科 1 井灰岩溶解作用及胶结作用

a.溶解作用(7.96m,颗粒灰岩,乐东组,单偏光,茜素红染色薄片);b.溶解作用(219.79m,粒泥灰岩,莺歌海组一段,单偏光);c.针状文石(211.93m,粒泥灰岩,乐东组一段,正交偏光);d.针状文石(262.42m,粒泥灰岩,莺歌海组一段,SEM 二次电子模式);e.棘皮动物周围沉淀的同轴增长方解石(242.48m,泥粒灰岩,莺歌海组一段,单偏光,茜素红染色薄片);f.刀刃状方解石(219.79m,泥粒灰岩,莺歌海组一段,单偏光,茜素红染色片薄片)

4. 胶结作用

胶结作用是孔隙流体相对于胶结物过饱和而引起的沉淀作用(Tucker et al,2008)。不同类型和产状的胶结物是不同成岩环境、气候条件及海平面变化作用的结果。钻遇石灰岩中的胶结物成分主要为文石、高镁方解石和低镁方解石。在茜素红和铁氰化钾混合溶液染色后的薄片中,文石和方解石均呈红色。文石主要呈纤维状—针状垂直于生物骨骼内壁或外壁发育(图 3-2c、d),多数文石可在生物骨骼外壁形成等厚状或栉壳状环边,单体针状文石长轴为 $10\sim50\mu m$。高镁方解石一般以棘皮动物方解石化后形成的单晶方解石的同轴增长形式产出(图 3-2e)或呈刃状发育于粒间孔隙中或粒内溶解孔隙中

(图3-2f)。低镁方解石往往为近等轴粒状、刃状、晶簇状和镶嵌状。晶粒粒径分布范围为20~80μm。集合体的产状多样。

在埋藏浅部的近地表地层中,方解石胶结物呈新月形分布于颗粒接触处(图3-3a、b),或呈悬垂状附着于颗粒的下端(图3-3c),或呈等粒状或刃状的等厚环边状分布于颗粒周缘(图3-3d)。在较深的井段中发育的低镁方解石多部分或全部充填粒间或粒内孔隙,部分充填孔隙的方解石呈晶簇状或等粒状,其中,晶簇状方解石表现为晶体大小由孔隙边缘向孔隙中心增加。在埋藏较深的井段中,局部胶结作用十分强烈,可见方解石呈粗粒镶嵌状充填于粒间孔隙(图3-4a),有时可充填全部孔隙空间。值得注意的是,胶结作用形成的胶结物与新生变形作用的产物略显不同。新生变形作用形成的方解石由于通常有原始物质残留而显得浑浊,且晶粒大小不一。由于微晶、微亮晶至粗晶均可出现,晶粒之间的界线往往不平直,呈弯曲状或交错状。胶结作用沉淀的方解石晶粒通常洁净、透明,晶粒之间的接触界线清晰、平直。粒间方解石胶结物的粒径往往表现出由孔隙边缘向孔隙中间增大的趋势。此外,还可见世代胶结现象,表现为生物骨骼外部发育纤维状—针状文石,向孔隙中沉淀粒状方解石(图3-4b、c、d)。

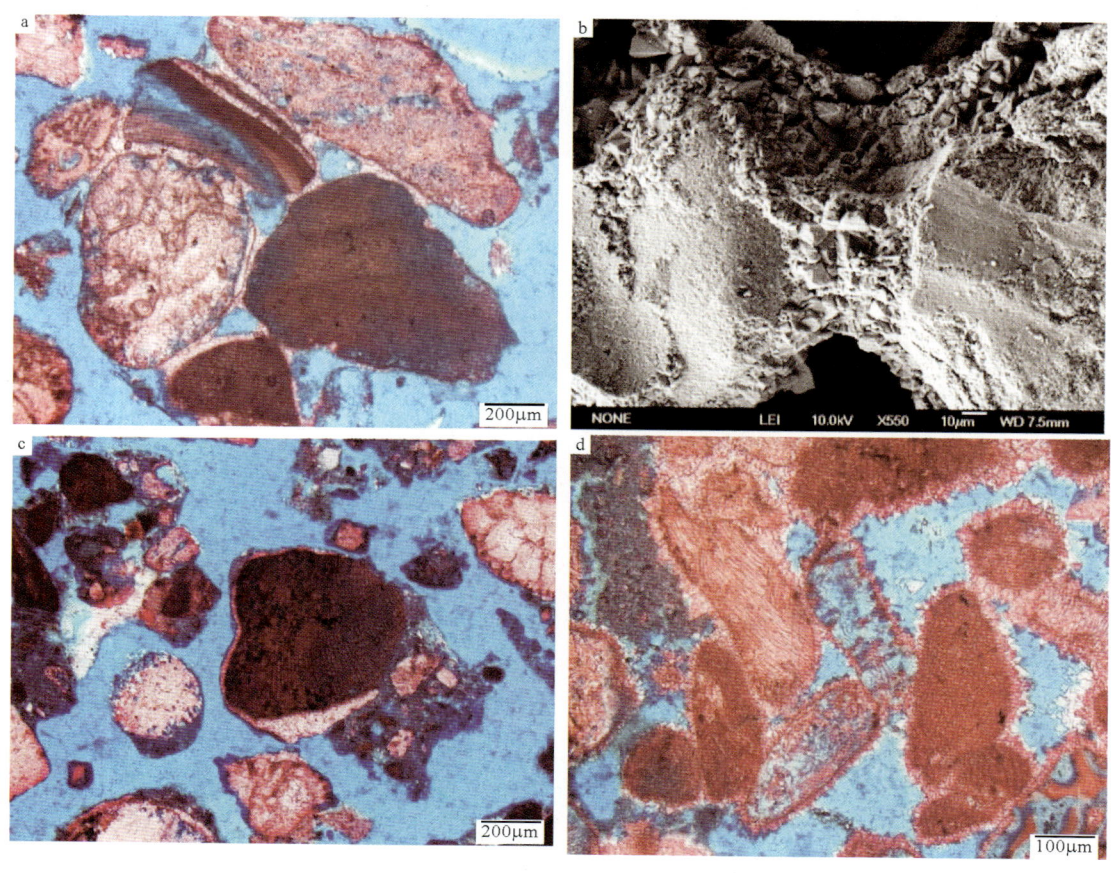

图3-3 方解石胶结物形态特征

a.新月形方解石(6.2m,颗粒灰岩,乐东组,单偏光,染色薄片);b.新月形方解石(7.24m,颗粒灰岩,乐东组,SEM二次电子模式);c.悬垂状方解石(3.52m,乐东组,颗粒灰岩,正交偏光,染色薄片);d.等厚环边方解石(6.67m,颗粒灰岩,乐东组,正交偏光,染色薄片)

5. 压实作用

压实作用包括机械压实和化学压实作用。机械压实作用不明显。虽然在埋深1200m之下地层中可见裂缝(图3-4e)和碳酸盐岩中石英颗粒的碎裂现象(图3-4f),但这些现象可能是应力作用的产物,可能与成岩作用无关。

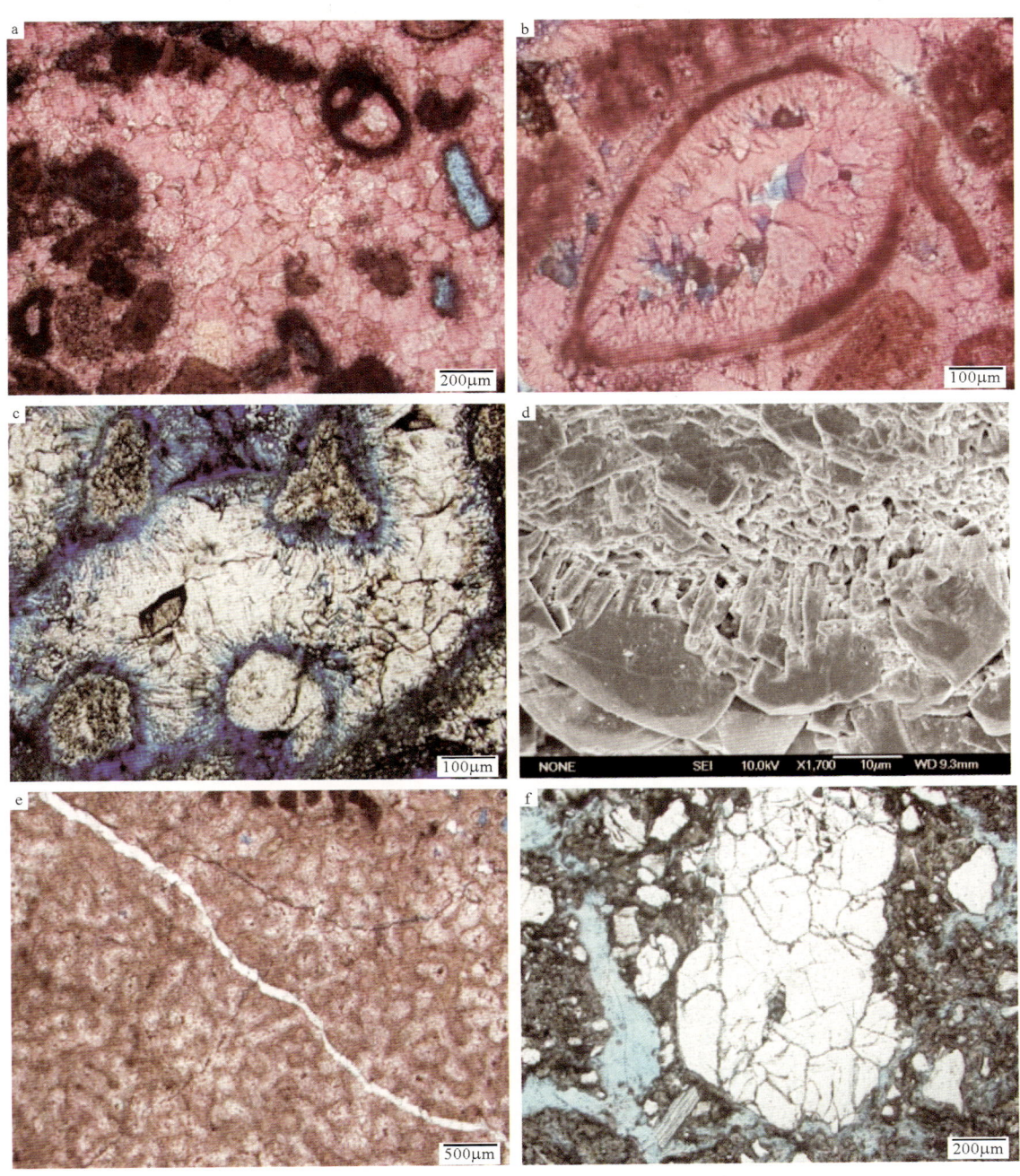

图 3-4 胶结物方解石及压实作用特征

a.镶嵌状方解石(657.18m,泥粒灰岩,梅山组一段,单偏光,染色片);b.方解石胶结物的世代(743.34m,颗粒灰岩,梅山组一段,单偏光,染色片);c.方解石胶结物的世代(27.08m,骨架灰岩,乐东组一段,单偏光);d.方解石胶结物的世代(27.94m,骨架灰岩,乐东组一段,SEM 二次电子模式);e.裂缝(1232.85m,骨架灰岩,三亚组二段,单偏光,染色片);f.碎裂状石英(1216.72m,陆源碎屑-碳酸盐混积岩,三亚组二段,单偏光)

3.1.1.2 纵向变化

1. 三亚组

(1)三亚组二段。成岩作用方式包括溶解作用、胶结作用、压实作用及白云岩化作用等。溶解作用局部发育,发生溶解的生物碎屑包括有孔虫、红藻、绿藻和棘皮动物等,溶解作用的直接产物是溶解孔隙(图 3-5a)。胶结作用发育,胶结物包括针状、刃状、等粒状和粗晶镶嵌状方解石(图 3-5f)。针状和刃状方解石多环绕碎屑颗粒周缘分布。等粒状方解石或环绕碎屑颗粒,或分布于粒间,或分布于粒内孔隙(图 3-5b)。粗晶方解石呈镶嵌状(图 3-5c)产出。

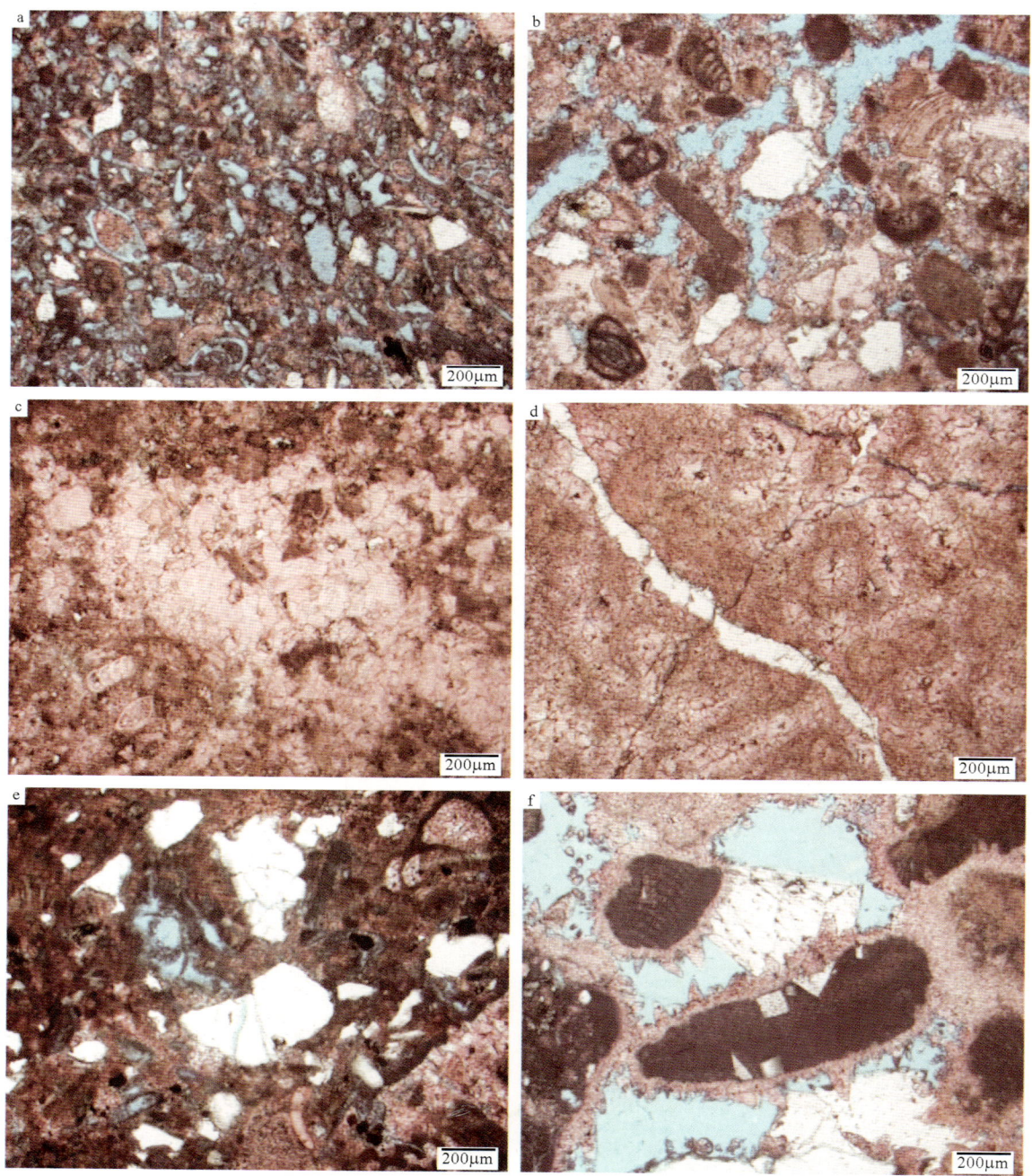

图 3-5 三亚组二段灰岩成岩作用特征

a. 生物碎屑溶解(1219.49m,含陆源碎屑-碳酸盐混积岩,单偏光,染色片);b. 等粒状方解石(1227.28m,含陆源碎屑-碳酸盐混积岩,单偏光,染色片);c. 镶嵌状粗粒方解石(1220.47m,粒泥灰岩,单偏光,染色片);d. 裂缝被白云石充填(1232.85m,骨架灰岩,单偏光,染色片);e. 碎裂状石英颗粒(1251.44m,含陆源碎屑-碳酸盐混积岩,单偏光,染色片);f. 刀刃状方解石和白云石(1252.7m,含陆源碎屑-碳酸盐混积岩,单偏光,染色片)

裂缝孔隙被白云石充填形成白云石脉（图3-5d）。白云岩化强烈。白云石以粒径较大为特征，最大粒径可达1mm，呈半自形—自形。白云石多呈交代碎屑颗粒和早期形成的方解石胶结物。值得注意的是，白云石充填裂缝孔隙的现象说明裂缝的形成时间晚于方解石胶结作用但早于白云岩化作用。此外，在混积岩中，石英颗粒往往呈碎裂状（图3-4e），其碎裂可能形成于物源区。

（2）三亚组一段。白云石含量高，为半自形—他形粗粒晶体，以他形为主。白云化的相关描述见3.2节。

2. 梅山组

（1）梅山组二段。成岩作用方式包括溶解作用和胶结作用。溶解作用局部发育，主要表现为生物骨骼碎屑发生不同程度的溶解。发生溶解的生物碎屑包括有孔虫、红藻、绿藻和棘皮动物等，溶解作用主要形成生物碎屑或内碎屑粒内溶解孔隙（图3-6a）。胶结物包括针状、刀刃状、等粒状、粗晶镶嵌状和同轴增长方解石。针状方解石含量较少，可见粗粒方解石形成于针状方解石之后的世代现象（图3-6b）。等粒状方解石含量多时可几乎完全充填孔隙空间（图3-6c、d）。粗晶镶嵌状方解石和同轴增长方解石也较常见。

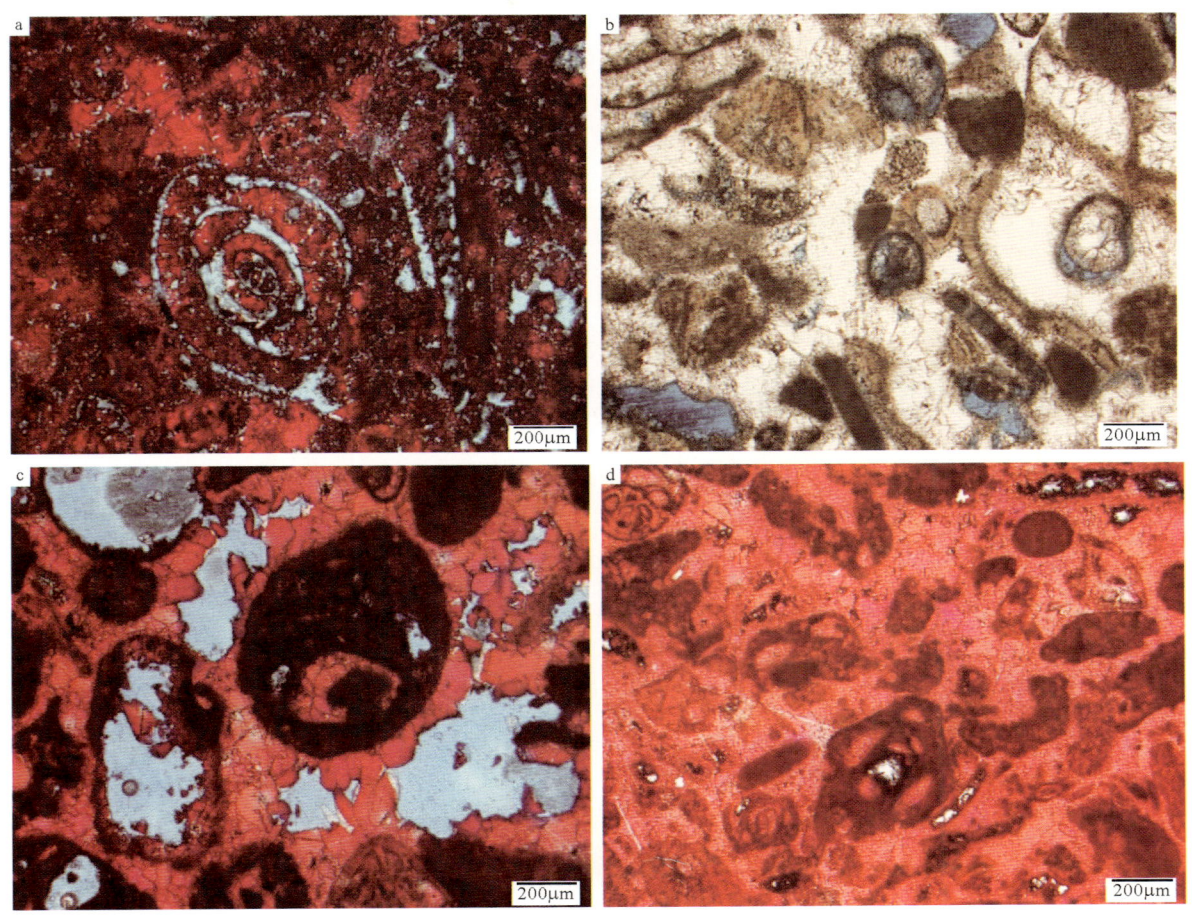

图3-6 梅山组二段成岩作用特征
a.有孔虫溶解（793.47m，漂砾灰岩，单偏光，染色片）；b.针状和粗粒状方解石世代胶结（809.56m，颗粒灰岩，单偏光）；
c.等粒状方解石（795.94m，颗粒灰岩，单偏光，染色片）；d.等粒状方解石近全部充填（810.92m，颗粒灰岩，单偏光，染色片）

（2）梅山组一段。成岩作用方式包括溶解作用和胶结作用。其中，溶解作用局部发育，主要表现为生物骨骼碎屑发生不同程度的溶解。发生溶解的生物碎屑包括有孔虫、绿藻、软体棘皮动物等，溶解作用主要形成生物碎屑或内碎屑粒内溶解孔隙,局部可形成铸模孔隙(图3-7a、b、c)。胶结物包括等粒状方解石(图3-7d)、粗粒镶嵌状方解石(图3-7e)、刀刃状方解石和共轴增长方解石(图3-7f)。

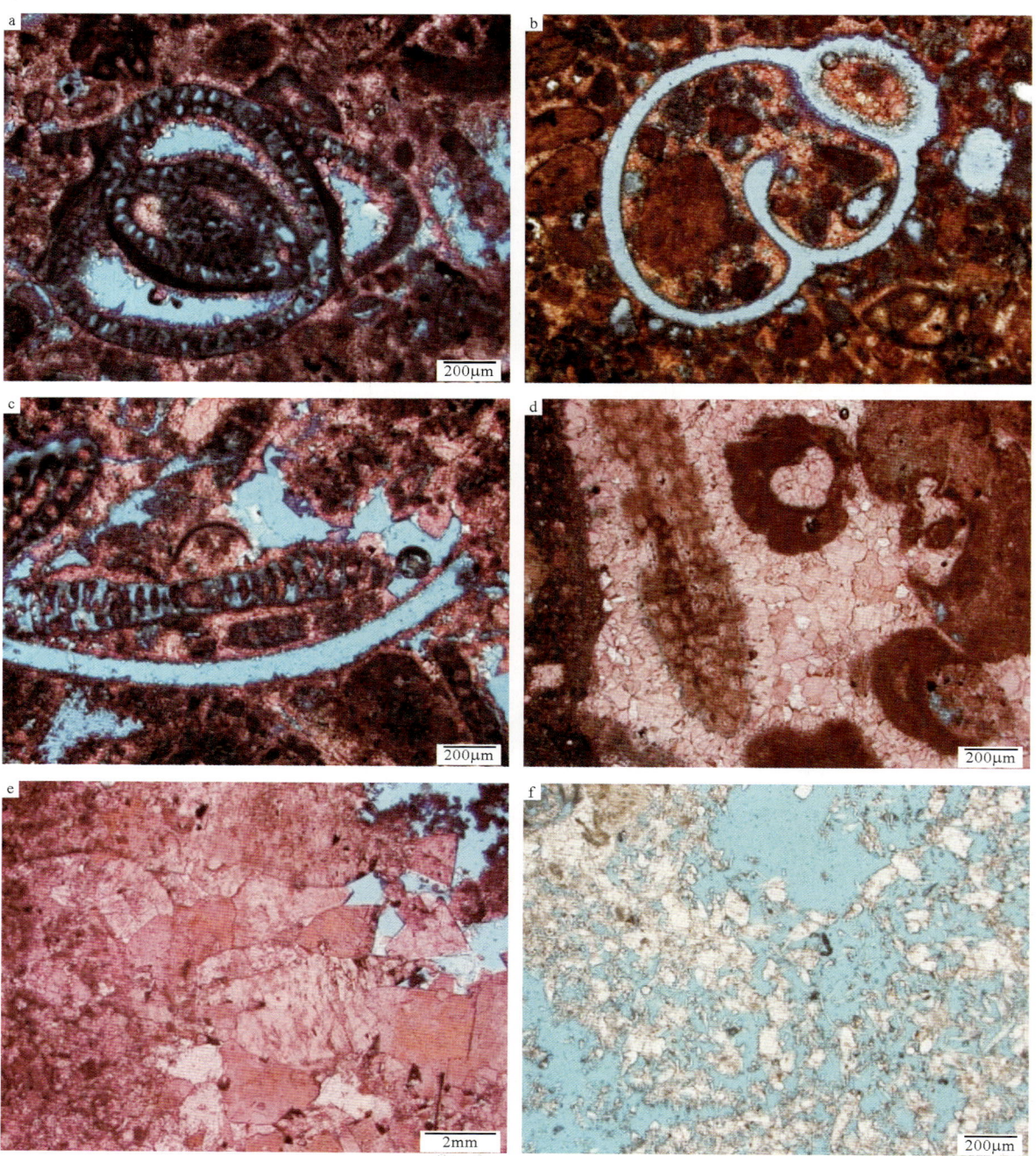

图3-7 梅山组一段成岩作用特征

a.有孔虫溶解(No.1668,705.61m,泥粒灰岩,单偏光,染色片);b.有孔虫溶解(No.1613,655.01m,漂砾灰岩,单偏光,染色片);c.绿藻和软体动物溶解(No.1662,700.29m,粒泥灰岩,梅山组一段,单偏光,染色片);d.等粒状方解石(No.1465,599.62m,粒泥灰岩,梅山组一段,单偏光,染色片);e.镶嵌状粗粒方解石(No.1481,605.41m,漂砾灰岩,梅山组一段,单偏光,染色片);f.刀刃状方解石(No.1682,717.82m,白云岩,梅山组一段,单偏光)

3. 黄流组

(1) 黄流组二段。本段几乎全部为白云岩,白云岩化的相关描述见后文。

(2) 黄流组一段。成岩作用方式包括溶解作用和胶结作用。溶解作用发育普遍,发生溶解的生物碎屑包括有孔虫、红藻、棘皮动物和内碎屑等。溶解作用主要形成生物碎屑或内碎屑粒中的溶解孔隙(图3-8a、b、c)。胶结作用在灰岩中以形成纤维状—针状胶结物(图3-8d)、同轴增长方解石和粒间等粒状方解石为特征。

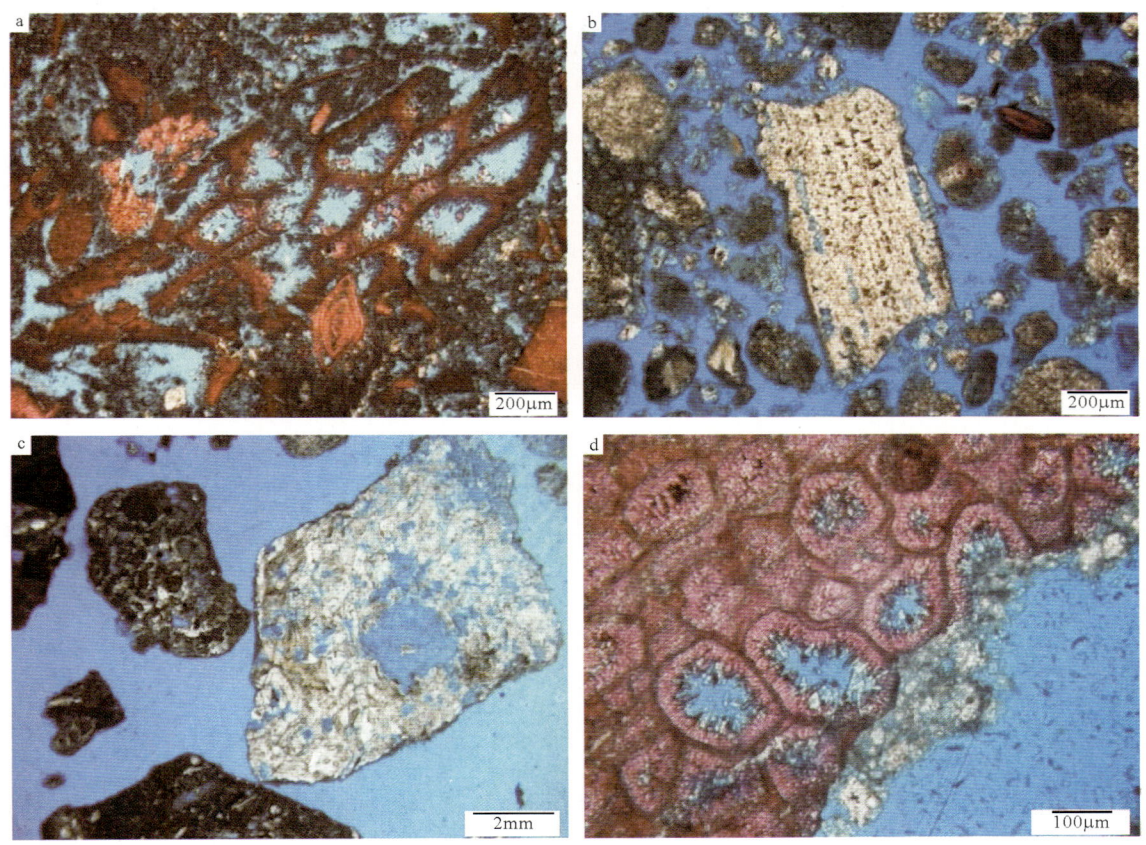

图3-8 黄流组一段成岩作用特征

a.针状文石(421.39m,泥粒灰岩,单偏光,染色片);b.棘皮动物溶解(457.57m,白云石灰岩,单偏光);c.内碎屑溶解(465.85m,灰质白云岩,单偏光);d.针状文石(463.88m,白云质灰岩,单偏光,染色片)

4. 莺歌海组

(1) 莺歌海组二段。成岩作用方式包括溶解作用和胶结作用。溶解作用发育较普遍,且在本段中上部溶解作用较明显,表现为生物骨骼碎屑发生不同程度的溶解。发生溶解的生物碎屑包括红藻(图3-9a)、有孔虫(图3-9d)、绿藻、苔藓(图3-9e)和棘皮动物(图3-9b、c)等,溶解作用的产物为生物碎屑的粒内溶解孔隙。胶结作用不发育,仅表现为垂直于生物骨骼碎屑表面发育的少量针状文石胶结物和刀刃状方解石(图3-9f)。

(2) 莺歌海组一段。成岩作用方式包括溶解作用、胶结作用和泥晶化作用。溶解作用发育较普遍,主要表现为生物骨骼碎屑发生不同程度的溶解。发生溶解的生物碎屑包括有孔虫、红藻、绿藻、苔藓和棘皮动物等,溶解作用主要形成生物碎屑粒内溶解孔隙(图3-10a、b、c)。胶结作用集中发育于本段中上部,以形成纤维状—针状文石、刀刃状方解石和同轴增生方解石为特征(图3-10d、e、f)。泥晶化作用形成环绕颗粒周缘的泥晶套,泥晶套厚度较薄,在溶解作用后仍可以保持原始颗粒的外形特征。

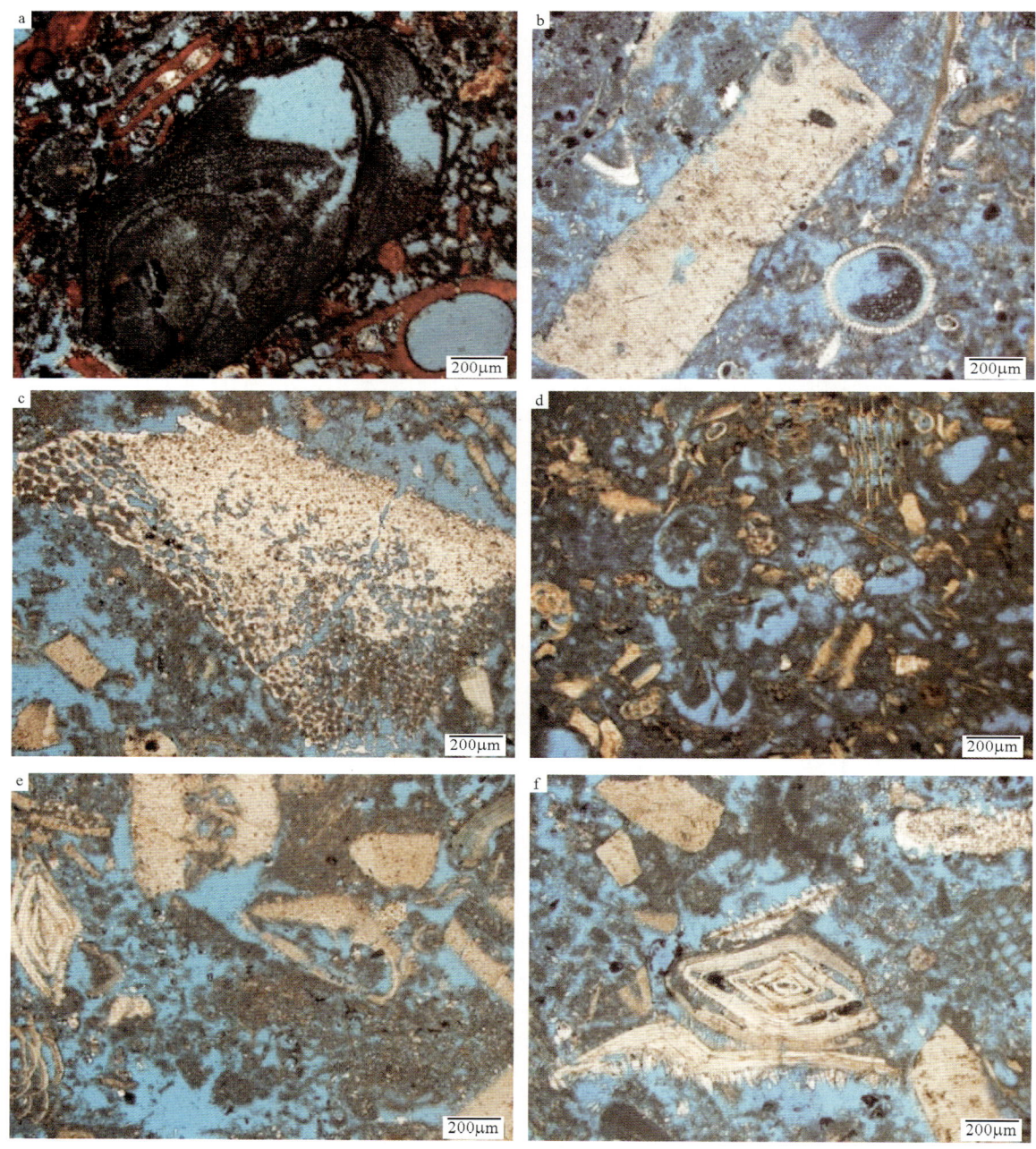

图 3-9 莺歌海组二段灰岩成岩作用特征

a.红藻溶解(334.9m,泥粒灰岩,单偏光,染色片);b.棘皮动物溶解(317.6m,泥粒灰岩,单偏光);c.棘皮动物溶解(323.22m,黏结灰岩,单偏光);d.有孔虫溶解(337.34m,砾屑灰岩,单偏光);e.苔藓动物溶解(323.52m,泥粒灰岩,单偏光);f.刀刃状方解石(326.26m,泥粒灰岩,单偏光)

5. 乐东组

成岩作用方式多样,包括溶解作用、新生变形作用、胶结作用和泥晶化作用。溶解作用在该组段十分发育,除浅部的碳酸盐砂外,从埋深3m左右向下,溶解作用十分明显。发生溶解的生物碎屑包括红藻、绿藻、有孔虫、珊瑚、棘皮动物和苔藓动物等。溶解作用强烈时可形成铸模孔隙(图3-11a、b)。新生变形作用相对发育。主要表现为生物骨骼碎屑的方解石化,这些生物骨骼来自软体动物、珊瑚和红藻等。软体动物双壳类的壳发生新生变形作用后,其壳体纹层结构仍可保留(图3-11c)。发生新生变形作用的珊瑚骨骼也可残留纤维状结构(图3-11d)。此外,新生变形作用也可导致泥晶方解石转变为微亮晶方解石。这种方解石以晶体中残留的浑浊泥晶质包体为特征。

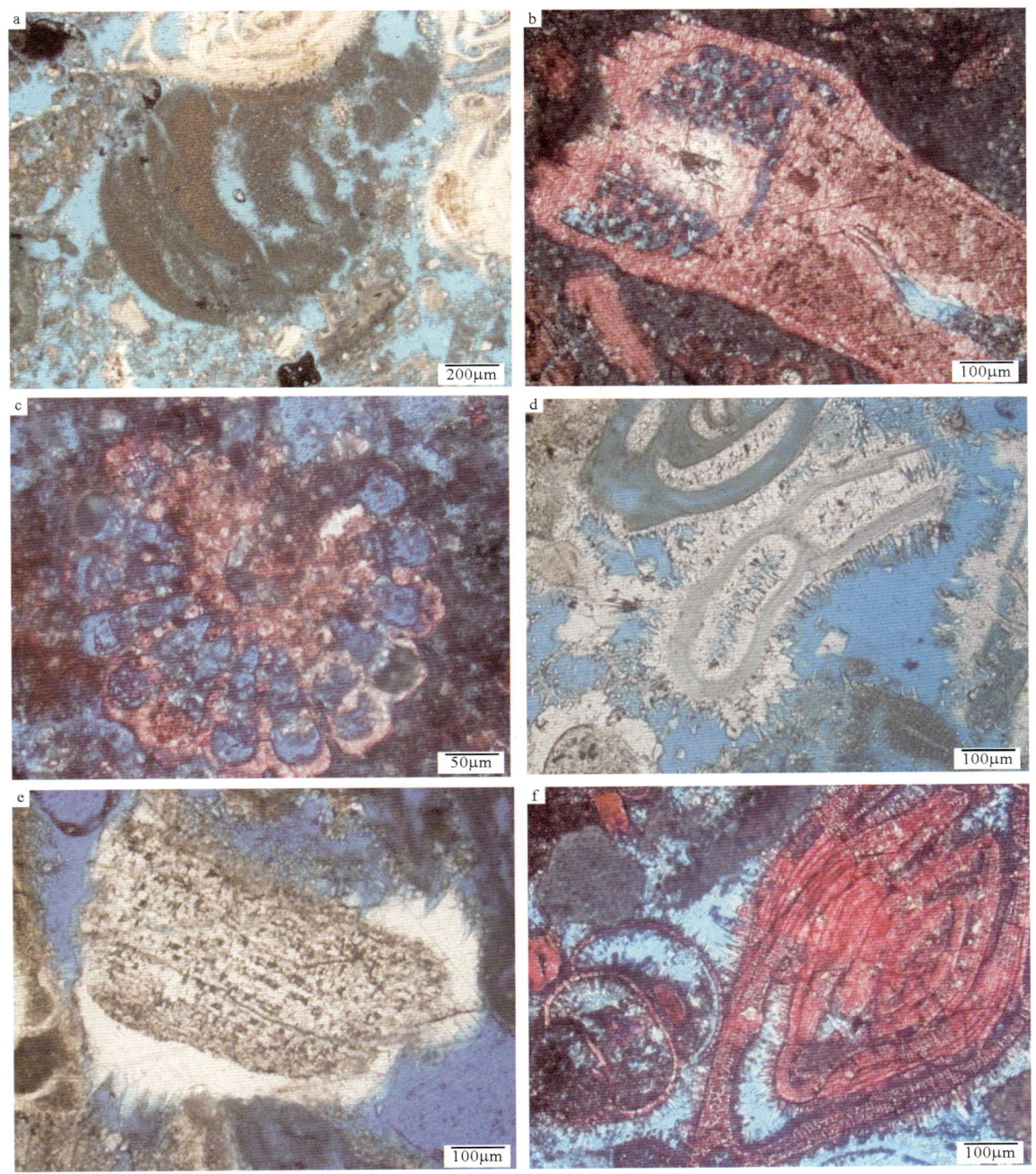

图3-10 莺歌海组一段灰岩成岩作用特征

a.红藻溶解(287.47m,泥粒灰岩,单偏光,铸体薄片);b.棘皮动物溶解(250.45m,黏结灰岩,单偏光,铸体染色片);c.棘皮动物溶解(265.87m,粒泥灰岩,单偏光,铸体染色片);d.针状文石(213.95m,泥粒灰岩,单偏光,铸体薄片);e.棘皮动物同轴增生方解石(245.81m,泥粒灰岩,单偏光,铸体薄片);f.纤维状—针状文石(271.35m,颗粒灰岩,单偏光,铸体染色片)

胶结物主要为方解石和文石。其中,方解石呈等粒状、刃状。在近地表的样品中,方解石集合体呈新月形、悬垂状、晶簇状或等粒—刃状等厚环边。此外,还可见少量方解石呈棘皮动物同轴环边形式产出。文石呈纤维状—针状,以环绕生物骨骼碎屑周缘形成等厚的包壳产出(图3-11e、f)为特征。泥晶化作用在本组段局部出现,产物为环绕颗粒的较细的泥晶套,泥晶套的发育使得经历溶解作用后碎屑颗粒的形态得以保存。

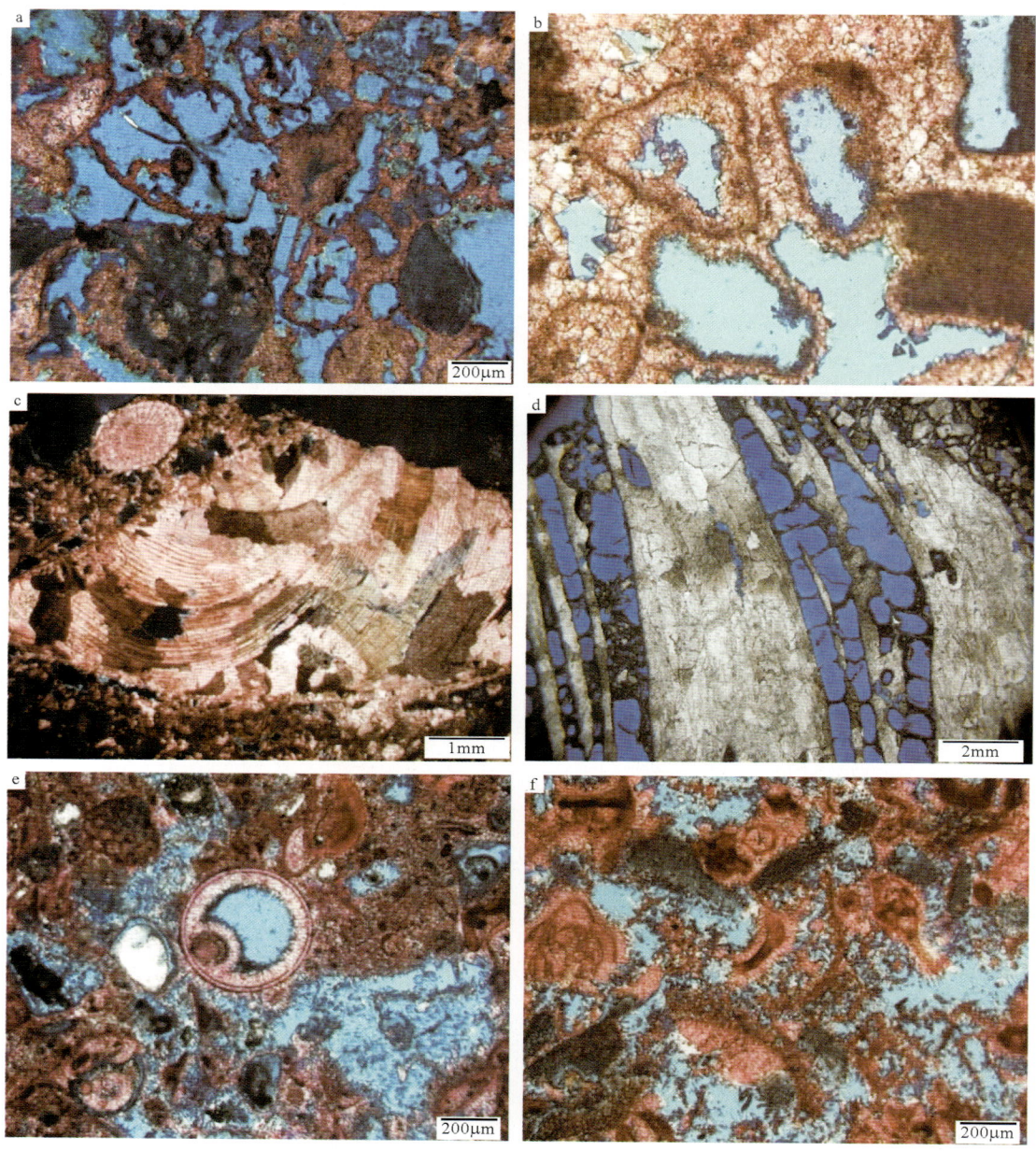

图 3-11 乐东组成岩作用特征

a.铸模孔隙(110m,颗粒灰岩,单偏光,染色片);b.等粒状方解石和铸模孔隙(175.65m,泥粒灰岩,单偏光,染色片);c.软体动物方解石化(133.56m,漂砾灰岩,正交偏光);d.珊瑚方解石化(78.93m,骨架灰岩,单偏光);e.文石等厚环边(206.53m,粒泥灰岩,单偏光,染色片);f.纤维状—针状文石(191.22m,泥粒灰岩,单偏光,染色片)

3.1.2 成岩环境

碳酸盐岩的成岩作用主要发生于海水、大气水和埋藏环境,相应地分别称之为海水成岩环境、大气水成岩环境和埋藏成岩环境(图3-12)(James et al,1984;Moore,1989;Tucker et al,1990)。各成岩环境的判别标志见表3-1。

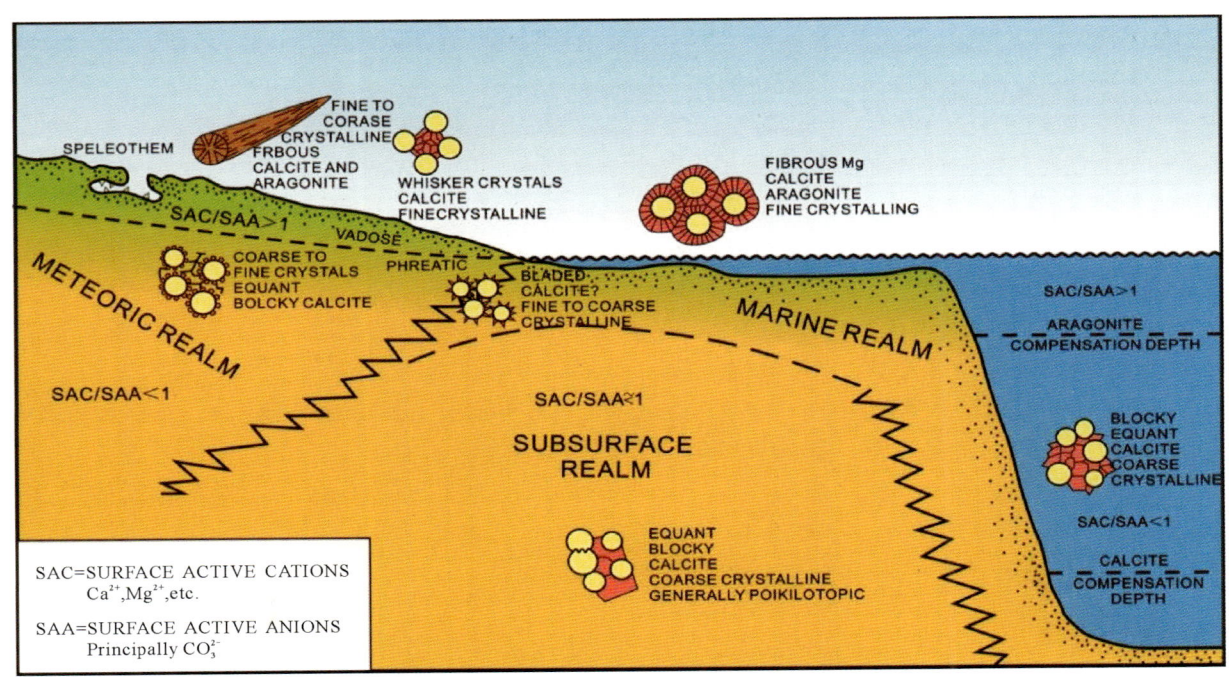

图 3-12 碳酸盐岩成岩作用环境(Moore,1989)

表 3-1 成岩环境的判别标志

成岩环境		胶结物类型	矿物阴极发光性特征	胶结物同位素特征	微量元素特征	备注
大气水成岩环境	大气水渗流带	新月形和悬垂形方解石	不发光	$\delta^{18}O$ 和 $\delta^{13}C$ 值均较小（偏负）	Sr、Mg 含量低	Meyers,1974;Moore,1989
	大气水潜流带	等粒状等厚环边、晶簇状方解石和棘皮动物同轴增生方解石	不发光或微弱发光	$\delta^{18}O$ 和 $\delta^{13}C$ 值均较小（偏负），但渗流带和潜流带界限处 $\delta^{13}C$ 同位素值向正值突变	Sr、Mg 含量低	Meyers,1974;Moore,1989
海水成岩环境		纤维状—针状文石、刀刃状方解石、粒状方解石	一般不发光	$\delta^{18}O$ 为 $-0.5‰\sim+3‰$；$\delta^{13}C$ 为 $+2‰\sim+5‰$	Sr 含量高（0.8%~1%），Mg、Na 含量高，Fe、Mn 含量低	Gonzalez et al,1985;Tucker et al,2008;Moore,1989
埋藏成岩环境		等粒状方解石、镶嵌状粗晶方解石和连晶方解石、棘皮动物同轴增生方解石	发光性良好，具发光环带	$\delta^{18}O$ 值较大气水和海水环境减小 10‰~15‰，$\delta^{13}C$ 值略减小或相近	Fe、Mn 含量高，Sr、Mg、Na 含量很低	Meyers,1974;Moore,1989;Tucker et al,2008

3.1.2.1 大气水成岩环境

综合分析表明,0~169m 地层处于大气水成岩环境,其下限深度以指示海水成岩环境的纤维状—针状胶结物的首次出现为标志。按照成岩历史,细分为单一大气水成岩环境和海水-大气水复合成岩环境。

1. 单一大气水成岩环境

单一大气水成岩环境指仅遭受大气水成岩作用的成岩环境。0~21.66m 的碳酸盐砂-颗粒灰岩-碳酸盐砂组合的成岩作用系单一大气水成岩环境的产物。其中,碳酸盐砂亦称为珊瑚贝壳砂(陈俊仁,1978)和灰砂(张明书等,1989)。碳酸盐砂在西沙群岛的其他岛屿上已证实为来自海滩,并经历了风力的再搬运。考虑到地质背景的一致性,这里将碳酸盐砂亦定义为风成沉积物。其中,2.92~10.88m 钻遇的颗粒灰岩,在层位上相当于石岛地表出露的风成砂屑灰岩(赵强,2010),考虑到国际上的通用术语,这里将风成砂屑灰岩称为风成岩。在英文地质文献中,风成岩(Aeolianite)为风成沉积物石化的产物,通常指浅海生物成因的碳酸盐沉积物经风力搬运形成海岸沙丘,而后石化形成的海岸灰岩。西科1井的风成岩/风成沉积物钻遇于0~21.66m,其中,0~2.92m 为碳酸盐砂,2.92~10.88m 为颗粒灰岩,10.88~21.66m 亦为碳酸盐砂。21.66m 的直接下伏岩相为生物礁(骨架礁)。

(1)岩石学特征。碳酸盐砂(0~2.92m,10.88~21.66m):主要由珊瑚藻(54.15%)和有孔虫(42.18%)碎屑组成,少量为软体动物介壳碎屑(1.13%)和棘皮动物碎屑(1.57%)。粒级为中砂级(1.75~2.75Φ、0.15~0.30mm)(图3-13)。分选较好,圆度为次圆状到圆状。概率累积曲线呈两段式,指示搬运方式以跳跃式为主,其次为悬浮式(图3-14)。在偏度与标准偏差参数判别图解上落在海滩砂范围(图3-15)。

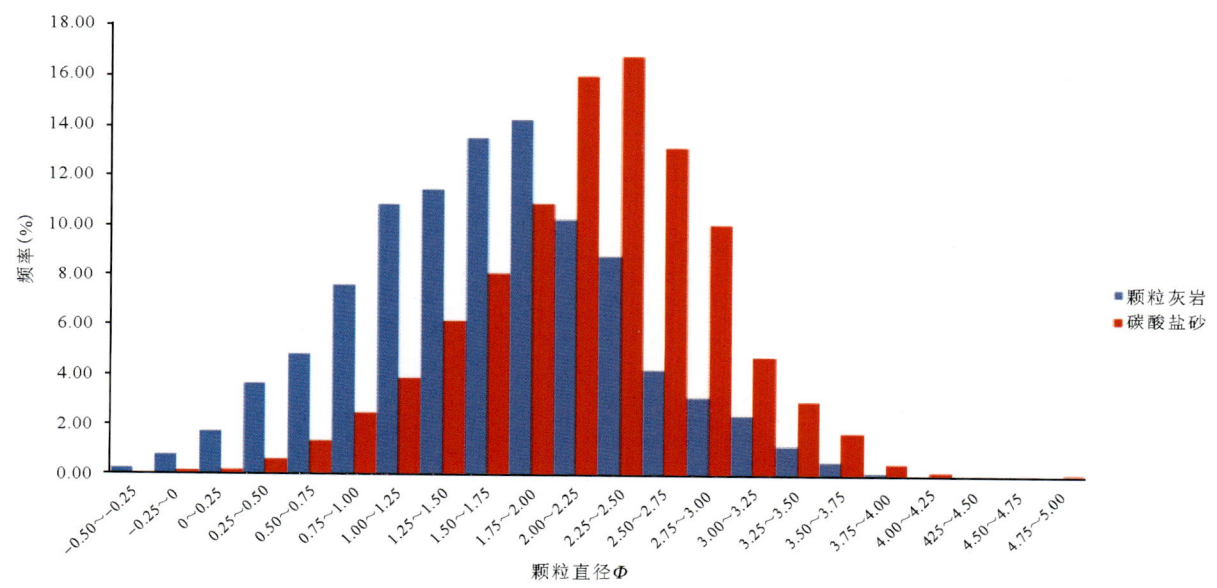

图3-13 碳酸盐砂(埋深0~2.9m、10.88~21.66m)与颗粒灰岩(2.92~10.88m)的粒度分布

除西科1井外,其他钻井钻进伊始也钻遇碳酸盐砂,例如西永1井于0~20m 钻遇碳酸盐砂,西琛1井于0~12.3m 钻遇碳酸盐砂(张明书等,1989)。根据早期的地质调查(陈俊仁,1978),除高尖石、石岛和东岛东北部以外,西沙群岛所属的其他沙岛和沙洲均为碳酸盐砂所覆盖。西沙30多个灰砂岛均由碳酸盐砂组成(吕炳全等,1987)。在岛屿边缘,碳酸盐砂以发育潮汐型楔状或槽状交错层理为特征;在潮上带,碳酸盐砂通常形成具有高角度前积层理的沙丘(张明书等,1989)。

颗粒灰岩(2.92~10.88m):主要由有孔虫(50.76%)和珊瑚藻(45.61%)碎屑组成,软体动物介壳碎屑(1.37%)及其生物碎屑(2.24%)少量。粒度粒级为中砂级(1.25~2.25Φ、0.21~0.42mm)。分选较好,圆度为次圆状到圆状。概率累积曲线呈两段式,以跳跃式搬运为主,其次为悬浮式(图3-14)。在偏度与标准偏差参数判别图解上,亦落在海滩砂范围(图3-15)。石岛地表出露的颗粒灰岩亦称为风成砂屑灰岩(赵强等,2013)。风成砂屑灰岩发育各种大型风成层理构造,沙丘上常发育高角度的进积层理和穹形层理,丘间则以相对低角度的交错层理为主。风成砂屑灰岩的物源为岛屿周围的生物礁。来自生物礁的大量生物碎屑被波浪搬运到岸边形成海滩或环岛砂堤,然后再在风力作用下继续向高处搬运并形成海岸沙丘(赵强等,2013)。在石岛地表露头,风成砂屑灰岩由4层可连续追踪的古土壤层所分隔。西沙群岛地表上的土壤层最早由业治铮等(1984)报道于石岛。在石岛地表,古土壤层出露的海拔标高为1~10m,按照产状和分布可为上下两层,厚度为20~40cm(业治铮等,1984)。上述事实说明,西科1井0~21.66m钻遇的碳酸盐砂和颗粒灰岩,在成因上,应该属于风成沉积(0~2.92m及10.88~21.66m)和风成岩(2.92~10.88m)。

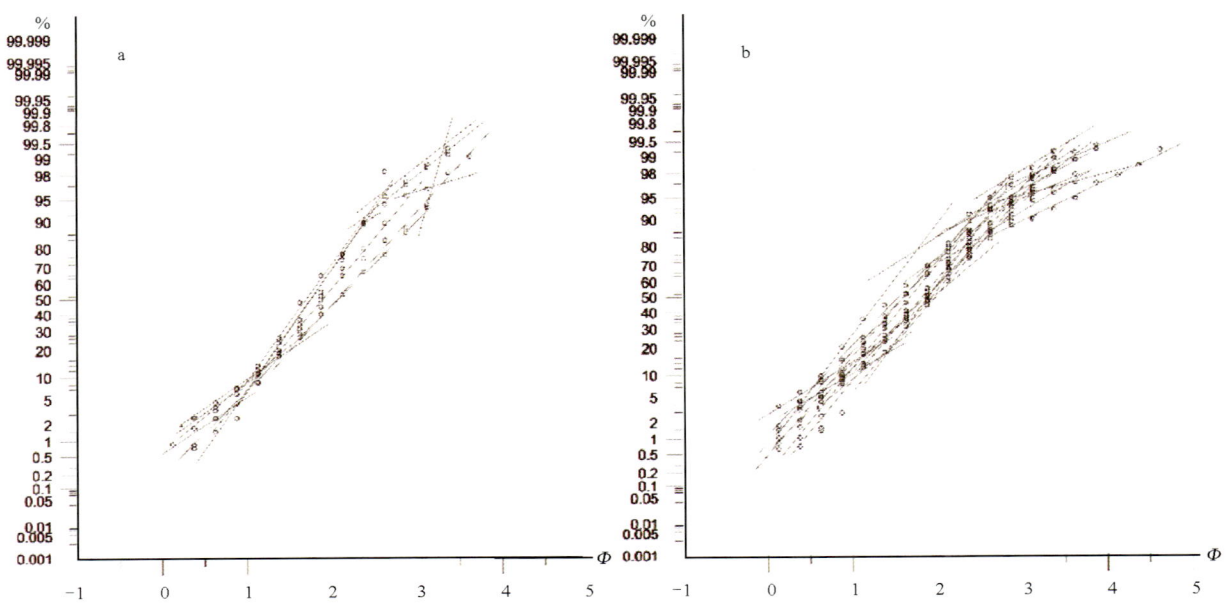

图3-14 碳酸盐砂(0~2.9m、10.88~21.66m)(a)与颗粒灰岩(2.92~10.88m)(b)概率累积曲线

(2)形成时间。乔培军等(2015)最近在西科1井埋深0~50m地层中标定了相当于全球氧同位素期1~6期(MIS1~6)的底界深度。其中,埋深5m为MIS1(14ka)的底界,埋深11.7m为MIS2(29ka)的底界,埋深13.9m为MIS3(57ka)的底界,埋深16.8m为MIS4(71ka)的底界,埋深23.8m为MIS5(129ka)的底界。

赵强(2010)根据西石1井$\delta^{18}O$曲线(何起祥等,1990)与南京葫芦洞石笋的$\delta^{18}O$曲线(Wang et al,2015)的比较,推断:第一层古土壤层的形成时间为58.5~56.0ka,第二层为48.0~45.5ka,第三层为38.0~36.0ka,第四层为30.5~28.5ka。相应地,他得出五期风成沙丘的形成时间为:第一期大于58.0ka,第二期为56.0~48.0ka,第三期为45.50~38.0ka,第四期为36.0~30.5ka,第五期为28.5ka以后。

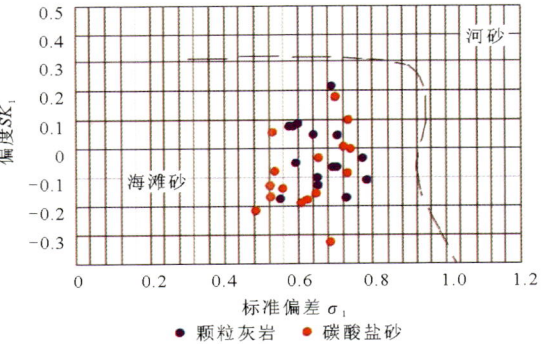

图3-15 碳酸盐砂(埋深0~2.9m、10.88~21.66m)与颗粒灰岩(2.92~10.88m)的偏度及标准偏差参数散图(图解据弗里德曼,1967)

综合考虑乔培军等(2015)和赵强(2010)的研究结果以及西科1井0~21.66m的风成岩和风成沉积属性,可以得出如下的判断(图3-16):①风成岩(颗粒灰岩)(2.92~10.88m)及其上覆的风成沉积(碳酸盐砂)(0~2.92m)大致形成于第五期风成沙丘发育期间,其形成时间不早于29ka,大致形成于MIS2和MIS2期间;②10.88m~21.66m的风成沉积(碳酸盐砂)大致形成于第四、第三、第二和第一期

风成沙丘发育期间,并且大致形成于 MIS3、MIS4 和 MIS5 期间;③西科 1 井风成沉积(碳酸盐砂)(10.88～21.66m)的底界埋深(21.66m)为风成沉积的下限深度,该深度与氧同位素 5 期(129ka)的埋深(23.8m)十分接近,因此,至少在西科 1 井,风成沉积的形成时间不早于 129ka。石岛第一期风成沙丘的形成时间不早于 129ka 的推断,与赵强(2010)的"石岛风成碳酸盐沉积形成于晚更新世"的结论是一致的。

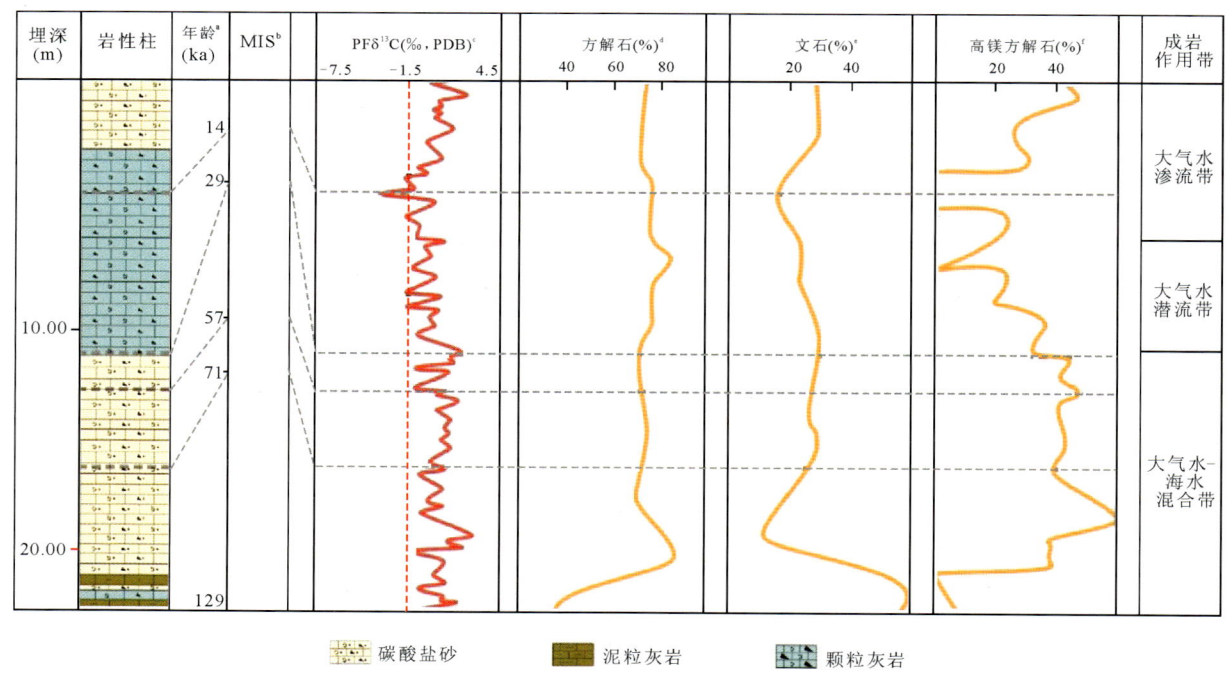

图 3-16　0～21.66m 岩石类型纵向变化、成岩环境与氧同位素 1～5 期、PFδ^{13}C、方解石、文石和高镁方解石含量(XRD 数据)纵向变化的对比关系(其中 a～c 据乔培军等,2015;d～f 据翟世奎等,2015)

(3)胶结作用与古气候变化。气候变化是碳酸盐砂胶结作用的最直接、最关键的控制因素。在比较干旱的气候条件下,低的降雨量导致由渗流带直接渗入到含水层中的水极为有限,碳酸盐在渗流带上部的沉淀极为缓慢,潜水面深。缓慢的地下水流动导致潜流带几乎不发生胶结作用。在比较湿润的气候条件下,将发生净溶解作用,高速溶解和高的流量将导致广泛的胶结作用(Tucker et al,2008)。在合适的气候条件下,碳酸盐砂的胶结作用是非常迅速的。典型实例报道于巴哈马 Stocking 岛。该岛上堆积了 60 年前由附近潟湖中疏浚出来的、现已石化的碳酸盐砂(Kindler et al,2001)。该岛处于亚热带,夏季温暖多雨,冬季温和干旱。根据 Kindler et al(2001)的野外调查,疏浚出来的碳酸盐砂被胶结的深度已达 0.8m,粒间的方解石胶结物含量达 8%,其顶部已形成了 0.2～0.3cm 的硬壳。其粒间方解石的含量相当于巴哈马其他地方具有 1000 年历史的滩脊。这说明人们过去大大低估了大气水的胶结作用速率。

尽管西科 1 井 0～21.66m 的风成岩(颗粒灰岩)(2.92～10.88m)和风成沉积(碳酸盐砂)(0～2.92m,10.88～21.66m)在时限上相当于 MIS1～MIS5,但是其固结(颗粒灰岩)或者非固结(碳酸盐砂)状况却与间冰期(MIS1、MIS3、MIS5 期)或冰期(MIS2、MIS4 期)无明确的、合乎常理的对应关系。例如,按照埋藏深度,风成岩(颗粒灰岩)的绝大部分应该形成于 MIS2 期,MIS2 期为冰期,干冷的气候显然不利于胶结作用。与其相反,MIS3 期是南海末次冰期中的弱暖期,海水表层温度比相邻的 MIS2 和 MIS4 期略高(郑洪波等,2008),该时期的气候按理来说有利于胶结作用。但是,MIS3 期形成的碳酸盐砂却未被胶结。此外,石岛地表出露的可能与西科 1 井的风成岩(颗粒灰岩)(2.92～10.88m)和风成沉积(0～2.92m,10.88～21.66m)在时限上大体一致的风成沉积已全部被胶结。如果对于二者形成时间的推断是正确的,那么,唯一合理的解释是,10.88～21.66m 的碳酸盐砂埋藏前一直处于沙丘的向海一侧,一直处于活跃状态,直到2.92～10.88m的风成沉积被埋藏后才开始胶结作用。如果这一解释是合理的,那么,2.92～10.88m的风成沉积的胶结作用应该与MIS1期有关。根据李顺等(2013)对南海北部陆坡ZSQD196PC柱状样末次间冰期以来的古海洋学记录的研究,虽然存在几次波动,但是全新世气候总体逐渐变暖。这一变暖趋势为2.92～10.88m的风成沉积的胶结提供了契机。

(4)岩相学特征。2.92～10.88m的颗粒灰岩保存了典型的大气水成岩环境的岩相学标志(图3-17):①颗粒的溶解作用;②新月形胶结物;③悬垂状胶结物;④圆化的粒间孔隙;⑤等粒环边状胶结物;⑥阴极发光系统下不发光。类似岩相学标志报道于Bahamas全新世遭受大气水改造的鲕粒灰岩(Halley,1979;Budd,1988)。大气水为弱酸性流体,Mg/Ca值非常低,在其下渗过程中往往引起渗流带上部的对大气水不饱和的文石和高镁方解石发生溶解。因此,渗流带上部以溶解为主。在渗流带的下部一般可以形成少量胶结物(Longman,1980)。这些胶结物以新月形或悬垂状为特征。其中,新月形胶结物围限的粒间孔隙往往呈圆状。在潜流带,孔隙水充满所有孔隙空间,流体相对富含阳离子,形成的胶结物粒度大于渗流带,往往形成等粒环边状胶结物。大气水呈氧化性,孔隙水的Eh值较高,Fe^{2+}和Mn^{2+}较难稳定存在,在阴极发光系统下,大气水环境中沉淀的胶结物均不发光。

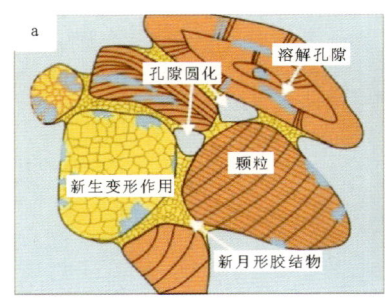
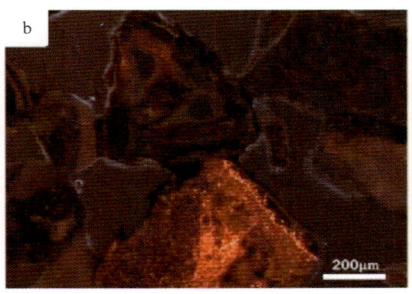

图3-17 大气水成岩环境的典型岩相标志

a.大气水成岩作用的特征岩相标志(新月形胶结物,圆化的孔隙和溶解孔隙)示意图;b.新月形胶结物的阴极发光特征(不发光)(颗粒灰岩,埋深3.15m,乐东组,第四系,西科1井);c.图b的素描图

(5)方解石的碳氧同位素特征。由图3-18和图3-19可见,在0～21.66m深度段,颗粒灰岩的$\delta^{13}C$和$\delta^{18}O$值均比其上覆及下伏的碳酸盐砂明显偏轻。全新统的文石和高镁方解石的研究表明,西沙海水是富^{13}C的,其$\delta^{13}C$值达+0.9‰左右(韩春瑞等,1990)。对比该数据,碳酸盐砂中的$\delta^{13}C$略重于海水的^{13}C,而颗粒灰岩中的$\delta^{13}C$却偏轻得多。其原因是:①在遭受大气水淋滤过程中,碳酸盐砂中颗粒携带的海水信号最大限度地得以保留;②颗粒灰岩中胶结物的沉淀具有来自土壤和大气水中轻"碳"的加入。

2. 海水-大气水复合成岩环境

埋深21.66～169m地层主要由骨架灰岩、粒泥灰岩和泥粒灰岩组成。按照Riding(2002)的分类系统,该井段钻遇地层主要为骨架礁及丛状礁的沉积产物。岩芯观察、薄片鉴定及地球化学分析表明,该井段先经历了同沉积海水成岩作用,而后叠加了大气水成岩作用的改造。

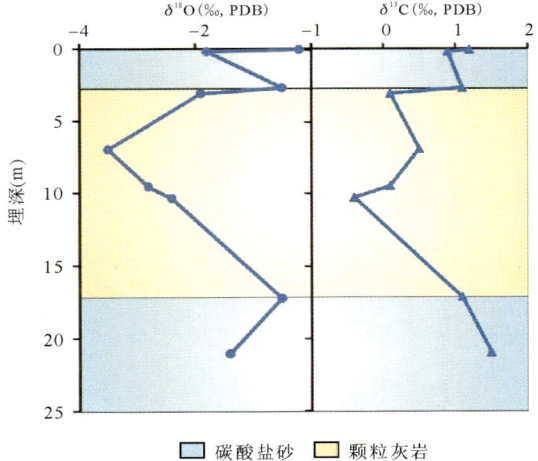

图3-18 0～21.66m碳酸盐砂-颗粒灰岩-碳酸盐砂中方解石碳氧同位素的纵向变化

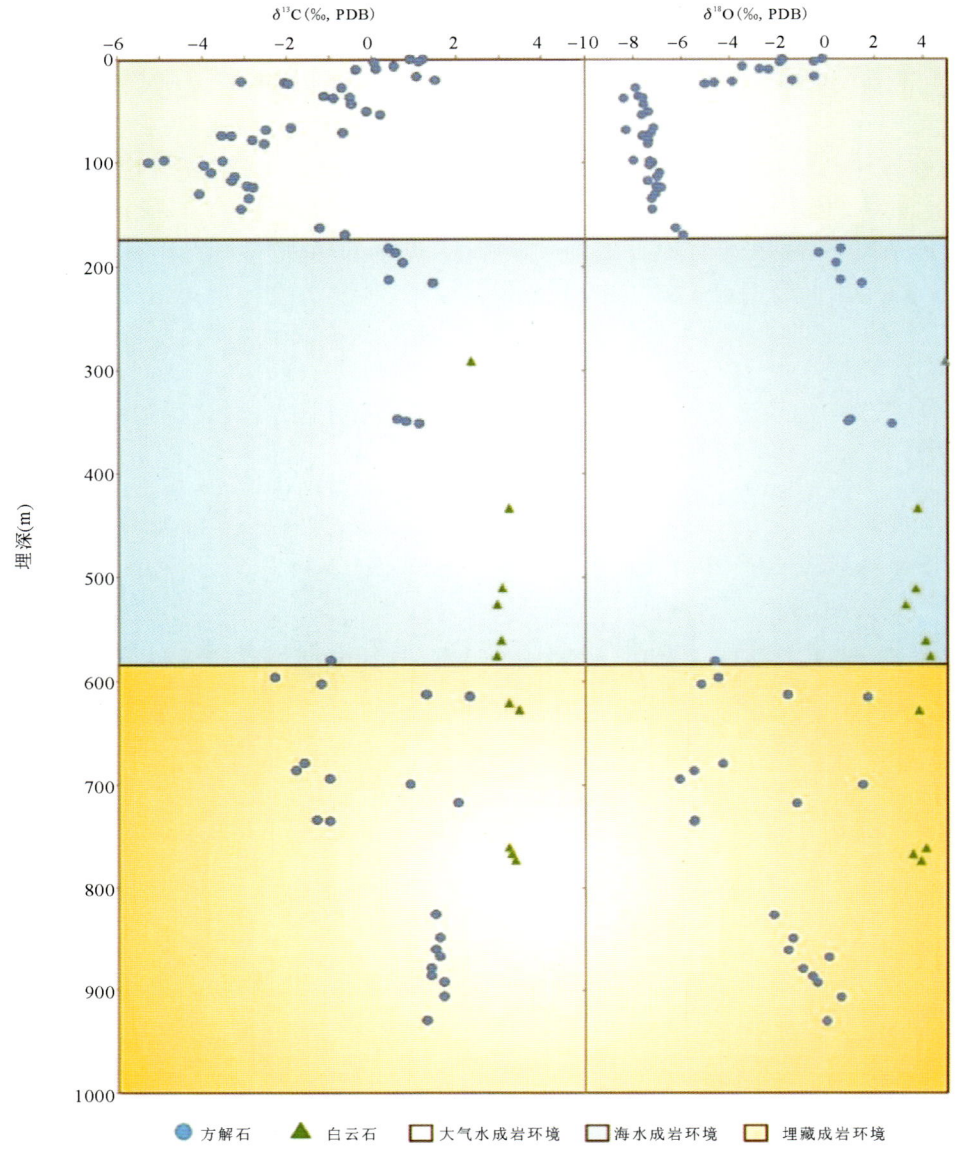

图 3-19 方解石和白云石(全岩样品)的碳、氧同位素数据随埋深变化

海水成岩环境的岩相学证据包括：①地层主要由骨架灰岩、粒泥灰岩和泥粒灰岩组成，这些岩石类型毫无疑问均形成于海相环境；②同沉积海水成岩作用普遍发育，包括泥晶套、纤维状—针状胶结物和生物骨骼的方解石化等。

大气水成岩环境的证据包括暴露面和溶解作用。

(1)暴露面。暴露面是大气水下渗的窗口，也是大气水成岩作用的最重要证据。通过岩芯观察，在埋深 21.66~169m 井段识别出 4 个暴露面，自上而下依次为 S2(21.93~22.41m)、S3(37.3~38.15m)、S4(68.67~75.58m)和 S5(97.58~98.84m)(表 3-2)。

暴露处的岩石学特征：由于暴露面主要发育于泥粒灰岩和骨架岩等多孔状岩石，少数发育于粒泥灰岩，因而，西科 1 井钻遇的暴露面(S1~S5)(表 3-2)均未形成成熟的古土壤。大气水作用及暴露的迹象主要表现为：①原地生物骨骼和生物碎屑的溶解形成铸模孔及超大溶解孔隙极为发育；②偶见 $CaCO_3$ 重新沉淀形成的新月形和悬垂状胶结物；③偶见自形方解石晶体和晶模；④偶见疑似植物根横断面(环状结构)结构等；⑤个别颗粒呈自碎屑状；⑥收缩裂缝相对发育。

表 3-2　西科 1 井暴露面处的岩石学特征

暴露面井段	岩石学特征
S1(0～2.92m)	厚度为 2.92m
S2(21.93～22.41m)	厚度为 0.48m。发育于碳酸盐砂和泥粒灰岩中。部分颗粒呈自碎屑状,有些颗粒边部残留有胶结物。偶见自形方解石晶体和疑似植物根横断面(环状结构)结构。裂缝发育
S3(37.3～38.15m)	厚度为 0.85m。上部为粒泥灰岩,下部为骨架岩。在粒泥灰岩中,珊瑚藻中溶解孔隙发育,珊瑚藻的下部分布悬垂状胶结物。骨架岩中珊瑚的隔壁局部被溶解,导致相邻骨架孔连通。有些生物骨架岩被溶解的支离破碎
S4(68.67～75.58m)	厚度为 6.91m。岩性主要为骨架岩和泥粒灰岩。上部主要为骨架岩,下部为泥粒灰岩。大部分岩性呈固结状态,极少量泥粒灰岩呈松散到半固结。骨架岩中珊瑚的隔壁局部被溶解掉,导致相邻骨架孔连通,形成超大溶孔。偶见方解石晶模状,偶见悬垂状胶结物。泥粒灰岩中生物碎屑个别呈自碎屑状,溶解孔隙密集发育。偶见新月型胶结物、悬垂状胶结物和疑似植物根的横断面
S5(97.58～98.84m)	厚度为 1.26m。呈固结状。岩性主要为泥粒灰岩和粒泥灰岩。特大溶解孔隙比较发育,似乎存在植物屑

地球化学特征:常量元素的地球化学分析表明,S2 处碳酸盐岩的绝大多数氧化物的含量均高于其他暴露面(S3、S4、S5)(表 3-2),尤其是 P_2O_5 的含量也相对较高,指示该暴露面被掩埋之前曾为鸟类活动的场所,暗示 S2 可能是最重要的暴露面,这与实际地质情况是一致的。S2 的下伏地层为骨架礁的沉积产物。根据西科 1 井珊瑚组合面貌及其生态环境研究(刘新宇等,2015),井深 25.30～155.00m 主要由抗浪能力较强的块状群体珊瑚组成,属于靠近礁坪外端、风浪较大的外礁坪相带;造礁珊瑚一般最适宜生活在海水深度 20m 之内。S2 的上覆地层为风成岩/风成沉积组合,为陆相沉积。这种由海相沉积突变为陆相沉积的现象,暗示其间一定发生了较大的地质事件。

(2)岩石学特征。大气水改造的岩石学特征包括溶解作用、世代胶结作用。其中,溶解的产物为铸模孔隙和溶解孔隙。一般情况下,在海水成岩环境中颗粒不会发生大规模的溶解作用。铸模孔隙和溶解孔隙的形成显然与大气水下渗有关。世代胶结作用表现在,泥晶套或纤维状—针状胶结物形成后剩余的孔隙空间被大气水成岩环境下沉淀的粒状或晶簇状方解石所充填(图 3-20)。

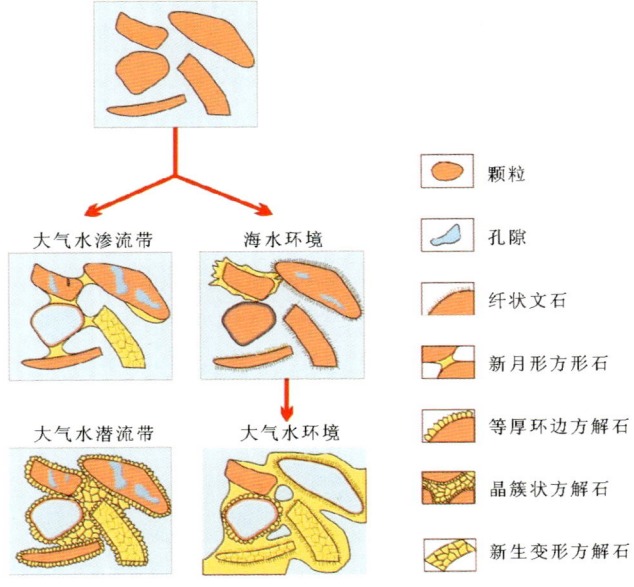

图 3-20　大气水成岩环境(0～169m)的成岩演化示意图

(3)方解石的碳氧同位素特征：在 21.66～169m 深度内，方解石的 $\delta^{13}C$ 值和 $\delta^{18}O$ 值均以偏轻为特征（表 3-2,图 3-19），说明该深度段曾遭受过较强烈的大气水淋滤作用的影响。此外，西科 1 井 0～169.62m 深度内的 $\delta^{13}C(PDB)$ 值和 $\delta^{18}O(PDB)$ 值变化趋势与西琛 1 井大气水成岩环境相近。西琛 1 井在 10～27m 深度，$\delta^{13}C$ 值和 $\delta^{18}O$ 值迅速减小，27～157m 为稳定低值区域，并且 $\delta^{18}O$ 值在 -8‰ 左右小幅度变化。赵强（2010）认为埋深 157m 为大气水下渗下限。该深度与西科 1 井大气水成岩环境下限深度（169.62m）十分接近。

3. 成岩演化模式

碳酸盐砂形成后可沿两条截然不同的成岩路径发展：①碳酸盐砂出露地表，在大气水成岩环境中完成溶解-胶结作用，形成颗粒灰岩；②碳酸盐砂处于海底，在海水成岩环境中被胶结，而后，随海平面下降接受大气水淋滤，形成记录海水-大气水作用的颗粒灰岩。

3.1.2.2 海水成岩环境

海水成岩环境（末次成岩环境）以埋深 169.62m 处 $\delta^{13}C$ 和 $\delta^{18}O$ 突然偏重为上限；以埋深 579.26m 处粗粒镶嵌状方解石胶结物首次出现为下限。埋深 169.62m 处的 $\delta^{13}C(PDB)$ 为 -0.6‰，$\delta^{18}O(PDB)$ 为 -5.9‰。由该处上溯到 100.08m，即在埋深 163.0～100.08m 埋深区间，$\delta^{13}C(PDB)$ 的分布范围为 -5.3‰～-1.2‰，$\delta^{18}O(PDB)$ 的分布范围为 -7.2‰～-6.2‰。由该处追溯至埋深 351.65m，$\delta^{13}C(PDB)$ 的分布范围为 1.4‰～0.4‰，$\delta^{18}O(PDB)$ 的分布范围为 -2.7‰～0.3‰。

在海水成岩环境深度段，尤其在埋深 169～230m 深度段，纤维状—针状胶结物、刀刃状方解石和同轴增长方解石（棘皮动物周缘）普遍发育，随着埋深的增加，粒间为等粒状方解石所充填（图 3-21）。除白云岩化层段外，以上胶结物及其结构未被扰动或破坏。在白云岩化层段，针状和刀刃状方解石胶结物被白云石所交代。海水成岩环境的成岩演化见图 3-22。研究（James et al，1984；Tucker et al，2008；马永生等，1999）表明，纤维状—针状文石胶结物可作为判断海水成岩环境，特别是浅海环境的典型岩相学特征标志。泥晶套也是海水成岩环境的重要标志。海水环境中 Fe^{2+} 和 Mn^{2+} 含量较低，形成的胶结物一般不发光或暗淡发光。海水环境中形成的胶结物的 $\delta^{18}O(PDB)$ 值范围一般为 -0.5‰～+3‰，$\delta^{13}C(PDB)$ 值一般为 +2‰～+5‰，多数在 +4‰ 左右（Tucker et al,1990）。

3.1.2.3 埋藏成岩环境

埋藏成岩环境的上限埋深为 579.26m，该处是"镶嵌状或等粒状孔隙充填方解石"首次出现的深度。

自 579.26m 开始，方解石晶粒普遍较粗，且镶嵌状方解石较常见，胶结物含量高。自 579.33m 开始，亮晶方解石胶结物和棘皮动物同轴增长方解石胶结物在阴极发光系统下呈多期次橘色发光环带（图 3-23）。埋藏成岩环境中往往保留先前的海水或大气水成岩环境的"遗迹"。例如，在 795.94m 处，形成于海水成岩环境的针状和刀刃状方解石依然存在。在 809.56m 处，形成于海水成岩环境的针状—刀刃状方解石成为粗晶粒状方解石的结晶底质。

580.4m 之下方解石的 $\delta^{13}C(PDB)$ 值为 -2.3‰～2.3‰，平均为 0.5‰，$\delta^{18}O(PDB)$ 值为 -6.1‰～1.7‰。平均为 -2.1‰。埋藏成岩环境沉淀的胶结物主要为粗晶方解石，包括晶簇状方解石镶嵌、连生方解石、等粒状方解石镶嵌和棘皮动物共轴增生方解石。此外，棱柱状方解石和鞍状白云石也是埋藏环境中的典型成岩作用产物（Tucker et al,2008）。

埋藏环境中的方解石通常具有良好的阴极发光性特征（Meyers,1974），一般表现为不发光—明亮发光—昏暗发光的旋回性变化，这一现象是晶体内微量元素变化的直接表现，记录了晶体生长过程中孔隙水成分的变化。一般认为这种阴极发光性特征反映了随着埋藏深度的增加，孔隙水的还原性逐渐增强的特点。早期不发光部分方解石沉淀于近地表氧化性孔隙水中，在 Eh 值高的孔隙水中，Fe^{2+} 和 Mn^{2+} 含量很低，导致不发光方解石的沉淀。在不发光环带中，有时可见很薄的明亮发光环带，这反映了

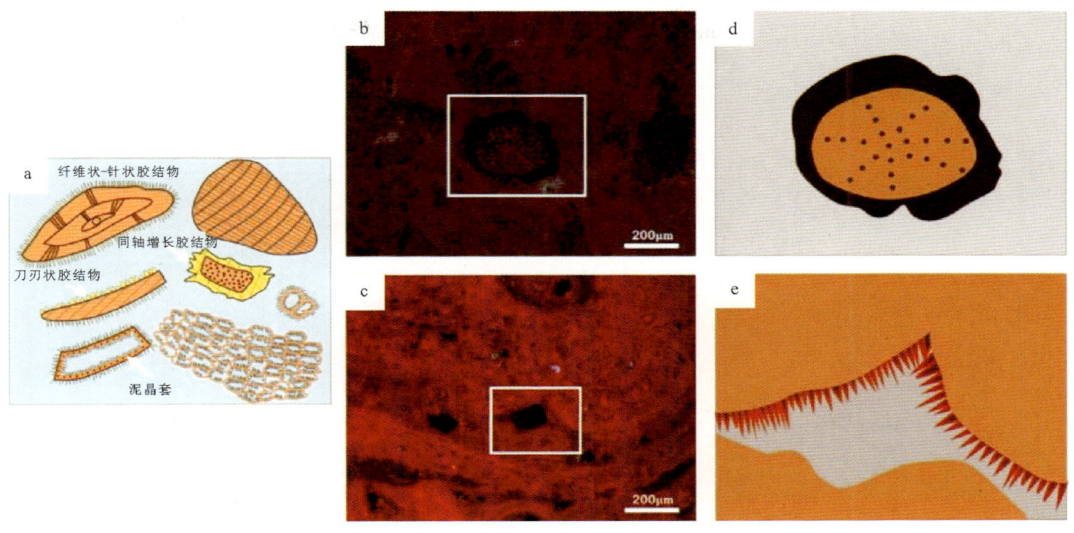

图 3-21 海水成岩环境典型岩相学标志

a.海水环境的特征岩相标志(纤维状—针状胶结物、刀刃状胶结物、共轴增长胶结物、泥晶套)示意图;b.同轴增长胶结物的阴极发光特征(不发光)(泥粒灰岩,埋深 372m,莺歌海组二段,新近系上新统,西科 1 井);c.图 b 中矩形框内同轴增长胶结物与颗粒素描图;d.针状胶结物的阴极发光特征(不发光—发暗橘色光)(泥粒灰岩,埋深 235.72m,莺歌海组一段,新近系上新统,西科 1 井);e.图 d 中矩形框内孔隙与针状胶结物素描图

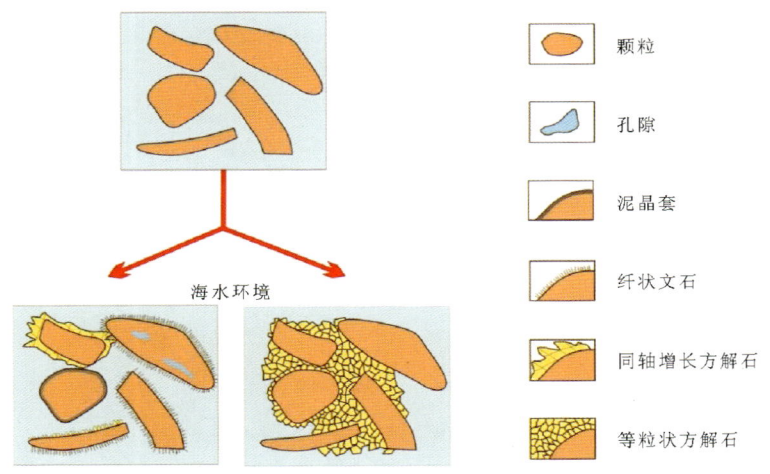

图 3-22 海水成岩环境(169~579.26m)的成岩演化示意图

孔隙水具有短暂的停滞时期,从而使孔隙水呈还原性而沉淀出含 Mn^{2+} 的方解石;明亮发光环带方解石指示了随着埋深增加,孔隙水变为还原性,Fe^{2+} 和 Mn^{2+} 含量减少被结合到方解石中,因此,沉淀出的方解石因富含 Mn^{2+} 而呈现明亮发光的颜色;在方解石明亮发光的环带之后常发育昏暗条带方解石,形成于深埋环境中,铁硫化物呈不稳定状态,孔隙水中的 Fe^{2+} 含量增加,沉淀的方解石中 Fe^{2+}/Mn^{2+} 比值升高,导致方解石的昏暗阴极发光特征。

埋藏成岩环境中胶结物的 $\delta^{18}O$ 值较大气水和海水环境胶结物 $\delta^{18}O$ 值降低,为 10‰~15‰,$\delta^{13}C$ 值略降低或相近。埋藏成岩环境的成岩演化见图 3-24。在末次埋藏环境作用前,可见沉积物往往先经历过海水环境成岩作用。沉积物在海水环境中,可发生溶解作用形成粒内孔隙,胶结作用主要形成纤维状—针状胶结物环边和少量的泥晶套。随着埋深的增加,埋藏环境的改造作用开始明显,主要形成较粗粒的斑块状—镶嵌状方解石,方解石含量普遍较高,部分或全部充填粒间孔隙空间。同时,棘皮动物的同轴增长方解石环边发育也较多,局部可见早期海水纤维状胶结物和后期斑块状方解石的世代胶结现象。埋深继续增加时,压实作用逐渐明显,在1200m深度,可见明显的裂缝孔隙,裂缝具有贯穿性,常贯穿多个生物碎屑颗粒和方解石胶结物,部分裂缝中可见后期充填的白云石(图3-24)。

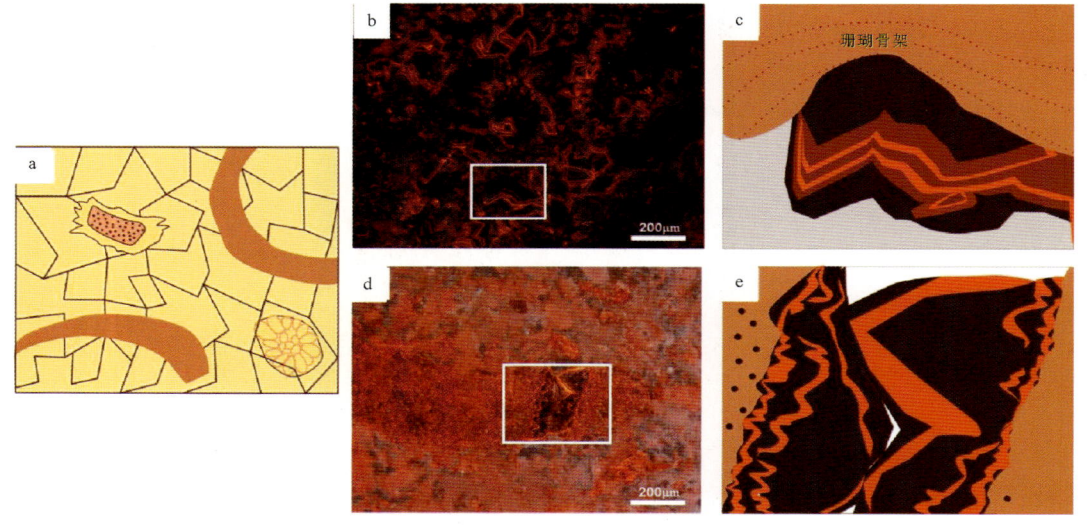

图3-23 埋藏成岩环境典型岩相学标志
a.埋藏成岩环境的特征岩相标志(粗晶镶嵌状方解石)示意图;b.多期亮晶方解石的阴极发光环带(泥粒灰岩,埋深606.63m,梅山组一段,新近系中中新统,西科1井);c.照片b中矩形框内多期亮晶方解石结构的素描图;d.棘皮动物骨骼边部多期同轴增生方解石的阴极发光特征(白云岩,埋深1034.3m,三亚组一段,新近系下中新统);e.照片d矩形框内多期同轴增生方解石的素描图

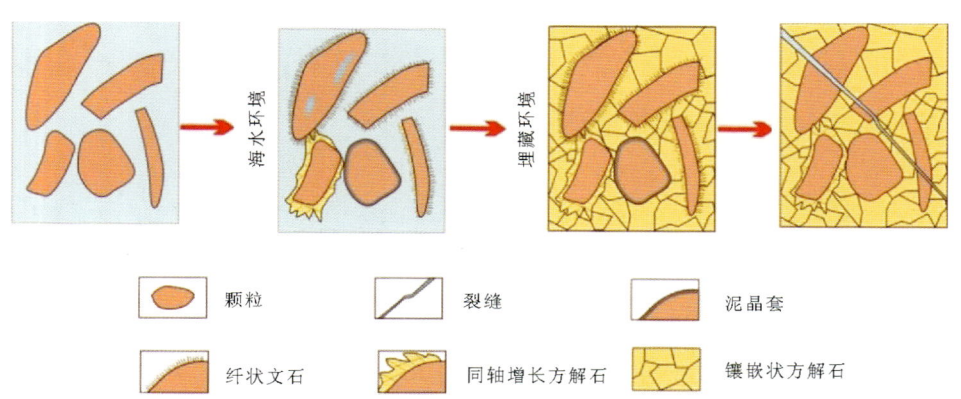

图3-24 埋藏成岩环境(579.26～1257.52m)的成岩演化模式

3.1.3 成岩阶段

3.1.3.1 划分依据

碳酸盐岩成岩阶段是指碳酸盐沉积物沉积之后至碳酸盐岩变质之前的无机组分和有机组分在各种成岩环境中发生变化的历史阶段。可划分为同生成岩阶段、早成岩阶段、中成岩阶段、晚成岩阶段和表生成岩阶段。2003年原国家经济贸易委员会发布了《碳酸盐岩成岩阶段划分》(中华人民共和国石油天然气行业标准SY/T5478—2003)以替代SY/T5478—92。在新的行业标准中,进一步明确了碳酸盐岩

成岩阶段划分依据和各成岩阶段的标志。成岩阶段划分的主要依据如下:①有机质热演化的阶段性;②古温度,包括流体包裹体均一温度、由镜质体或沥青反射率计算的古温度、由氧稳定同位素计算的古温度;③镜质体或沥青反射率;④岩石学标志,包括碳酸盐自生矿物的分布、组构特征及生成顺序,非碳酸盐自生矿物的分布、组构特征及生成顺序;⑤成岩环境;⑥次生孔隙类型。

3.1.3.2 划分结果

碳酸盐岩各个成岩阶段与一定的成岩环境相对应。本次研究以成岩环境为纲,采用岩石学标志、成岩环境、次生孔隙类型和古温度四项指标进行成岩阶段划分。古温度数据是根据测定的方解石氧同位素,利用O'Neil et al(1969)的分馏方程计算的。划分结果如下。

$$1000\ln\frac{1000+\delta(\text{calcite})}{1000+\delta(\text{H}_2\text{O})}=2.78\times10^6 T^{-2}-2.89 \qquad (3-1)$$

1. 第四系全新统—更新统乐东组

乐东组所处成岩环境自上而下依次为大气水成岩环境(0～169m)和海水成岩环境(169～214.5m)。0～21.66m内岩石类型为碳酸盐砂和颗粒灰岩,发育新月形、悬垂状方解石胶结物,孔隙系统由粒间缩小孔+铸模孔组成,成岩环境为大气水渗潜流带。计算出的古温度介于16～34℃之间,平均为24℃。可确定成岩阶段为(大气淡水)同生成岩阶段。21.66～169m发育骨架灰岩以及泥粒灰岩和粒泥灰岩互层,典型岩相学标志包括等厚栉状或粒间晶簇状方解石,孔隙类型为堵塞和缩小的骨架孔或粒间孔+铸模孔隙+溶解孔隙。自上而下依次识别出4个暴露面。该井段先经历了同沉积海水成岩作用,而后叠加了大气水成岩作用改造。成岩阶段为(海水-淡水混合)同生成岩阶段。169～214m岩石类型为泥粒灰岩和粒泥灰岩互层,典型岩相学标志有微生物泥晶化作用形成的泥晶套、垂直于孔隙壁发育的纤维状—针状方解石胶结物。计算出的古温度介于13～17℃之间,平均为14℃。成岩阶段为(海底)同生成岩阶段。综上所述,乐东组岩石处于同生成岩阶段。

2. 新近系上新统莺歌海组

莺歌海组所处成岩环境为海水成岩环境。该层位主要岩石类型为泥粒灰岩、粒泥灰岩和白云质灰岩。典型岩相学标志包括微生物泥晶化作用形成的泥晶套、垂直于孔隙壁发育的纤维状—针状方解石胶结物。孔隙类型以粒内孔和溶解孔隙为主。计算出的古温度介于4～11℃之间,平均为9℃。成岩阶段为(海底)同生成岩阶段。

3. 新近系上中新统黄流组

黄流组所处成岩环境为海水成岩环境。该层位主要岩石类型为白云质灰岩、灰质白云岩和白云岩。白云石为粉—细粒结晶,可见白云石或交代针状和刀刃状方解石胶结物,或分布于泥晶套内部和外部的溶解孔隙中。孔隙系统由晶间孔+铸模孔隙+溶解孔隙组成。成岩阶段为(海底)同生成岩阶段。

4. 新近系中中新统梅山组

梅山组所处成岩环境为埋藏成岩环境。该层位主要岩石类型为粒泥灰岩、颗粒灰岩和白云质灰岩。发育等粒状方解石、粗粒镶嵌状方解石、刀刃状方解石和棘皮动物同轴增长方解石。白云石为细—中粒结晶。孔隙类型以粒内孔、晶间孔、铸模孔隙和溶解孔隙为主。计算出的古温度介于13～46℃之间,平均为27℃。成岩阶段为早成岩阶段。

5. 新近系下中新统三亚组

三亚组所处成岩环境为埋藏成岩环境。该层位主要岩石类型为白云岩和混积岩。白云石为中—粗粒结晶,呈等粒状和粗晶镶嵌状。裂缝孔隙发育,可见裂缝孔隙被后期发育的白云石充填。成岩阶段为早成岩阶段。

综上所述,乐东组、莺歌海组和黄流组处于同生成岩阶段,梅山组和三亚组处于早成岩阶段。

3.2 白云岩储层

3.2.1 白云岩化学组成

3.2.1.1 原子吸收光度法及比色法元素测试

西科 1 井白云岩样品总体呈现了低铁、低锰和低锶的特征。图 3-25 和表 3-3 显示了西科 1 井所有常量与微量元素(铁、锰、锶)测试数据,表明已经测试的碳酸盐岩中铁、锰、锶含量较小,一般小于 0.1%。共 221 组白云岩微量元素的统计(表 3-3)表明,白云岩中锰含量 $(2.4\sim707)\times10^{-6}$,平均仅为

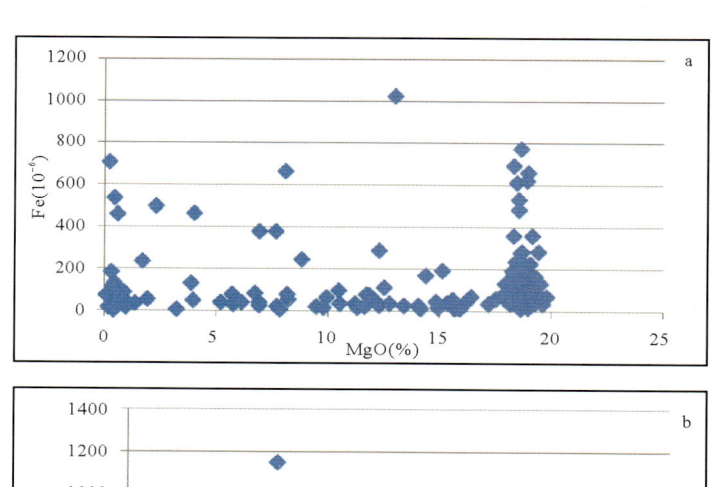
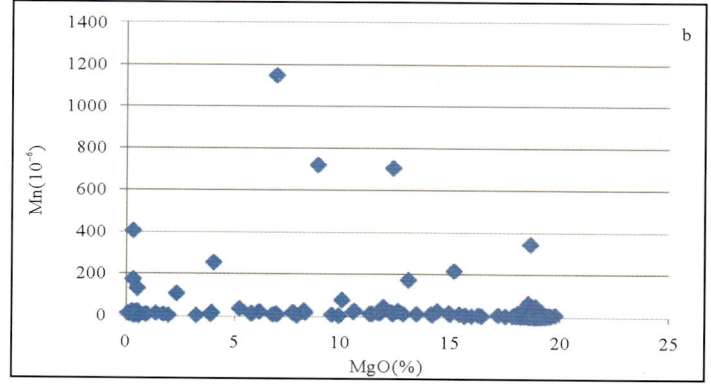
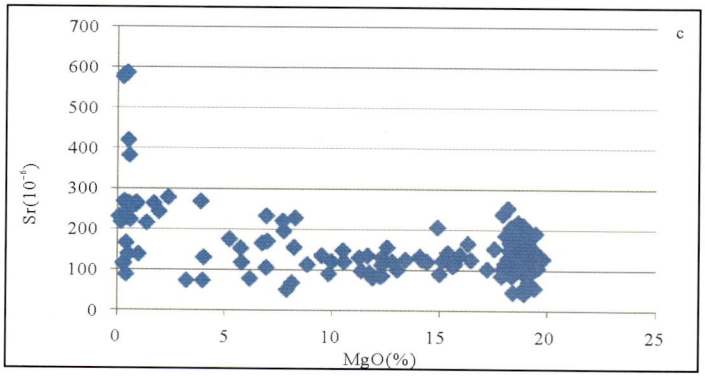

图 3-25 西科 1 井及西科 1 井 MgO 含量与铁(a)、锰(b)、锶(c)散点图(样品数量 221 件)

17.79×10^{-6}；锶含量(45～303)×10^{-6}，平均 125.67×10^{-6}；总铁含量(13～1367)×10^6。需注意的是，图 3-25a 显示白云岩的铁含量变化大，相对高值较多，可能反映了古暴露面的影响，与岩芯观察显示的古暴露面之下白云岩化显著且褐铁矿含量较高、岩石颜色为褐、红色调一致。

表 3-3　西科 1 井各组段白云岩微量元素统计表

地层系统	数量点	FeO(10^{-6})	MnO(10^{-6})	SrO(10^{-6})
莺歌海组二段	7	39～112/55.3	9.8～28/19.1	130～303/192
黄流组一段	60	13～1376/184.11	2.8～90/18.9	92～237/149.6
黄流组二段	124	16～691/139.77	2.4～27/7.53	45～254/110.32
梅山组一段	12	37～362/127.25	3.6～19/7.26	45～237/129.08
梅山组二段	5	14～47/27.2	7.1～17/13.02	90～205/140.8
三亚组一段	11	15～771/124.91	8.2～345/63.61	87～159/121.36
三亚组二段	2	287～1026/656.5	172～707/439.5	86～100/93
总计	221	13～1376/151.64	2.4～707/17.79	45～303/125.67

注：各组段微量元素值显示为值区间/平均值。

本次研究由原子吸收光度法及比色法测得白云岩 221 件样品的微量元素，普遍低锰、低锶、低铁的含量值可能显示着白云岩形成环境总体上是相对封闭的；个别样品锰、铁含量相对较大，可能反映了与古暴露面有关的开放环境对岩石在纵向上不一致的影响，或者为成岩期外来的铁、锰元素加入，这在岩芯及扫描电镜照片中可见。从测试结果看，在上新统/中新统界线之下约 50m 深度范围内，锰含量大于 20×10^{-6} 的样品(包括铁含量较大的样品)主要位于 376～426.2m 井深区间，可能显示了中新世末期古暴露面之下的白云岩受开放环境中大气降水影响，或为海平面上升过程中从海水里沉淀。其铁含量较高，岩石的颜色呈(浅)褐色调，这也在岩芯观察中得到证实。需要注意的是，图 3-25a 显示白云岩的铁含量变化大，相对高值较多，可能反映着古暴露面的影响，与岩芯观察显示的古暴露面之下白云岩化显著且褐铁矿含量较高、岩石颜色为褐、红色调一致。

在低值的背景下，微量元素测试反映的(总)铁、锰及锶元素含量在各组的分布有一定的差异，但并未显示为明显的变化。三亚组二段 2 个岩样表现出相对较高的铁及锰含量，似乎预示着基底物质的向上运移，或者是基底来源的陆源碎屑影响所致，由于测试数据点较少，是否有代表意义还有待验证。由图 3-25、图 3-26 可以看出，铁、锰含量的变化和碳酸盐岩的类型并没有相关关系，个别高值点在灰岩及白云岩中均有发育。但锶元素含量的 3 个相对高值均出现在灰岩中，灰岩的锶含量相比白云岩有增加的趋势。已有研究显示浅部地层锶的丢失主要受控于晶体习性(Brand & Veizer，1980)，而后期受控于流体锶和白云石的组成(Vahrenkamp et al，1990)，白云岩化过程将导致岩石中锶的丢失。

3.2.1.2　电子探针元素测试

电子探针测试对于研究白云石的化学成分有至关重要的作用。本次研究对西科 1 井白云石、方解石等矿物进行了超过 400 点次的电子探针测试。电子探针测试结果显示白云石晶体中心 MgO 含量普遍低于晶体边缘(图 3-27，表 3-4)。在显微镜下，这样的白云石细晶一般是"雾心亮边"白云石，其"雾心"较"亮边"镁含量稍低而钙含量稍高，差值一般在 0.15%～2% 区间范围。显示出白云石结晶程度的差异，即白云石晶体中心较边缘白云化程度弱，白云化不彻底。

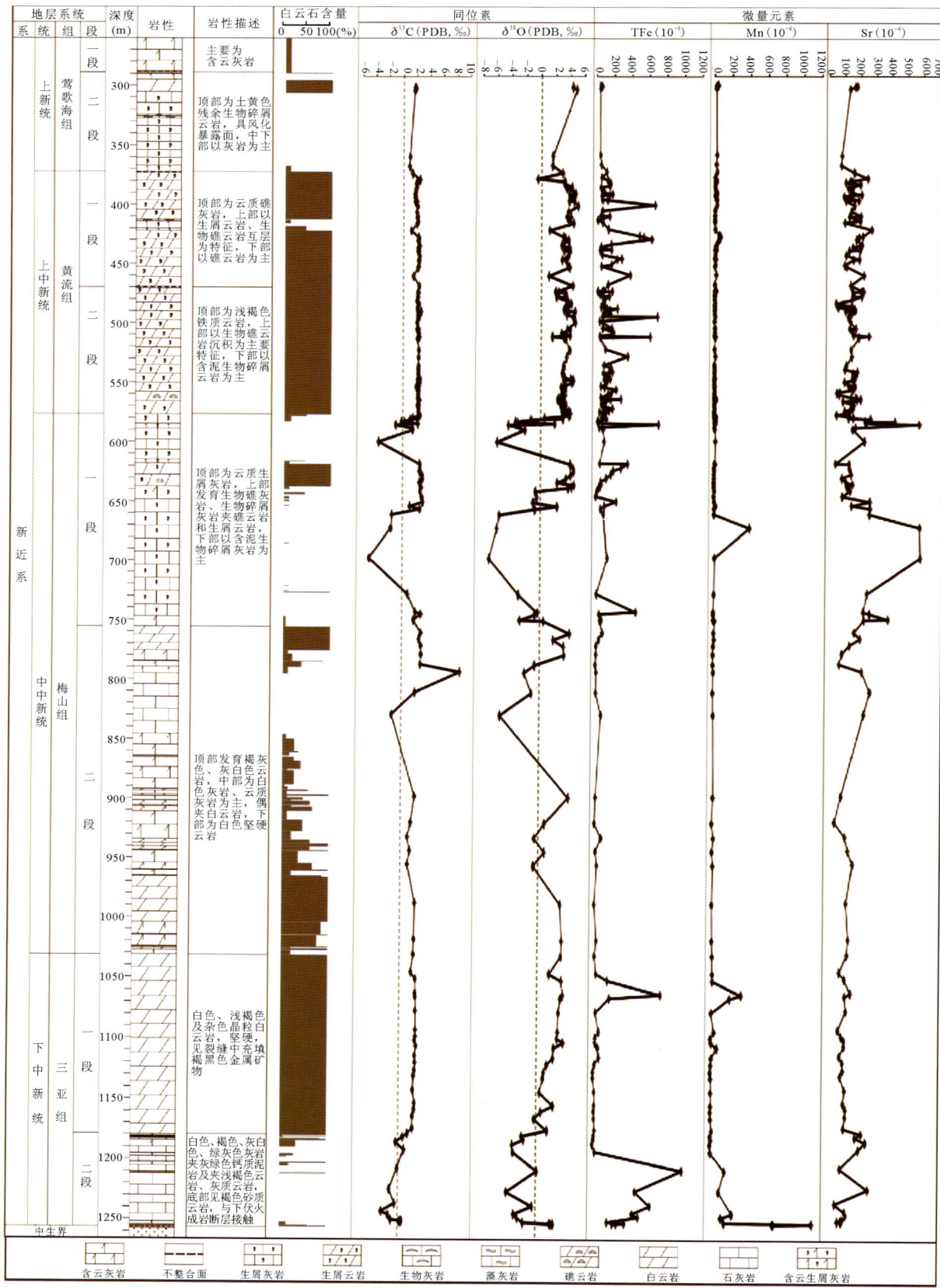

图 3-26 西科 1 井碳氧同位素及铁、锰、锶元素随深度变化图

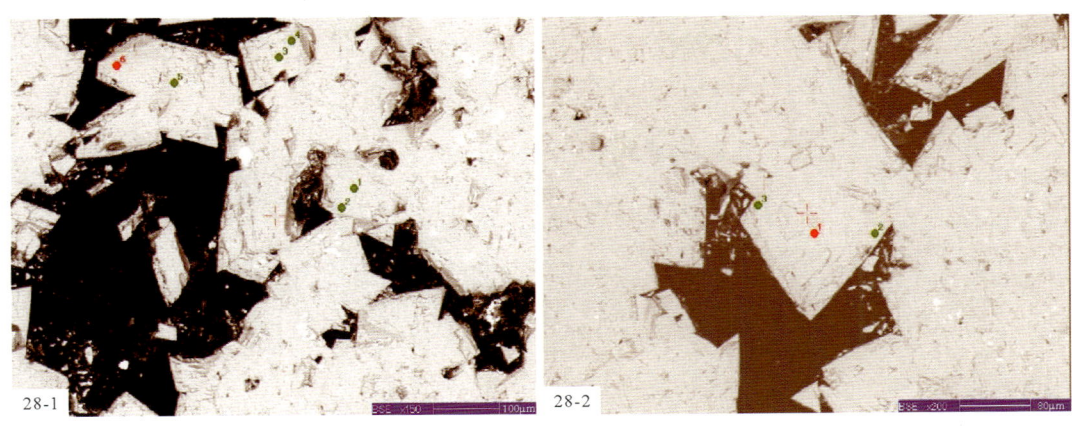

图 3-27 557.8m 处白云岩电子探针特征

表 3-4 西科 1 井白云岩(557.8m)元素含量表

样点号\元素含量	Na₂O(%)	SiO₂(%)	MnO(%)	MgO(%)	SrO(%)	FeO(%)	CaO(%)	Total(%)
28-1#1	0.077	0	0	20.611	0.018	0.002	37.153	57.88
28-1#2	0.097	0.004	0.009	20.838	0	0	34.032	54.984
28-1#3	0.053	0	0.001	20.864	0.038	0	38.337	59.31
28-1#4	0.022	0	0.024	22.464	0.054	0	34.615	57.194
28-1#5	0.047	0.088	0	20.245	0	0	35.32	55.732
28-1#6	0.027	0.009	0	21.66	0	0	33.316	55.068
28-2#1	0.048	0.019	0	20.35	0	0.04	37.491	57.949
28-2#2	0.022	0.018	0.015	20.613	0	0.049	36.595	57.338
28-2#3	0.041	0	0	21.804	0.002	0.013	34.218	56.102

电子探针测试结果显示白云石中铁元素在个别样品中含量稍高,铁含量和钙、镁含量相关性较弱,仅显示出灰岩铁含量稍低于白云岩;灰岩的 Fe/Mn 比值比白云岩稍低;锶、锰含量在白云岩和灰岩中都不均匀分布,高值和低值均有发育(图 3-28)。

电子探针测试显示的白云岩铁、锰及钡等元素含量亦为总体低值的(表 3-5),各组段差别不大,但在一定程度上显示为三亚组铁含量平均值高于梅山组、黄流组及莺歌海组二段。前已论及,白云岩中常含长石、云母等陆源砂质碎屑,但电子探针是针对白云石而非整个岩石测试(可能有一定的背景影响,但数倍于浅部铁含量说明其铁元素含量还是明显较高的),这说明白云石中铁含量在深部稍高,可能与白云化过程中云母等碎屑在水解过程中向孔隙流体输入铁元素有关。这就造成白云化流体中铁含量稍高,但总体来说铁含量还是低值的,并未见到铁白云石存在。和铁元素含量不同,三亚组白云岩锰含量略微低于梅山组、黄流组及莺歌海组,这似乎显示锰元素的来源和基底物质无关,其具体成因需进一步研究。

图 3-29 显示了碳酸盐岩电子探针测试显示的常量元素 Ca、Mg 以及微量元素 Fe、Mn 随深度的变化,局部铁元素高值点位于黄流组顶部的不整合面之下,这与岩芯观察以及比色法测试得到的铁元素含量是相一致的。前已述及,三亚组二段碳酸盐岩的铁元素含量较高,可能和其所含的云母、长石、角闪石、花岗岩岩屑等陆源碎屑有关。局部锰含量的高值点在白云岩中发育,这在扫描电镜中也可观察到,软锰矿交代白云石现象普遍,锰含量的高值点应与之有关,但软锰矿的来源与成因还有待深入研究。

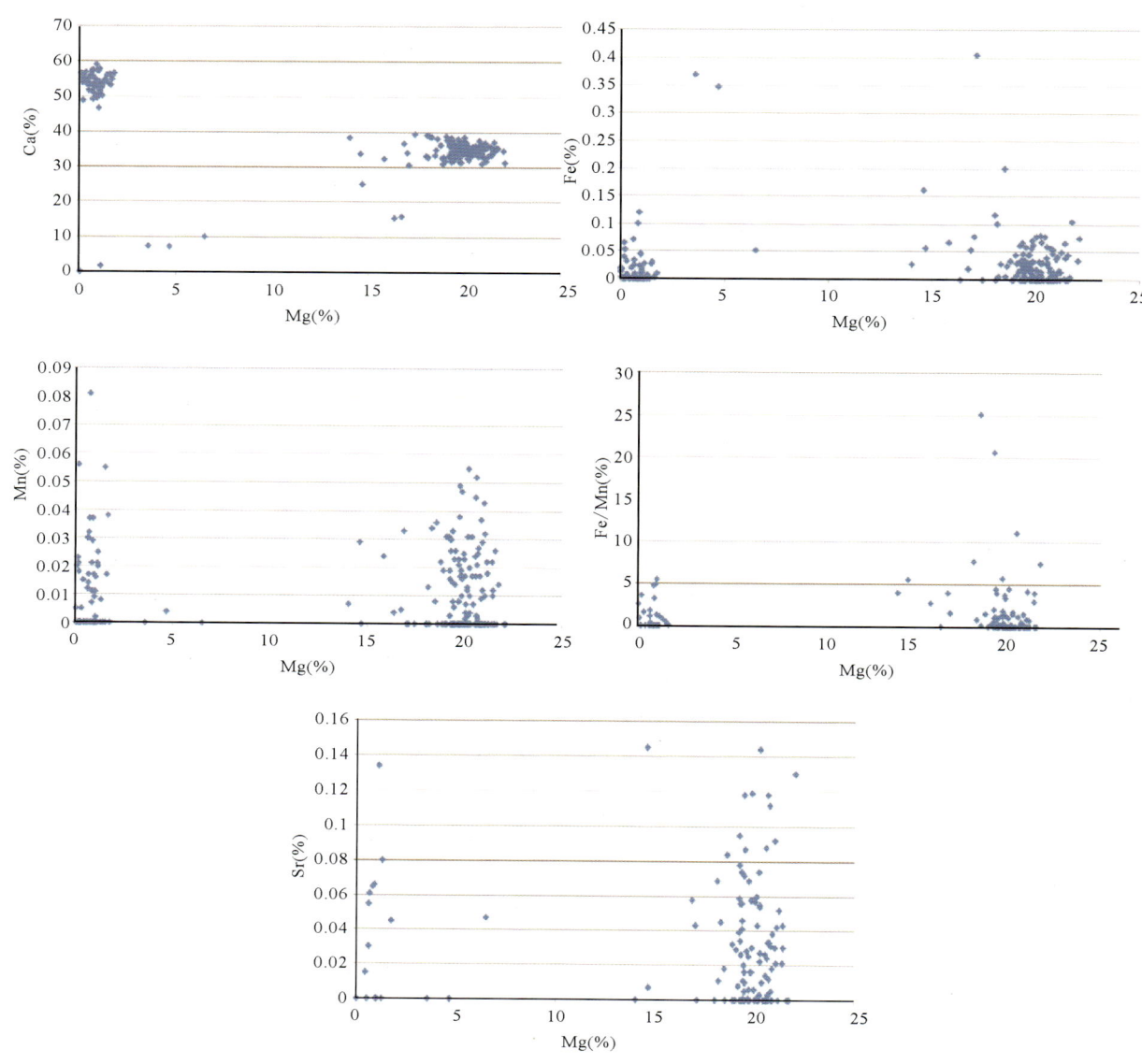

图 3-28 电子探针测试结果显示的元素含量散点图

表 3-5 西科 1 井白云岩电子探针显示的各组段微量元素含量

地层	数量点	FeO(%)	MnO(%)	BaO(%)
莺歌海组二段	18	0~0.2010/0.0360	0~0.0107/0.0107	0~0.0230/0.0026
黄流组一段	57	0~0.4050/0.0360	0~0.0470/0.0095	0~0.0450/0.0016
黄流组二段	38	0~0.0780/0.0184	0~0.0550/0.0135	0~0.0440/0.0041
梅山组一段	14	0~0.0450/0.0087	0~0.0290/0.0133	0~0.0020/0.0006
梅山组二段	44	0~0.1000/0.0181	0~0.0550/0.0125	0~0.0450/0.0042
三亚组一段	69	0~1.5690/0.0992	0~0.0470/0.0079	0~0.0480/0.0041
三亚组二段	19	0~0.2760/0.0662	0~0.0430/0.0083	0~0.0360/0.0073
总计	259	0~1.5690/0.0404	0~0.0550/0.0108	0~0.0480/0.0035

注:各组段微量元素值显示为值区间/平均值。

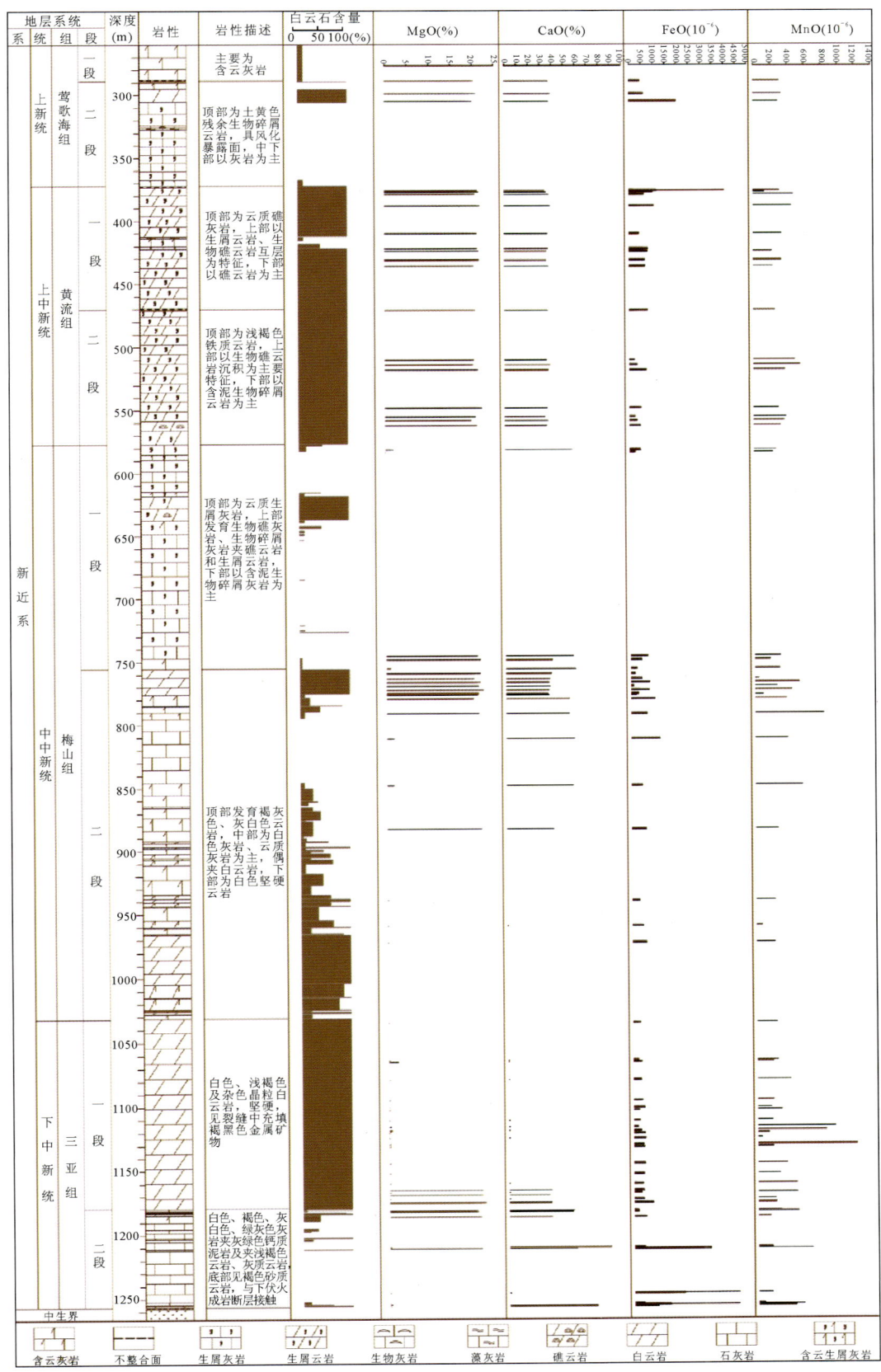

图 3-29 电子探针测试显示的碳酸盐岩元素含量（366 个数据点）

3.2.2 白云岩化流体

3.2.2.1 碳、氧同位素反映的白云岩化流体性质

1. 井深 748m 以浅碳酸盐岩

选择西科 1 井 748m 以浅 123 件碳酸盐岩样品用于碳、氧同位素及元素分析,分析结果列于表 3-6 中。对应薄片观察表明样品类型为灰岩、云质灰岩、灰质云岩以及白云岩,即选择具有不同的方解石和白云石含量的样品主要考虑碳酸盐岩白云岩化程度的不同。磨制的粉末样品分别进行碳、氧同位素及元素(Ca、Mg、Mn、Sr、Fe)分析两种测试。碳、氧同位素分析主要由中国科学院南京地质古生物研究所和核工业部地质研究所完成,使用的均为 MAT-253 同位素质谱仪,前者采用 Kiel Ⅳ Carbonate Device 制样系统,参比标准:GBW-04405,后者依据《碳酸盐矿物或岩石中碳、氧同位素组成的磷酸法测定》(DZ/T 0184.17—1997)检测,分析精度: $\delta^{13}C$ (‰,PDB) 和 $\delta^{18}O$ (‰,PDB)测定值标准偏差小于 0.040 和 0.080。CaO、MgO、Mn、Sr 和 Fe 含量分析由四川省地质矿产局华阳地矿检测中心完成,CaO、MgO 含量由常规化学分析方法测试,Mn、Sr 含量由原子吸收光度法测试,Fe 含量由比色法测试。由于选择的西科 1 井样品几乎完全由碳酸盐矿物组成,并且样品所在的深度区间也基本不存在高镁方解石的赋存,因而可以利用 CaO、MgO 的含量换算出岩石中方解石及白云石的相对含量,并以 50% 的白云石含量为界在作图时将样品划分为白云岩及灰岩。

西科 1 井 748m 以浅 123 件碳酸盐岩样品的碳、氧同位素具有如下特征。

(1)富含白云石样品的 $\delta^{13}C$、$\delta^{18}O$ 值显著不同于富含方解石的样品。与灰岩相比,白云岩明显富含 ^{18}O 及 ^{13}C。32 个灰岩样品的 $\delta^{18}O$ 值变化在 -7.02‰~2.29‰ 之间,平均值为 -0.66‰;$\delta^{13}C$ 值变化在 -4.79‰~3.11‰ 之间,平均值为 1.05‰;91 个白云岩样品的 $\delta^{18}O$ 值变化在 -2.29‰~5.07‰ 之间,平均值为 3.69‰;$\delta^{18}C$ 值变化在 1.47‰~3.05‰ 之间,平均值为 2.36‰。全部样品的 $\delta^{18}O$ 值与 MgO 含量之间具有显著的正相关性,相关系数(R^2)高达 0.79;$\delta^{13}C$ 值与 MgO 含量之间具有一定的正相关性,相关系数(R^2)为 0.29(图 3-30)。

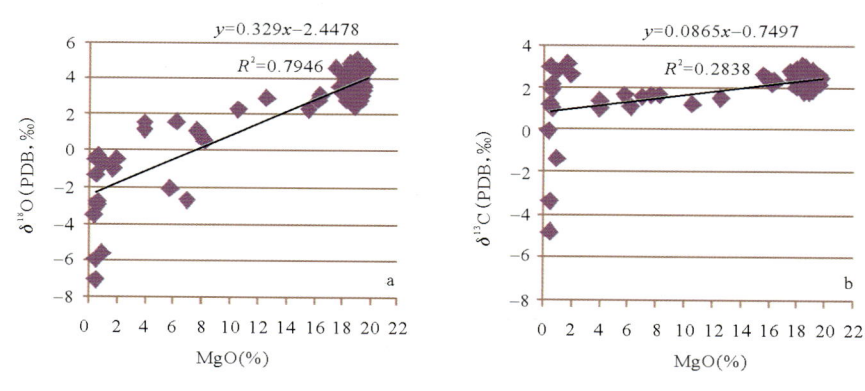

图 3-30 西科 1 井碳酸盐岩碳、氧同位素特征(123 件样品)

(2)从所有已经测试的碳、氧同位素数据看,样品碳、氧同位素总体呈现出协变趋势,所有 123 件碳酸盐岩的碳、氧同位素值之间的相关系数(R^2)为 0.54(图 3-31a),所有白云岩样品集中于碳、氧同位素组成的高值区(图 3-31a 方框),但这些白云岩样品的碳、氧同位素则完全缺乏相关性(图 3-31b)。由于碳酸盐岩的碳、氧同位素值之间的这种协变性往往指示样品受到了大气水、岩浆来源流体、有机酸等流体的影响,反映了这一类成岩流体并没有参与白云石化过程,但部分灰岩中的成岩矿物受其影响而具有远偏离海相原始组分的碳、氧同位素值、并造成了碳、氧同位素值之间的协变。

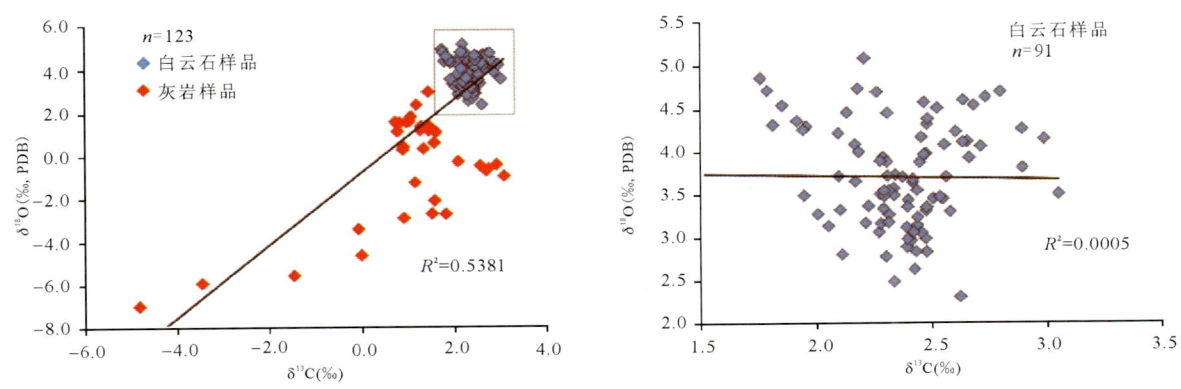

图 3-31 西科 1 井碳、氧同位素相关关系图
a. 所有参与测试的样品统计；b. 白云石大于 50% 的样品

(3) 西科 1 井 91 件白云岩样品的 $\delta^{13}C$(PDB) 变化于 1.47‰～3.05‰ 之间，平均值为 2.36‰，与现代海洋碳酸盐沉积的碳同位素值较为接近，并落入 Budd(1997) 综合的全球范围内正常新近系海相碳酸盐岩的 $\delta^{13}C$ 范围值内。白云石中碳同位素的海相色彩表明白云石化过程中对原始灰岩中碳的继承性。

(4) 碳酸盐的氧同位素组成同时是流体氧同位素组成(在很大程度上受盐度控制)和温度的函数。由于这些样品对应的薄片中缺乏可供分析均一化温度数据的气液两相包裹体，结合白云石的晶体大小和晶体形态，其应形成于相对低温的环境。西科 1 井 91 件白云岩的 $\delta^{18}O$ 值不同程度地高于这些白云岩(石)产出的地层相对应时间段灰岩的 $\delta^{18}O$ 值。Fouke(1994) 的研究表明，形成于中新世—上新世海水的白云石具有明显高于方解石的 $\delta^{18}O$ 值。碳酸盐-水的 $\delta^{18}O$ 分馏系数测定实验表明：镁对钙的替换会导致分馏系数增加(图 3-32)：如在高镁方解石实验中，每增加 1mol 的 $MgCO_3$，$\delta^{18}O$ 增加 0.06‰(Tarutani et al,1969) 和 0.17‰(Jiménez-López et al,2004)；白云石、方解石共沉淀实验或理论计算中，每增加 1% 的 Mg，$\delta^{18}O$ 增加 0.05‰～0.14‰(Fritz & Smith,1970；Vahrenkamp & Swart,1994；Schmidt et al,2005；Vasconcelos et al,2005；Chacko & Deines,2008)。因此，考虑到同沉积白云石和方解石之间的这种氧同位素差值，西科 1 井富含白云石样品具有比同期沉积灰岩偏正的氧同位素值 $\Delta\delta^{18}O$ 是合理的。但西科 1 井每增加 1% 的 Mg，$\delta^{18}O$ 增加达 0.29‰，显示除了矿物学上自身的分馏效应外，白云石形成过程还存在外在的 $\delta^{18}O$ 增加因素。古海洋温度的降低也将造成 $\delta^{18}O$ 值增大，西科 1 井所处的环礁在中新世末—上新世初全球相对寒冷时期，但值得注意的是，西科 1 井白云岩样品的 $\delta^{18}O$ 平均值为 3.69‰，该值稍高于 Budd(1997) 统计的太平洋及加勒比海正常海水形成的第三系岛礁白云岩平均 $\delta^{18}O$ 值范围(2.0‰～3.5‰)。因而全球性的低温背景不应是 $\delta^{18}O$ 偏正的主要因素。现代海相碳酸盐沉积的 $\delta^{18}O$(PDB) 值大致在 0 左右，经蒸发浓缩的海水 $\delta^{18}O$ 值相对较大(黄思静,2010)，Sibley(1990) 认为 $\delta^{18}O$ 大于 2‰ 的沉积物主要形成于盐度高于正常海水的沉积介质中。白云石形成流体的盐度应稍高于正常海水，但整个西科 1 井碳酸盐岩层序中缺乏岩石体积上意义的石膏层说明该流体盐度总体上未达到石膏的饱和度。因此，白云岩的氧同位素值总体上指示白云石形成流体的性质为微蒸发浓缩的海水。

(5) 对中新统、上新统各层段的统计表明，从莺歌海组二段到梅山组一段，白云岩碳、氧同位素值并无明显的差异(表 3-6)。并且从总体来说，西科 1 井白云岩与魏喜等(2006) 报道的西琛 1 井白云岩碳、氧同位素有相似的特征。从层位分布来看，两口井白云岩的分布也是类似的：上新统仅发育十余米累积厚度的白云岩，大套的大于 200m 连续厚度的白云岩分布于中新统上部(上新统/中新统界线之下)，这可能反映着二者有相似的白云岩成因。

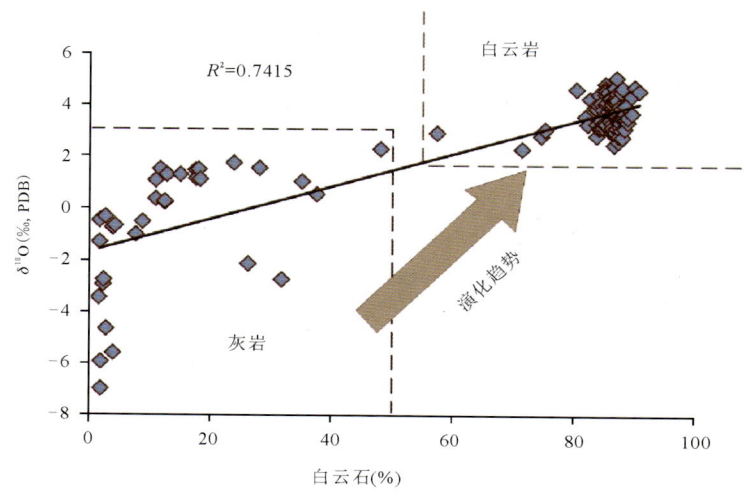

图 3-32　西科 1 井 748m 以上已测试样品
白云石含量与氧同位素关系图

表 3-6　西科 1 井各组段白云岩碳、氧同位素统计表*

地层层位	数值点(个)	CaO(%)	MgO(%)	$\delta^{18}O$(‰,PDB)	$\delta^{13}C$(‰,PDB)
莺歌海组二段	2	33.708～33.933	18.57～18.73	4.284～4.854/4.565	1.762～1.960/1.861
黄流组一段	22	32.697～34.382	17.93～19.53	3.121～5.072/3.194	1.792～2.565/2.135
黄流组二段	55	31.686～36.866	16.27～19.78	2.473～4.719/3.519	2.115～2.801/2.410
梅山组一段	10	34.057～37.191	15.58～18.66	2.293～4.619/3.984	2.626～3.051/2.789
梅山组二段	5	33.3～35.19	14.13～15.9	1.858～4.068/3.118	2.183～2.965/2.48
三亚组一段	10	33.74～37.88	12.21～18.63	−0.31～3.618/1.812	1.833～2.602/2.40
三亚组二段	2	32.96～33.07	12.29～13.01	0.12～2.38/1.25	0.03～0.62/0.325

*注：CaO 与 MgO 含量显示了值区间，$\delta^{18}O$ 与 $\delta^{13}C$ 显示为值区间/平均值。

2. 井深 748m 以深碳酸盐岩

对于西科 1 井新测试的 750m 以下的 47 个碳酸盐岩碳、氧同位素数据，图 3-33 显示了其变化。同 748m 以浅碳酸盐岩样品的氧、碳同位素显示协变一致，样品的 $\delta^{18}O$ 与 $\delta^{13}C$ 值具有较好的相关性，且 $\delta^{18}O$ 值与 MgO 含量之间具有一定的正相关性(图 3-33a)，而 $\delta^{13}C$ 值与 MgO 含量之间正相关性不甚明显。但白云岩样品的碳、氧同位素则缺乏相关性(图 3-33a 高值部分)。23 组白云岩数据统计显示其 $\delta^{13}C$ 值变化于 0.03‰～2.965‰之间，平均值为 2.25‰，而 $\delta^{18}O$ 值变化于 −0.31‰～4.068‰之间，平均值为 2.24‰，统计表明其碳同位素值略低于 750m 以浅的平均值，与现代海洋碳酸盐沉积的碳同位素值较为接近，亦落入 Budd(1997)综合的全球范围内正常新近系海相碳酸盐岩的 $\delta^{13}C$ 范围值内，同样显示了白云石中碳同位素的海相色彩，即白云石化过程中对原始灰岩中碳的继承性。

然而，750m 以深白云岩氧同位素平均值比 750m 以浅的平均值低 1.45‰，富含白云石样品更接近于灰岩沉积，这在三亚组尤为明显(表 3-6)，可能反映了其成因和 750m 以浅的白云石的成因有较大程度上的不一致,孔隙水温度的增加将造成 $\delta^{18}O$ 值减小,因此部分白云石的形成和地层水温度升高有直接的联系,这与西科 1 井深部(如大于 1100m 埋深)鞍形白云石含量增加的地质实际是相吻合的。此外,所测试的样品中 23 组数据(白云石大于 50%)MgO 含量变化大,即灰质云岩、含灰云岩所占比例较高,这一特征反映在梅山组二段尤为明显,与浅部(750m 以上)白云岩的化学组成是差异较大的,同时也在一定程度上影响了岩石的碳、氧同位素值。

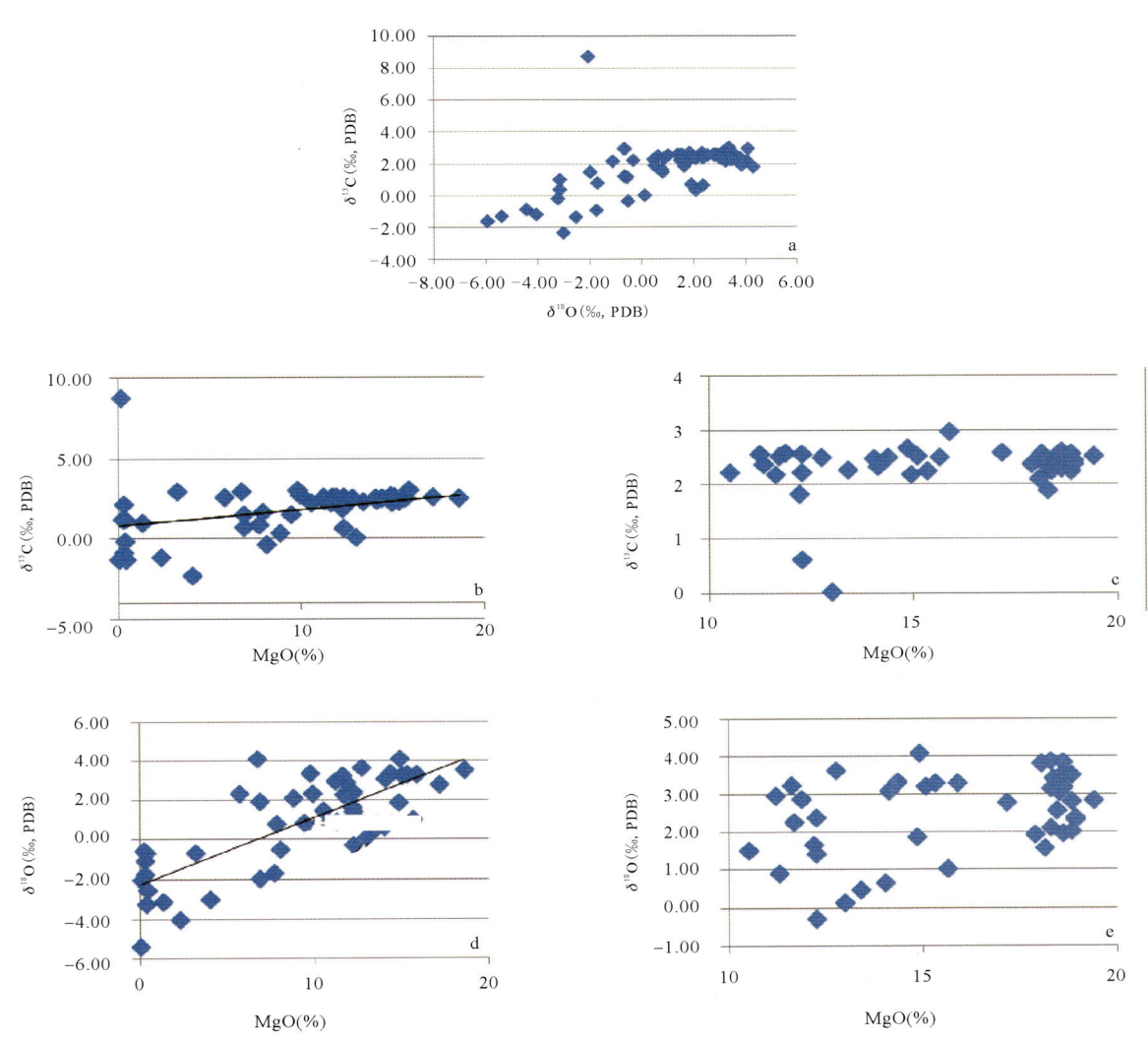

图 3-33　西科 1 井 750m 以深岩性 MgO 含量及碳、氧同位素相关关系

此外,由白云石中气液包裹体测试出的 16 个包裹体的冰点温度为 -8.2～-20.4℃,平均冰点温度为 -14.2℃(表 3-7)。根据冰点温度计算出相应盐度为 12‰～23‰(等效 NaCl 盐度),平均盐度为 17.9‰。由此来看其为具一定离子浓度的卤水,但是考虑到这 16 个包裹体的均一温度为 130.8～205.9℃,平均高达 179.3℃,且其深度均为埋深大于 1119m,由此可以推断其为次生包裹体,并不能反映原始沉积环境的古代水体的信息,而是成岩过程中孔隙水流体性质的反映。由于碳、氧同位素测试白云岩的碳、氧同位素均为偏正的,没有出现反映热卤水的氧同位素特征,这种相对高浓度的卤水并不是深部与岩浆作用有关的热液来源,推断为与压实作用有关的孔隙水造成的。

表 3-7 测试获取的原生流体包裹体冰点温度及等效 NaCl 盐度

序号	井深（m）	均一温度（℃）	冰点温度（℃）	等效 NaCl 盐度（%）
1	1257.4	177.7	−12.4	16.42
2	1256.12	157.7	−17.9	21.12
3	1247.92	190.0	−14.9	18.68
4	1247.92	161.6	−13.0	17.0
5	1247.92	173.6	−15.0	18.76
6	1247.92	168.4	−15.9	15.55
7	1176.55	191.4	−15.0	18.76
8	1145.70	205.9	−20.4	20.14
9	1132.72	192.3	−12.5	16.44
10	1121.0	176.4	−19.5	22.31
11	1130.82	186.7	−14.3	18.15
12	1119.75	161.7	−16.8	20.24
13	1119.75	130.8	−14.4	18.24
14	1168.10	178.0	−8.2	11.96
15	1153.40	194.9	−11.5	15.55
16	1161.20	189.2	−8.9	12.76
平均值		179.3	−14.2	17.9

3.2.2.2 稀土元素反映的流体性质

56 个样品（埋深小于 750m）的稀土元素测试结果经 PAAS 标准化后显示，具不同白云岩化程度的样品，与灰岩样品具有近乎平行的配分曲线型式，同时与现代海水的 PAAS 配分曲线具有良好的类似性，突出表现为 LREE 亏损，Ce 负异常及 Y 正异常。与现代海水不同的是，绝大多数样品显示出明显的 Eu 负异常（图 3-34）。

白云岩样品的 ΣREE、$(Pr/Yb)_N$、$(La/Nd)_N$、Y/Ho 等稀土元素指标均处于正常海水及海相沉积物的范围内（图 3-35）。根据所测样品数据分析得出，ΣREE 值以不完全白云岩化样品最大，灰岩次之，而白云岩最小；$(Pr/Yb)_N$、$(La/Nd)_N$ 值与之呈现出相反的变化规律，而 La、Ce 异常在三类岩石中变化不大。图 3-35 上部未完全白云岩化样品中稀土元素相对富集轻稀土元素，La 和 Eu 负异常，说明物源本身存在岩浆岩和碎屑岩，非碳酸盐的风化产物的带入，比如花岗岩风化的，因为稀土元素容易吸附于碳酸盐中，所以导致出现 REE 偏轻；下部未完全白云岩化岩石可能受到同期海水下的成岩作用的影响，导致岩相发生改变，但稀土元素配分未发生变化。而下部层位的白云岩、灰岩和混合岩段的稀土元素配分模式基本一致，呈正相关，而且较上段的偏重，虽仍然属于轻 REE，但是可能由于海水中存在轻稀土元素溶解度小和较高的被吸附能力，未有外来物源的干扰，所以相对 REE 值恒定。

用 La 异常对真假 Ce 异常进行判别后显示，测试样品均具有与现代海水类似的真实负异常，但异常程度普通低于现代海水，并且白云石样品的 Ce 负异常程度最低。Ce 与 Eu 的多价态特征对氧化还原条件尤为敏感，结合 Eu 表现出与原始沉积海水不同的负异常特征，指示具还原性质的海源流体参与了包括白云岩化作用在内的成岩过程（图 3-36）。

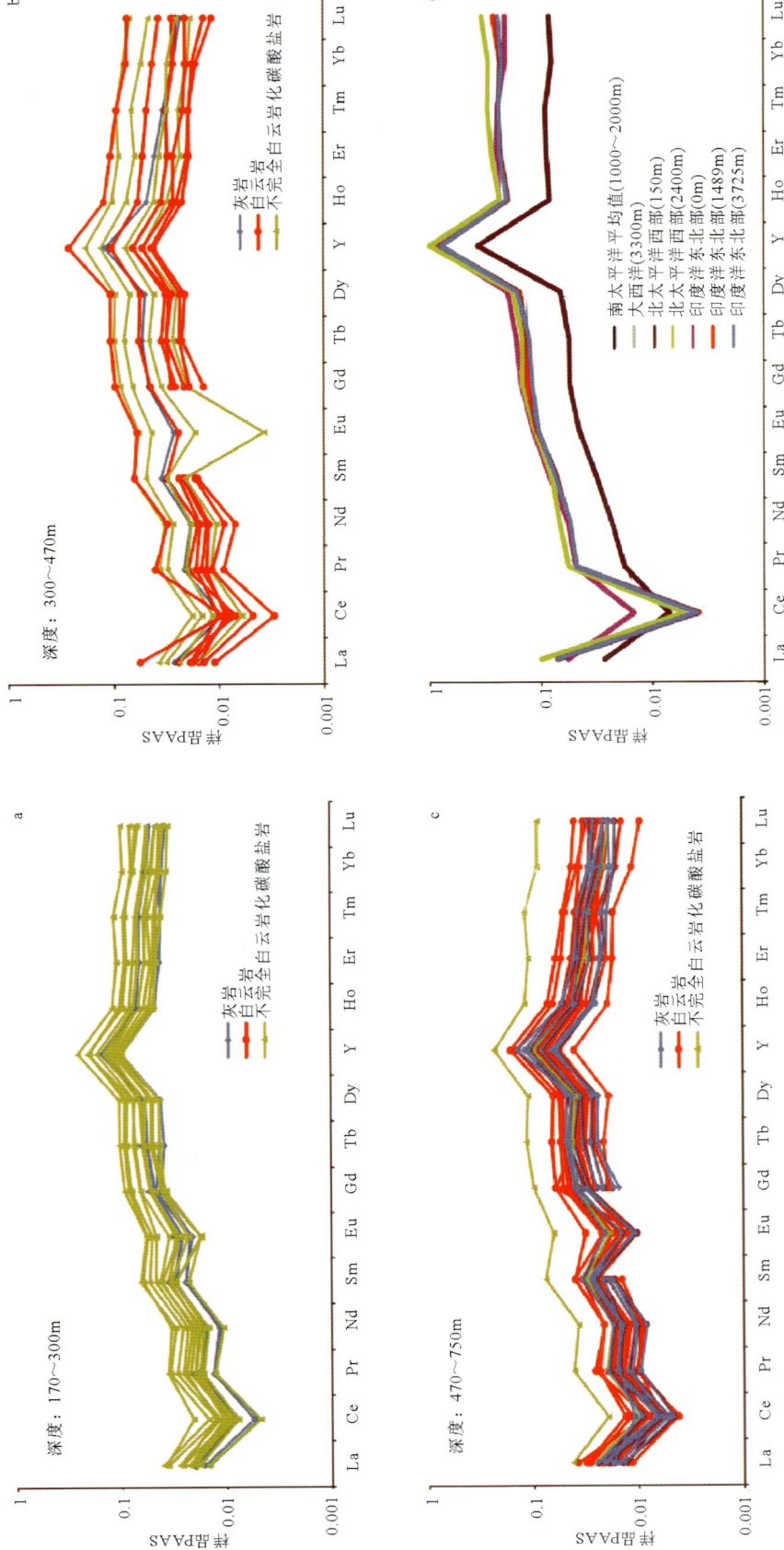

图 3-34 西科 1 井 750m 以浅灰岩及白云岩化样品稀土元素配分模式曲线（Huang et al, 待刊）

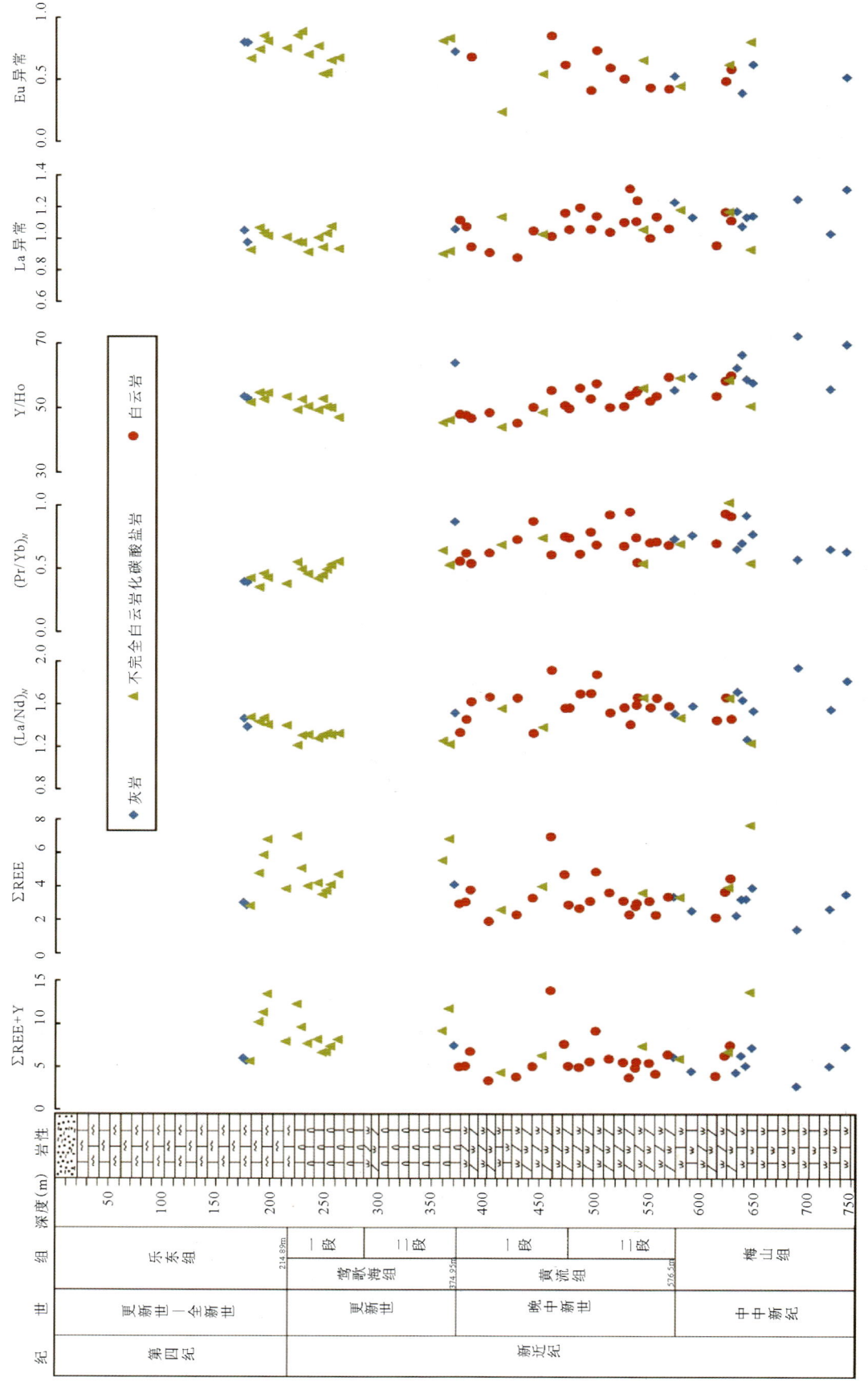

图 3-35　西科 1 井 750m 以浅灰岩及不同白云岩化程度样品稀土元素数据分析（Huang et al,待刊）

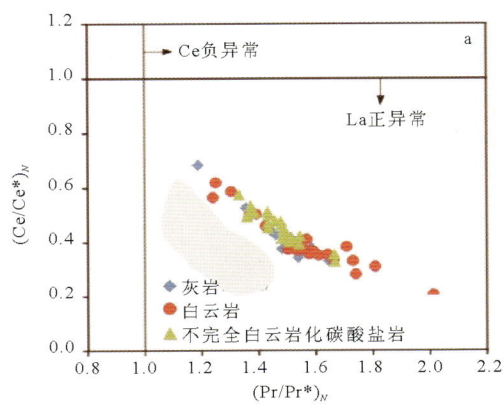 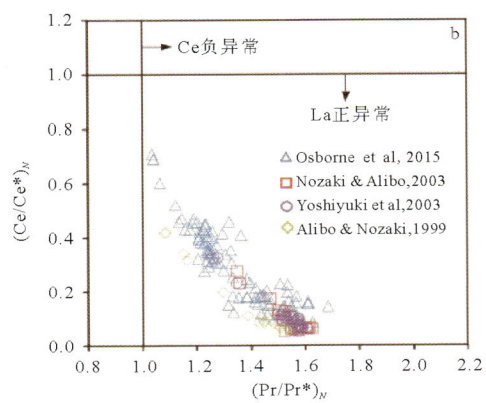

图 3-36 $(Ce/Ce^*)_N$ 与 $(Pr/Pr^*)_N$ 相互关系示意图（Huang et al,待刊）

3.2.3 微生物对白云岩化的可能影响

本次研究的一系列证据显示微生物可能参与了白云化的过程（图3-37）。在扫描电镜照片中，可见到多个样品中出现的藻类微生物与白云石共生的现象（图3-37a），这当然也可以解释为藻灰岩的白云化，但需注意的是该类白云石通常发育在褐色色调的晶粒白云岩中，显示藻类发育和岩石颜色有一定的相关关系，其内在机制需进一步研究。另外可见被藻类包绕的白云石晶体（图3-37b），很可能直观地反映了微生物与早期白云石形成之间的关系。需指出的是，微生物促进白云石沉淀的机理模式归纳为厌氧模式和需氧模式两种（由雪莲等，2011），在这两种模式中，硫酸盐还原细菌（Vasconcelos et al,1995；Warthmann et al,2000；Wright & Wacey,2005；Bontognali et al,2008）、产甲烷菌和嗜盐好氧细菌（Kenward et al,2009；Hinrichs et al,1999；Orphan et al,2001）将促进白云石沉淀，与微生物相关的矿物形态学特征中，球形和哑铃形白云石及白云石最初的成核阶段所形成的纳米球粒状结构具有一定的代表意义，尤其是纳米球粒状结构可以作为生物矿物学上微生物白云石的标志性结构（Vasconcelos et al,1995；Warthmann et al,2000；Sánchez-Román et al,2009；Warthmann et al,2005）。这种微生物成因的白云石是高度亚稳定的，其逐步向更加稳定晶体结构的白云石转化的过程还未有研究涉及。本次研究发现的与微生物有关的白云石仅仅是和藻类有关的，而非蓝细菌，似乎并非严格意义上的微生物成因白云石。

 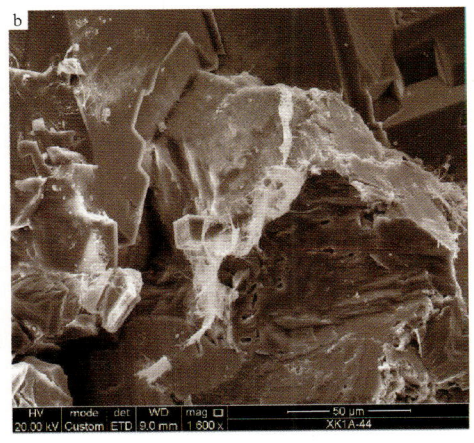

图 3-37 扫描电镜显示的白云岩中残存微生物特征

a.561.4m 白云岩见少量细晶白云石,藻类发育;b.1257.4m 红褐色砂质白云岩中微生物包绕溶蚀微孔发育的早期形成的白云石,该现象可能直观反映了微生物与早期白云石形成之间的关系

此外，在井深 376.20m 的古暴露面（井深 375m，亦为中新统和上新统不整合界线）之下，浅褐色白云岩中见大量铁质细菌（图 3-38），其含铁性由能谱测试验证。该类具有明显细胞结构的细菌有的生长在白云石晶体上（图 3-38d、e），似发育于白云石化之后，而在细菌体之上亦有发育白云石微晶的现象（图 3-38b、f）。褐色白云岩中铁质微生物发育与白云石晶体形成之间的关系亦需深入研究。关于铁质细菌（通常是杆状的）与白云岩的关系，Roberts et al（2004）对淡水条件下微生物促进白云石沉淀进行了野外观察和实验模拟，观察对象是在美国明尼苏达州 Bemidji 附近被石油污染的蓄水层中，底质是玄

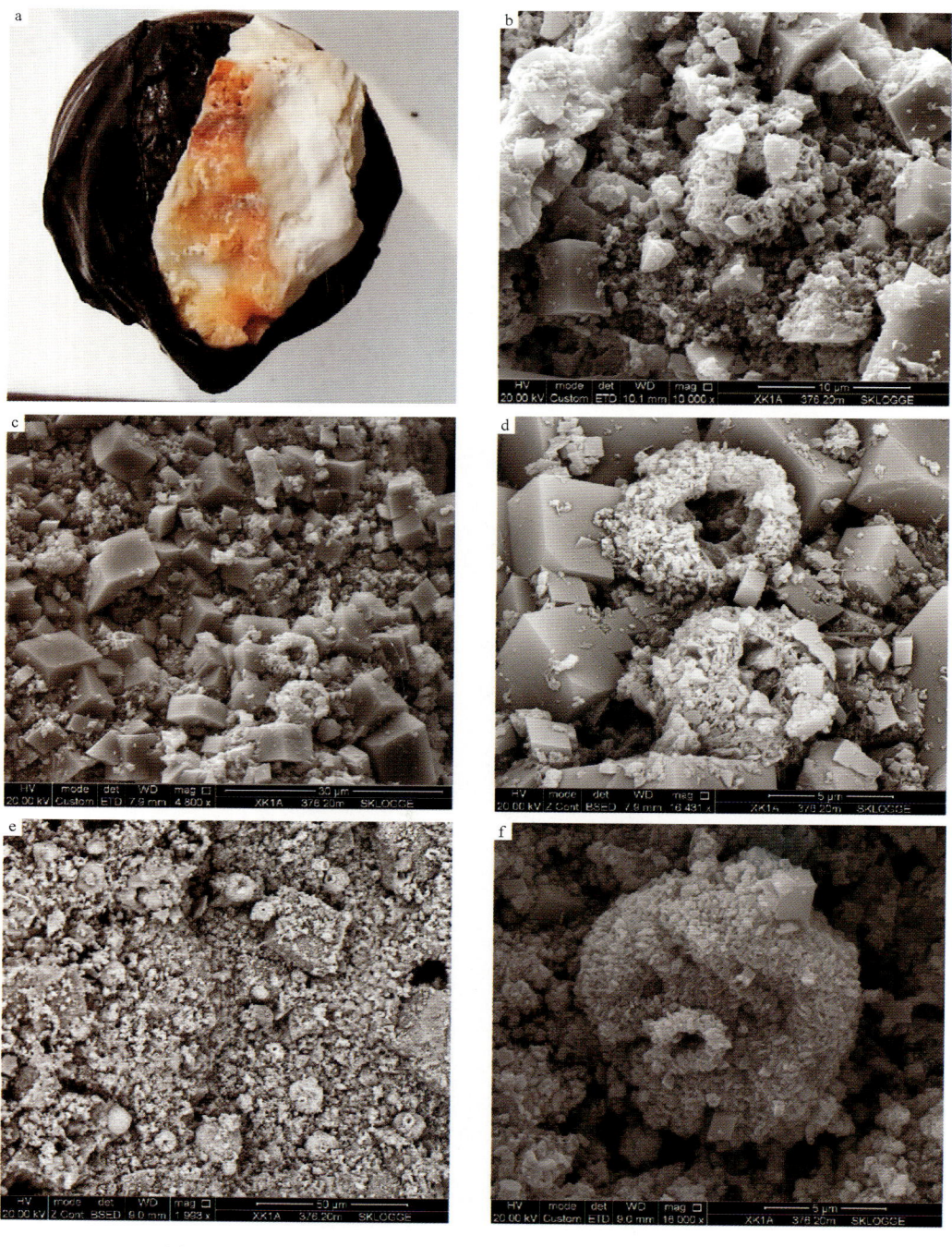

图 3-38　黄流组顶部褐色白云岩中见大量铁质细菌（376.20m）
a. 用于扫描电镜测试的岩石样品（宽约 1.5cm）；b. 白云石与铁质细菌共生；c. 铁质细菌发育在白云石形成之后；d. c 的局部放大；e. 铁质细菌发育在白云石形成之后，白云石晶体界线模糊；f. e 的局部放大

武岩,地下水缺氧并溶解有硅酸盐,20 余年的地球化学观测资料显示,蓄水层中白云石处于平衡或略饱和状态,在污染带活动的微生物主要是铁还原细菌,其次是产甲烷菌。后来发现白云石沉淀是发生在异化型铁还原菌停止活动,利用乙酸的产甲烷菌(Acetoclastic Methanogens)的新陈代谢作用繁盛以后(Kenward et al,2009),这表明在低温条件下的淡水环境中,产甲烷菌对促进白云石沉淀有重要的作用。

3.2.4 白云石重结晶作用

本次研究 X 衍射的前期处理用 EDTA 溶液溶解岩石样品中的方解石(部分或者全部溶完),达到改变原岩中方解石与白云石含量比例的目的,最理想的结果是找到将方解石完全溶解(白云石未开始溶解),提纯白云石的临界实验条件,为后续 XRD 衍射实验以及碳、氧同位素分析作准备。

最新的实验研究表明(Zhang et al,2010),白云石固溶体序列中,d_{104} 值与白云石晶胞中 Mg-Ca 原子的结构有序性明显相关,即 d_{104} 值越小,白云石越趋于高度有序。随着埋藏深度的增加,本次研究测试的井深小于 745m 的白云石的 d_{104} 面网间距值呈逐渐减少趋势,显示西科1井白云岩晶体结构的有序性随着埋藏深度的规律变化(图3-39、图3-40),反映了白云岩在埋藏成岩过程中通过重结晶作用实现结构向着理想组成的自调整过程。

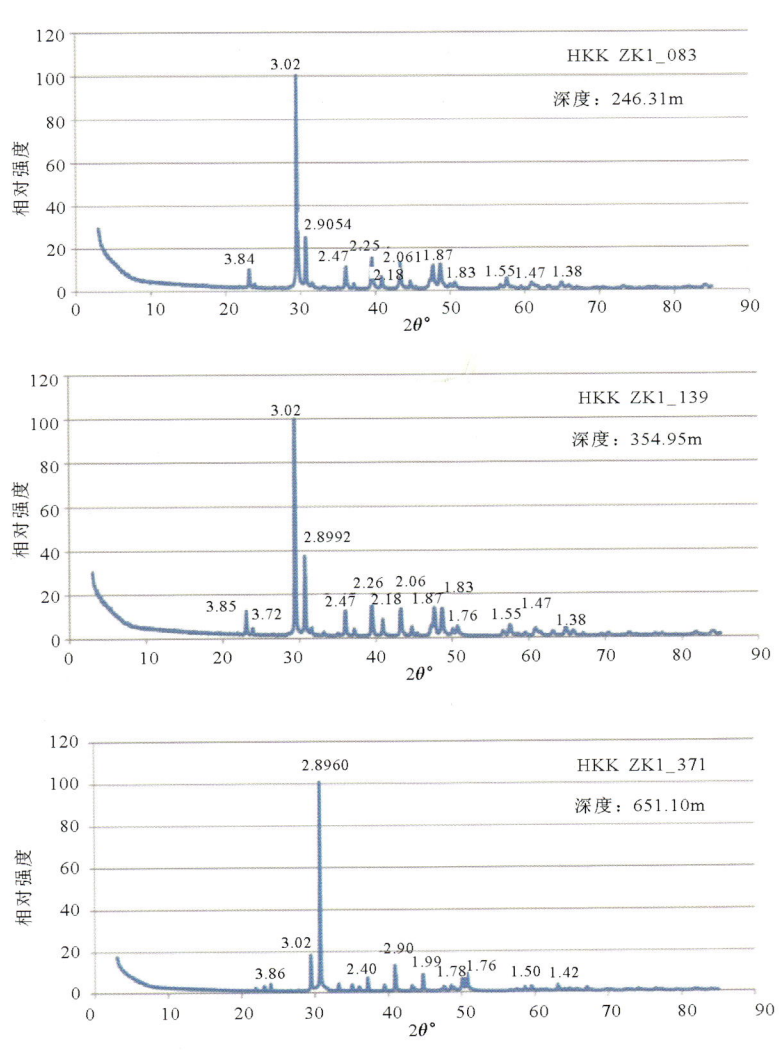

图 3-39　随埋藏深度增加 d_{104} 面网间距值呈减少趋势图

白云石的重组过程将破坏原有的早期白云化作用的相对高钙白云石(相对高钙白云石由X衍射测试证实)，其相对不稳定的分子结构造成其易被溶解(图3-41b、d)。淀白云石形成时间晚，镁离子含量高，稳定性强(图3-41a、c)。其形成于埋藏后的成岩过程，笔者认为淀白云石可能是高钙白云石与成岩孔隙水离子重组的结果，在这一过程里高钙白云石亦发生重结晶作用而使得晶体趋于更大、更加稳定，其前提条件是埋藏深度达到一定深度而使得压实作用增强，地层水温度升高将促进这一过程。

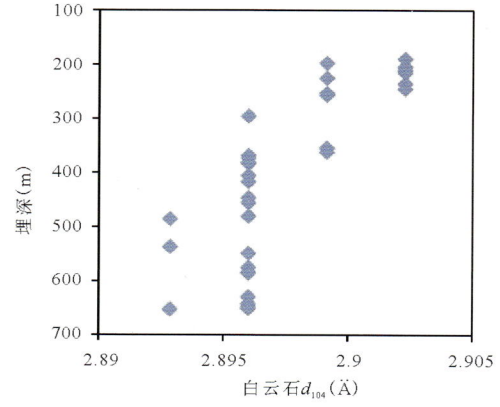

图3-40 白云石d_{104}值与埋深之间的关系图

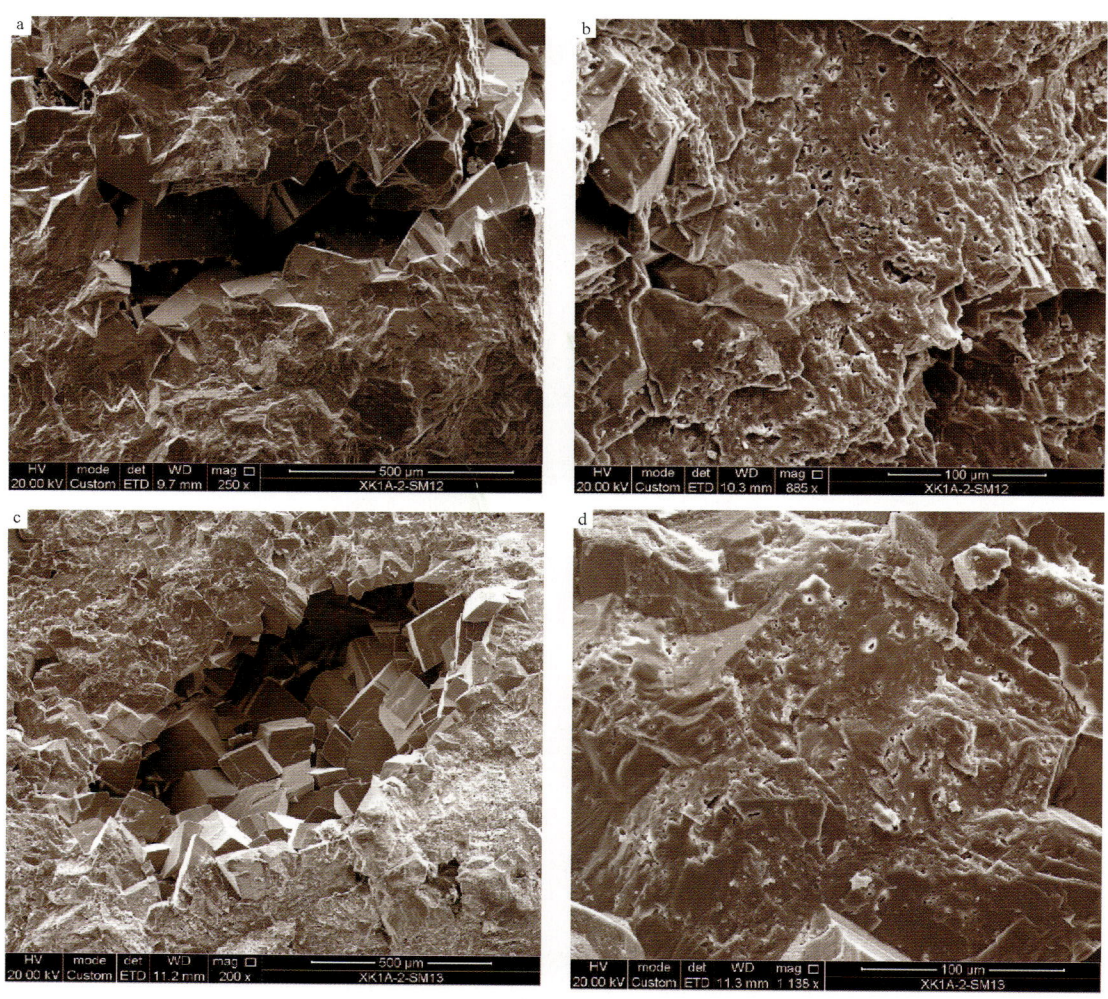

图3-41 早期形成的白云石及更晚时期形成的白云石

a、b.1168.00m白色晶粒云岩基质白云石自形程度差，晶内溶蚀微孔发育；而孔洞内充填成岩期白云石，自形程度高，未见晶内溶蚀微孔；c、d.1148.50m灰白色晶粒生屑云岩生物体腔孔充填白云石，自形程度高，而生物骨架白云石自形程度差，晶内溶蚀微孔较发育

3.2.5 白云岩化温度

本次研究共测试白云石中 82 个流体包裹体,其均一温度为 129.5～268.5℃,平均为 184.6℃(图 3-42、图 3-43)。考虑到包裹体均一温度较高,推测其主要受到成岩水的影响,包裹体也主要为白云石重组过程中形成的原生包体,此结论与本次研究的同位素测试结果互为印证。需要说明的是,本次包裹体测温的样品均为 1064m 以深的,为西科 1 井埋深较大的岩石,其所反映的流体温度也应该是白云石重组过程中的流体温度,即为埋藏期发生的白云岩重组过程(或有鞍形白云石的形成)的流体温度。本次研究未能测得 1064m 以浅深度的原生包裹体,需在下一步的工作中反思和深入研究。

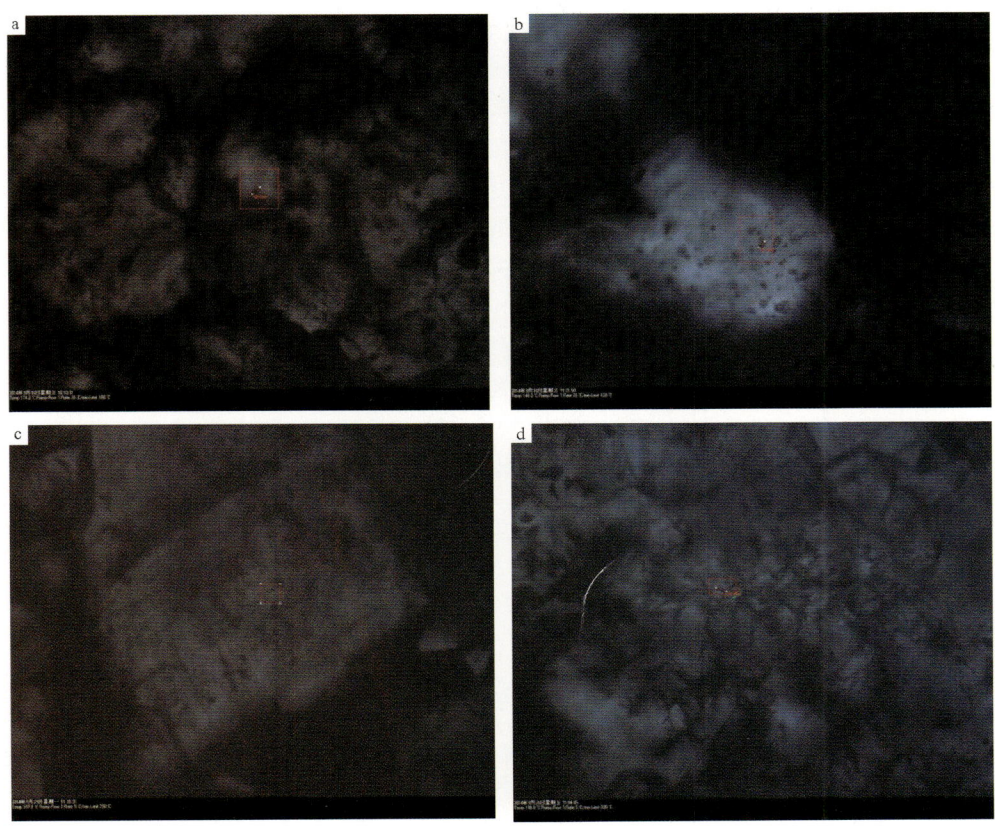

图 3-42　白云岩中流体包裹体微观特征(对角线长 0.32mm)

a.1212m,均一化温度 176℃;b.1212m,均一化温度 175.6℃;c.1256.15m,均一化温度 157.8℃;
d.1257.4m,均一化温度 190.6℃

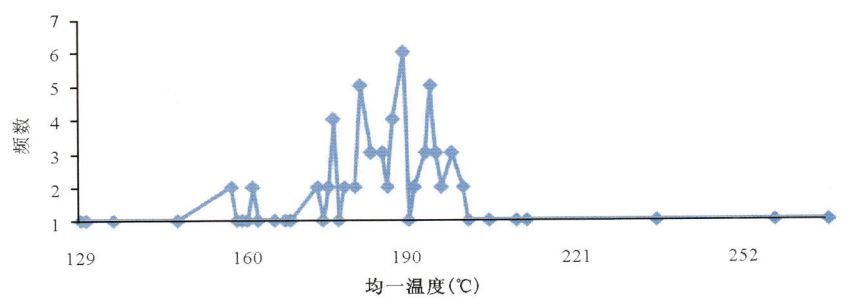

图 3-43　白云岩包裹体均一温度频率分布图

3.2.6 去云化作用

白云石被方解石交代的去云化作用主要发生于梅山组一段。根据薄片分析,去云化在梅山组一段是强烈而广泛的,部分层段可见粉晶、微晶白云石或白云石结核被方解石完全交代的现象(图2-27g、i,图2-31,图2-33)。常见的去云化作用一般首先发生于白云石晶体的中心(图2-27g、h),这样的白云石是过度白云化"雾心亮边"白云石,此种白云石里结晶程度较差的"雾心"首先被交代也是在白云岩中常见的。但在梅山组上部(585.18m)可见去云化首先发生于白云石边缘,可能为具有环边白云石其环边被首先溶解交代,而晶体中心却难以被交代(图2-27f)。该层段普遍见浅褐色细晶(个别为中晶)菱形晶白云石(推测为铁白云石被氧化所致),也是厘米级方解石晶簇、白云石结核较发育的部位,其去云化形成机制需进一步详细研究。

梅山组一段以疏松的灰岩为主,所含白云石晶体较大,一般为粉晶—细晶白云石,以雾心亮边白云石为主,局部形成结核状。方解石的交代作用很可能是在原先不完全白云化的基础上进行,首先交代云质灰岩中晶径较小的、结晶程度差的白云石(图2-27h)。在西科1井中下部,特别是850~955m井段,含云灰岩及云质灰岩较为普遍,夹灰质云岩薄层,白云石含量变化较大,可从<5%到100%变化,其中去云化现象也较为普遍。在三亚组,鞍形白云石沿解理被方解石交代的现象较为普遍(图2-32),其白云石晶体大、晶面弯曲,具波状消光,形成时古流体温度较高。

强烈的去云化现象一般和压实作用下孔隙水对$CaCO_3$过饱和有关,而梅山组一段岩石是极为疏松的,所受压实作用不强,岩石大多并未固结成岩,因此西科1井大范围的去云化现象一方面和对白云石饱和流体作用时间较为短暂、结晶程度差的白云石含量较多有关,另一方面也可能是温度降低的效果。正如前所述,温度可能是造成西科1井白云石在纵向上出现结构差异的主要原因。在温度较高的流体中(梅山组一段)白云石易于生成,而当高温流体不再作用、岩石所处孔隙水环境的温度降低时,已形成的白云石易于发生方解石的交代作用,黄思静(2014)称之为"回头白云化"作用。

3.2.7 白云岩化模式

3.2.7.1 渗透回流模式——白云岩形成的基础

(蒸发)渗透回流模式最初由Adams & Rhodes(1960)提出,其针对的是在屏障(如礁)后的碳酸盐岩台地上的潟湖和浅海体系中海水蒸发到了超过石膏饱和度的情况。由于障壁的存在,该台地中地表水的循环被严格限制了,这就导致了蒸发和向陆的盐度梯度。蒸发水体由于密度的增加向下流抵台地或向海流经台地(如回流活动),并使得被渗透的沉积物发生白云岩化。但Jones & Rostron(2000)和Jones et al(2002,2003,2004)最近的研究扩大了它的适用范围。由Simms(1984)和Kaufman(1994)提供的早期数据模拟也证明中等盐度条件下形成白云石在原理上是可行的,其具有这种能力。新的渗透回流模式(Simms,1984;Kaufman,1994;Jones & Rostron,2000;Jones et al,2002,2003,2004)表明,在某些条件下,中等盐度流体的回流活动可以向下渗透到几百米的深度。

西科1井及西琛1井所处的(白云岩形成时可能有所暴露的)环礁环境与萨布哈模式有较大的差异,而与Adams & Rhodes(1960)提出的屏障台地的潟湖环境类似。Jones et al(2003,2004)提出在高渗透性的不具隔水层的台地上,回流时间相对较长时可以使台地碳酸盐岩完全白云化;西科1井碳酸盐岩总体孔渗性较好,具备了这样大规模回流渗透白云岩化的条件。白云岩普遍低锰、低铁的含量值,显示着西科1井白云岩形成环境总体上是相对封闭的;较高的氧同位素值可能是全球相对寒冷时期全球海平面下降造成的;埋深较浅的白云石以粉晶为主,多为平直晶面自形晶、半自形晶,这些都符合中等盐度流体回流渗透模式白云岩特征,且与Machael(2004)提出的碳酸盐岩台地下海水循环体系导致白云化的模式极其相似。西沙地区中-上新统未固结及半固结的沉积呈疏松状态,孔隙发育,为中等盐度流体大规模回流渗透提供了良好的通道。

西科 1 井 750m 以浅白云岩样品的碳、氧同位素完全缺乏相关性,可能反映了大气水、岩浆来源流体、有机酸等成岩流体没有参与白云石化过程,但部分灰岩中的成岩矿物受其影响而具有远偏离海相原始组分的碳、氧同位素值,并造成了碳、氧同位素值之间的协变。其白云岩样品的 $\delta^{13}C(PDB)$ 与现代海洋碳酸盐沉积的碳同位素值较为接近,并落入 Budd(1997)综合的全球范围内正常新近系海相碳酸盐岩的 $\delta^{13}C$ 范围值内,白云石中碳同位素的海相色彩表明白云石化过程中对原始灰岩中碳的继承性。西科 1 井 750m 以浅白云岩的 $\delta^{18}O$ 值不同程度地高于这些白云岩(石)产出的地层相对应时间段灰岩的值 $\delta^{18}O$,Fouke(1994)的研究表明形成于中新世——上新世海水的白云石具有明显高于方解石的 $\delta^{18}O$ 值。西科 1 井富含白云石样品具有比同期沉积灰岩显著偏正的氧同位素值,显示除了矿物学上自身的分馏效应外,白云石形成过程还存在外在 $\delta^{18}O$ 的增加因素。古海洋温度的降低也将造成 $\delta^{18}O$ 值增大,西科 1 井所处的环礁在中新世末——上新世初全球相对寒冷时期,但西科 1 井白云岩样品的 $\delta^{18}O$ 平均值仅稍高于 Budd(1997)统计的太平洋及加勒比海正常海水形成的第三系岛礁白云岩平均 $\delta^{18}O$ 值范围(2.0‰~3.5‰)。因而全球性的低温背景不应是 $\delta^{18}O$ 偏正的主要因素。现代海相碳酸盐沉积的 $\delta^{18}O(PDB)$ 值大致在 0 左右,经蒸发浓缩的海水 $\delta^{18}O$ 值相对较大(黄思静,2010),Sibley(1990)认为 $\delta^{18}O$ 大于 2‰ 的沉积物主要形成于盐度高于正常海水的沉积介质中。白云石形成流体的盐度应稍高于正常海水,但整个西科 1 井碳酸盐岩层序中缺乏具体积意义上的石膏层,仅有零星的石膏晶体产出于孔隙中,且其结晶状态显示为成岩期而非沉积成因或同生期(准同生期),说明白云化流体盐度总体上未达到石膏的饱和度。因此,白云岩的氧同位素值总体上指示白云石形成流体的性质为微蒸发浓缩的海水。白云岩化的模式(图 3-44)符合中等盐度流体回流渗透模式白云岩特征。

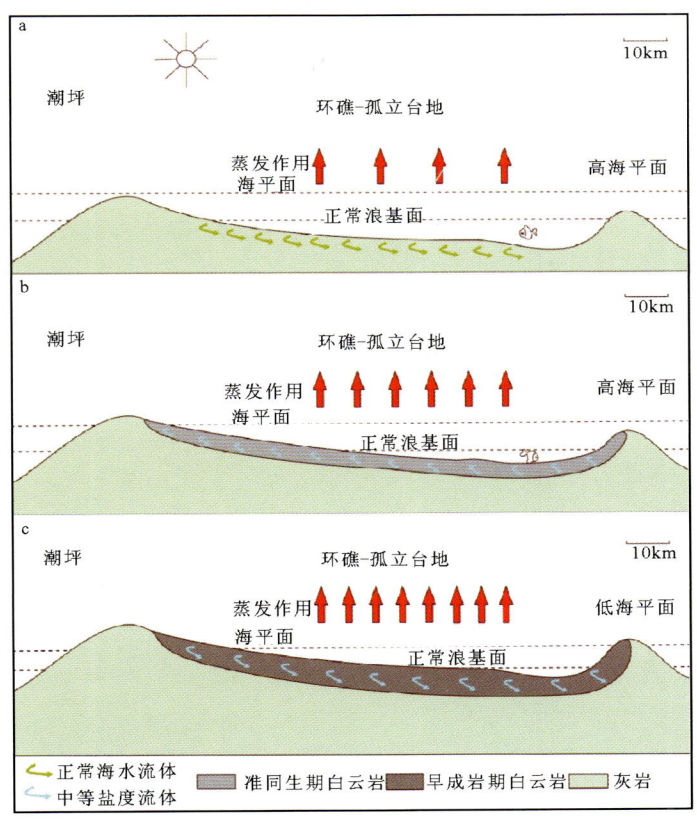

图 3-44　西沙地区中新世—上新世中等盐度下回流渗透白云岩化模型

a. 海平面较高,蒸发作用不强烈,未发生中等盐度回流渗透作用,沉积灰岩;b. 海平面较高,蒸发作用强烈,发生中等盐度流体小规模回流作用,形成准同生期白云岩;c. 海平面较低,蒸发作用强烈,发生中等盐度流体大规模回流作用,形成早成岩期白云岩

尽管 Jones et al(2003,2004)认为中等盐度流体的回流可以向下渗透到最初的经典回流模式所没有预想到的几百米深度(被称为隐伏回流,经典回流则被称为活跃回流),但西科 1 井在不整合面之下的白云岩厚度一般小于 150m,显示西沙地区渗透回流作用的影响深度小于 Jones et al(2003,2004)研究的西加拿大沉积盆地上泥盆统渗透回流白云岩。这可能一方面和岛屿或环礁地区小型孤立碳酸盐岩台地有关,另一方面也和新生代中新世、上新世古气候变化有关。孤立台地面积较小,在海平面下降时期(该时期也应该是以蒸发为主的古气候)储存的中等盐度流体规模有限,白云岩化所影响的深度范围有限(150m 以内)。从平面上来说,受限于中等盐度流体局限在孤立台地(环礁)的潟湖中,因而相对海平面下降时期白云化影响的范围局限在孤立台地(环礁)(图 3-44)。Warren(2000)研究认为发生渗透回流白云化的不断积聚蒸发岩的沉积区域表面并未与广海直接连通,大部分海水需要通过穿越卤水湖或卤水水道边缘的地下天然渗透通道向局限台地(潟湖)流入。但这需要注意渗流通道的地区特殊性,因为不同地区局限台地可能有着不同的水体补充渗流通道,渗流通道的连续性和高效性及其控制机制也是我们应该关心的(胡作维等,2011)。在渗透回流白云化作用过程中,只有在具有非常高的渗透率且不含有效隔水层(如泥页岩和蒸发岩层)的台地上,并且回流时间相对较长才能被完全白云化(Jones et al,2003,2004)。无论西科 1 井还是西琛 1 井,其原始的主体沉积为岛礁灰岩,岩石总体上渗透性好,中等盐度流体回流通道较为通畅,目前环礁内中新世白云岩交代灰岩的程度还难以推测。如果其有效隔水层(泥页岩和蒸发岩层)少而薄,则其白云化程度强于环礁边缘的岛屿,白云岩厚度占沉积岩的比例更大。此外,渗透回流白云化作用往往需要较长时间大规模稳定水文体系来支撑大量回流白云岩的形成,而这个"较长时间"一般是百万年的时间尺度(胡作维等,2011),如 Jones et al(2004)的模拟时间超过了 1.6Ma。如此长时间、大规模、稳定水文体系的保持机制是其研究对象渗透回流白云岩深度及规模大的必要条件。而对于环礁-孤立台地型灰岩的白云岩化,其难以满足长时间、大规模、稳定水文体系的先决条件,所以其白云岩化不彻底(大量灰岩未被白云石交代或交代不彻底),规模相对小(限定在孤立台地范围),渗透回流白云岩化影响的深度有限(小于 200m)。

3.2.7.2 埋藏白云岩化模式——白云岩及邻近的灰岩得以强烈改造

在超过 1000m 井深的白云岩层段,其晶体更大,经历的地温更高,其白云岩化模式及过程和浅部白云岩的不同在于其经历了更高的成岩温度,岩石(特别是已经固结的白云岩)经受了较强的压实作用影响,孔隙水与白云岩之间的离子交换更为频繁,白云石更倾向于形成小"雾心"大"亮边"的过度白云化白云石,白云石的重组更频繁,早期形成的和微生物有关的相对高钙白云石更倾向于被溶解,而孔隙空间及裂缝中沉淀白云石也更为强烈,鞍形白云石更为普遍。包裹体测试显示其均一温度一般大于 150℃,按海平面温度为 25℃,埋深接近于基底的 1250m 计算,其地温梯度将达到 10℃/100m,如此高的地温梯度几乎是不可能的。这一切显示出需要用新的模式而非渗透回流模式来解释埋深较深处的白云石,尤其是中—粗晶鞍形白云石的成因。

中—深埋藏白云化作用模式主要包括压实驱动模式、构造挤压模式、地形补给模式、热对流模式等(胡作维等,2011)。其中压实驱动模式是随着埋藏深度逐渐增加,松散沉积物中孔隙流体在上覆载荷的增加过程中逐渐压实脱水,一些富 Mg^{2+} 压实流体(主要是一些与海水有关的富 Mg^{2+} 海源流体)进入到邻近渗透性较好的灰岩,并将其白云化(Illing,1959)。由于多数压实流体更倾向于向上运动(Magara,1978),因而压实驱动模式中孔隙流体的长距离运移很难完成,或者说,缺少大规模压实流体的横向运动,但压实驱动白云化过程可能比我们一般认识的更为普遍(胡作维等,2011)。在热对流白云化模式中,热对流的原始驱动力源于温度在空间上的差异及其导致的孔隙流体密度和有效水头改变(Garven,1995)。地层温度的变化可以是多种原因造成的,如火成岩侵入体周边地区热通量的升高(Wilson et al,1990)。依据对流系统与外围环境之间的热交换情况,热对流一般分为开放型、封闭型和混合型 3 种类型(Raffensberger & Vlassopoulos,1999)。近十余年来的白云化作用数值模拟研究表明,台地碳酸盐岩可以通过热对流模式实现大规模的白云化作用(Jones et al,2003,2004;Whitake et al,2004;胡作维等,2011)。

在西科 1 井上新统莺歌海组及中新统黄流组,白云岩及灰岩之间的过渡类型如含云灰岩、云质灰岩及灰质云岩并不十分常见,灰岩与白云岩几乎泾渭分明;而在埋深较大的梅山组二段和三亚组,二者间的过渡类型非常普遍,常见白云岩附近的灰岩不完全白云岩化。且梅山组及三亚组灰岩中的白云石晶体较大,以细晶—中晶为主,随埋深的增加,鞍形白云石更为明显,晶径更大,亦见鞍形白云石填充于裂缝或孔洞中。在梅山组二段,鞍形白云石并不明显,灰岩中的白云石普遍可见,白云石化程度不一,白云石通常是细晶的,仅局部的裂缝及大的孔洞中可见中鞍形晶白云石。而在三亚组二段,鞍形白云石常见且通常是中粗晶的(图 2-12),显示出随着埋深的增加晶体的结晶程度变好。

本次研究针对西科 1 井地质实际提出的埋藏白云化模式涵括了压实驱动机制和热对流机制,但与经典的压实驱动模式和热对流模式有所不同。笔者认为与古暴露有关的中等盐度渗透回流白云岩化是西沙地区环礁(孤立台地)白云岩形成的基础,中等埋深条件下压实改造及与深部断层有关的热对流作用使得已经存在的白云岩得以改造。在较强压实作用下已固结的白云岩提供富 Mg^{2+} 压实流体(不是经典压实驱动模式中的与海水有关的富 Mg^{2+} 海源流体),这种富 Mg^{2+} 压实流体充填白云岩孔隙并向附近的灰岩层流动,造成灰岩不彻底的白云岩化。西沙地区基底火成岩发育,在构造活跃期其热通量较高,加热孔隙水并造成热流体沿断层上涌(图 3-45),较高的包裹体均一温度以及岩石中裂隙较为发育的实际地质现象可为这一模式提供证据,其结果是相对高温条件下形成的鞍形白云石在深部更为发育。

经典的热对流作用的形成并导致白云化作用的发生主要依赖于台地内部渗透性的分布、回流存在与否,同时,白云石形成的数量受制于台地对海水循环的开放时间(Machal,2004;胡作维,2011)。西沙地区热对流可能与海水循环有关,孤立台地边缘可能有对流海水的加入,其与压实驱动机制共同作用造成白云石重结晶及鞍形白云石充填于裂缝、孔洞中。这与地下白云岩成因解释使用热卤水的深对流循环亦有所不同(其往往与热液白云化作用联系在一起)(Raffensberger & Vlassopoulos,1999)。这种热对流是特殊的与断层有关的地热加温机制,并不能带来形成外来矿物的热卤水(部分裂缝中存在铁、锰质矿物与热流体有关,但很可能是时代较新的,对白云岩化作用微弱,因为白云岩中矿物的电子探针测试显示二者的含量普遍较低)。这一机制被魏喜等(2008)用"成岩期后热水作用"机制来解释西琛 1 井的白云岩化。由于深部断层的存在,这种热对流机制是半开放的环境,且对埋深较浅白云岩层影响较小。

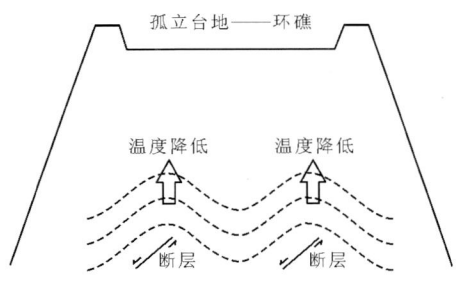

图 3-45 西沙地区造成白云岩物质重组的热对流示意图

4 储集空间与储集性综合评价

4.1 孔隙类型

4.1.1 孔隙类型及其特征

按照 Choquette‑Pray 的孔隙分类(图 4-1),根据代表性薄片的图像分析结果,西科 1 井碳酸盐岩孔隙类型主要为粒内孔(0～78.6%)和溶孔(0～95.96%),其次为铸模孔(0～58.24%)、粒间孔(0～99.45%)和生长格架孔(0～98.21%),其主要特征如下。

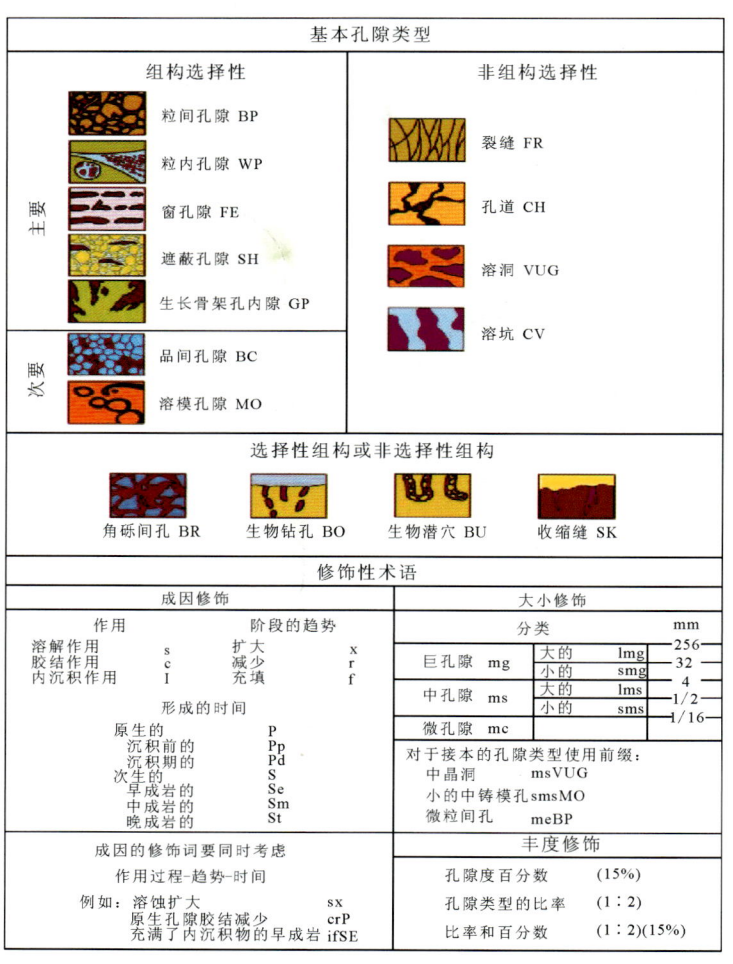

图 4-1 Choquette‑Pray 孔隙分类(Choquette et al,1970)

4.1.1.1 组构选择性孔隙

1. 粒间孔隙（BP）

粒间孔隙是分布于颗粒之间的孔隙，其形状一般呈三角形、多边形、长条状或不规则状。粒间孔主要分布于颗粒灰岩（图4-2a）、砾屑灰岩（图4-2b）、泥粒灰岩（图4-2c）和漂砾灰岩（图4-2d）中。按照 Choquette et al(1970) 的孔隙修饰要素：①粒间孔主要为中孔隙中的小孔隙（1/2～1/16mm）（71.95%），其次为微孔隙（20.73%）；②粒间缩小孔隙均存在（图4-2e、f）；③粒间孔的丰度为 10.61%。

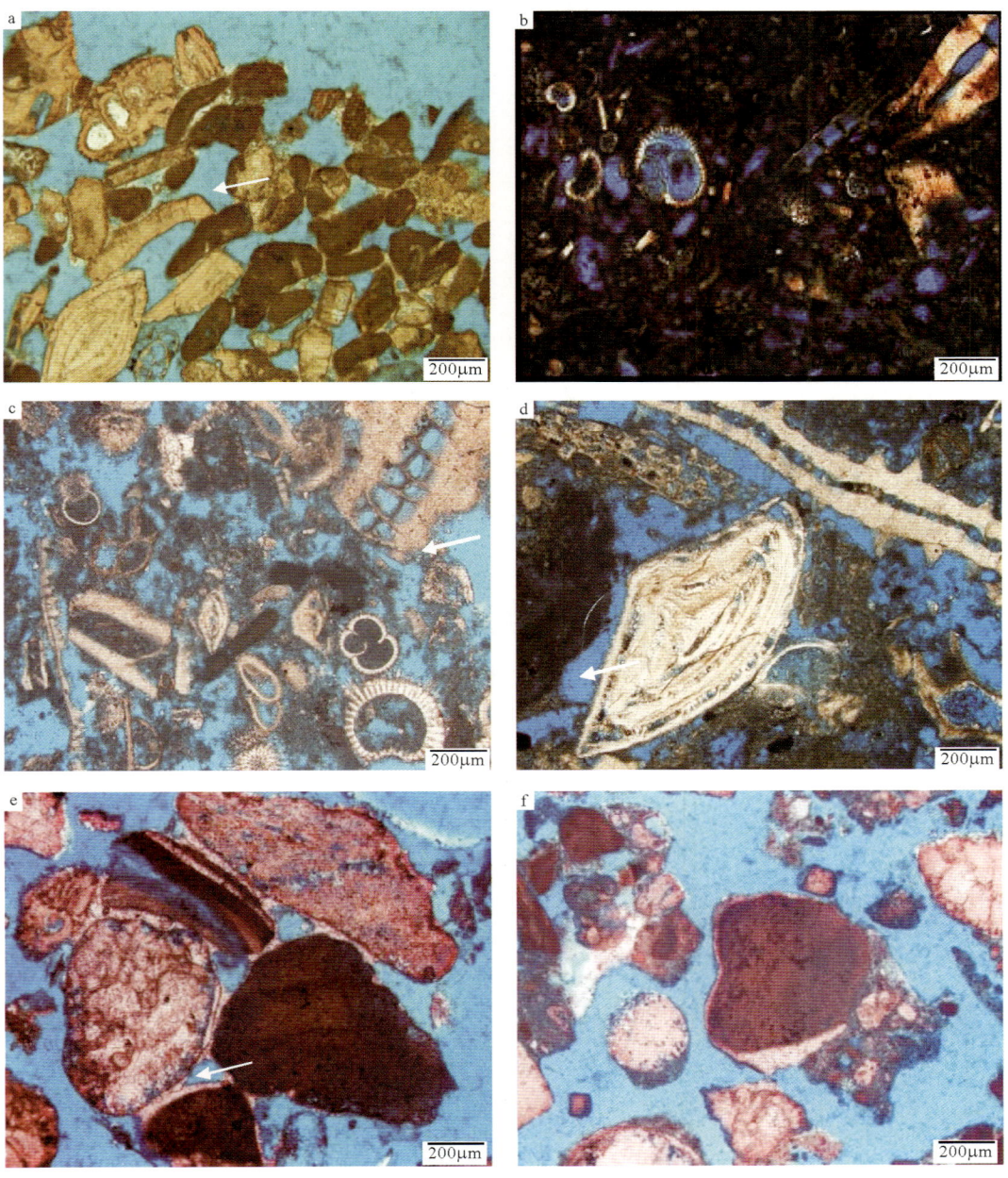

图 4-2　西科 1 井原生粒间孔隙特征

a. 粒间孔隙（8.03m，颗粒灰岩，乐东组，单偏光）；b. 粒间孔隙（337.34m，砾屑灰岩，莺歌海组二段，单偏光）；c. 粒间孔隙（280.84m，泥粒灰岩，莺歌海组一段，单偏光）；d. 粒间孔隙（249.11m，漂砾灰岩，莺歌海组一段，单偏光）；e. 粒间缩小孔隙（6.2m，颗粒灰岩，乐东组，单偏光）；f. 粒间缩小孔隙（3.52m，颗粒灰岩，乐东组，单偏光）

粒间缩小孔隙是胶结物占据空间导致的,胶结物主要为新月形方解石、悬垂状方解石、等厚环边的纤维状和等轴粒状方解石、镶嵌状方解石。粒间扩大孔隙是生物骨架和碎屑颗粒内部经选择性溶解形成的孔隙,为次生孔隙(图 4-3)。发生选择性溶解的生物骨架和颗粒主要为红藻(图 4-3a)、棘皮动物(图 4-3b)和有孔虫(图 4-3c)等。粒间扩大孔隙多呈圆状、次圆状和不规则状,一般孤立分布(图 4-3),孔径分布范围为 0.02～0.7mm。

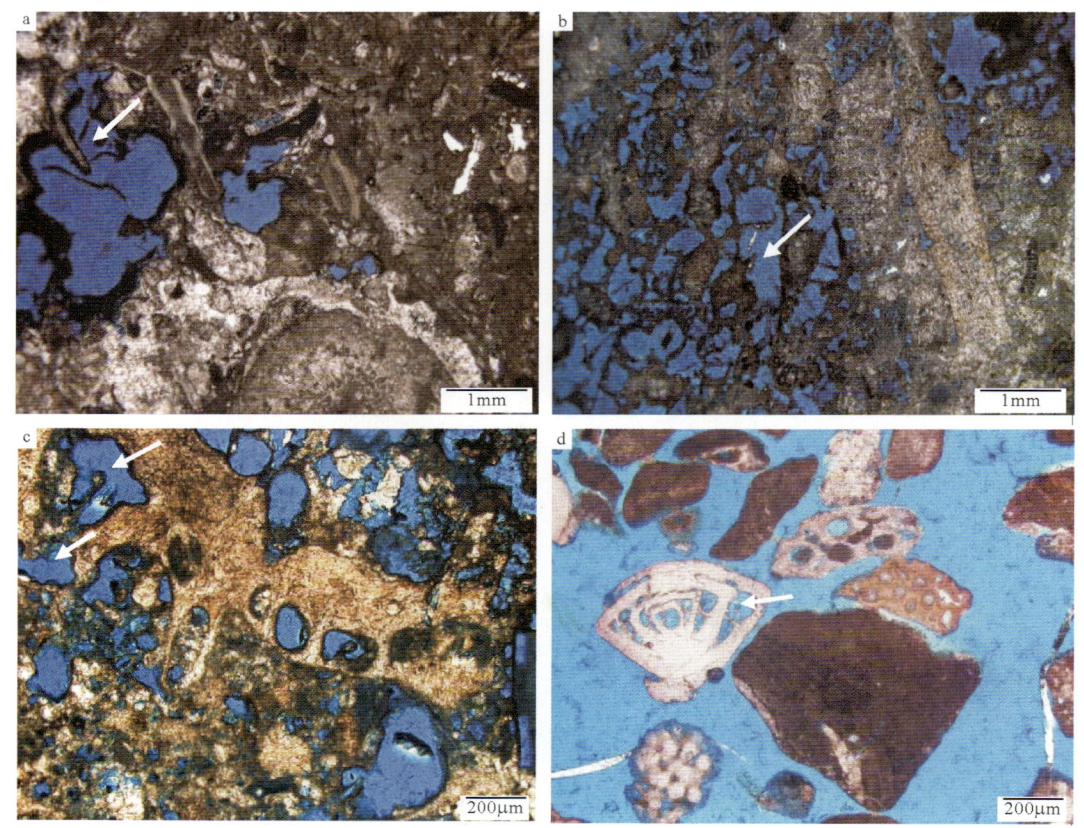

图 4-3 粒间扩大孔及粒内孔隙

a.粒间扩大孔隙(76.45m,泥粒灰岩,乐东组,单偏光);b.粒间扩大孔隙(79.86m,泥粒灰岩,乐东组,单偏光);
c.粒间扩大孔隙(45.47m,泥粒灰岩,乐东组,单偏光);d.粒内孔隙(0.03m,碳酸盐砂,乐东组,单偏光)

2. 粒内孔隙(WP)

粒内孔隙包括各种生物的体腔孔,生物骨骼和生物组织内的超微结构孔,非生物颗粒(如鲕粒和球粒)中的超微结构孔(Moore,1989)。在西科 1 井碳酸盐岩中发育的粒内孔隙主要为各种生物的体腔孔,包括有孔虫体腔孔、软体动物体腔孔、仙掌藻胞囊孔、红藻胞囊孔和棘皮类的粒内孔。

有孔虫体腔孔(图 4-3d)和软体动物体腔孔(图 4-4a)系由多个以隔板分隔的单个孔组成,单孔多呈圆形和椭圆形等,直径为 0.01～1mm。仙掌藻胞囊孔(图 4-4b)呈蜂窝状,单个胞囊孔呈圆形、次圆形,孔径为 0.02～0.15mm。红藻胞囊孔(图 4-4c)往往呈孤立状产出,呈圆形和椭圆形,孔径为 0.05～0.15mm。棘皮类的粒内孔(图 4-4d)呈圆形和椭圆形,孔径为 0.02～0.05mm。

3. 格架孔隙(GF)

格架孔隙是造礁生物生长形成的孔隙类型,亦称为生长格架孔隙。例如,营造礁活动的石珊瑚可以构建开放的礁格架,这种礁格架在生物礁的形成期间可以圈闭巨大的孔隙空间。格架孔的潜力取决于造架生物的类型,例如,结壳式生长方式决定了珊瑚藻、层孔虫和海绵等造架生物往往建造比较紧密的格架结构,而这种结构以显著低的格架孔为特征。在生物礁的早期发育过程中,格架孔往往被细粒的内部沉积物所充填,进而导致复杂的孔隙系统(Moore,1989)。

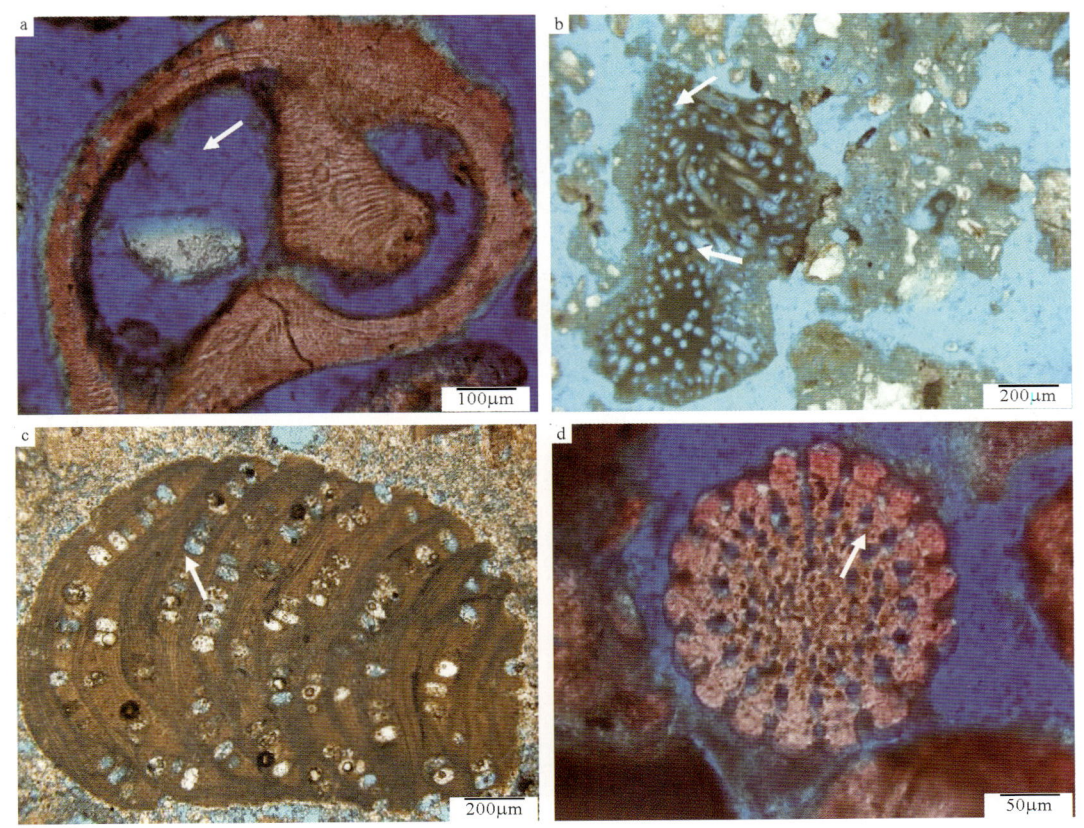

图 4-4 粒内孔隙特征
a.粒内孔隙(2.16m,碳酸盐砂,乐东组,单偏光);b.粒内孔隙(21.78m,泥粒灰岩,乐东组,单偏光);
c.粒内孔隙(426.74m,白云岩,乐东组,单偏光);d.粒内孔隙(13.46m,碳酸盐砂,乐东组,单偏光)

在西科1井,格架孔隙主要发育于格架灰岩和黏结灰岩中。其分布位置主要为:①不同珊瑚个体之间;②珊瑚与内沉积物之间;③同一珊瑚个体的分枝之间(图4-5a);④珊瑚藻纹层之间(图4-5b);⑤附礁生物骨骼与其他固相之间(图4-5c)。孔隙形态往往不规则,孔径介于0.1~1.2mm之间。

4. 窗格孔隙(FE)

窗格孔隙是潮缘带碳酸盐岩沉积物由于干裂和气体膨胀而形成的小孔隙,是一种同沉积时形成的孔隙空间(Flugel,2004)。在西科1井,窗格孔主要发育于黏结灰岩和白云岩中,单个孔隙呈纺锤状或不规则状,孔隙长径为0.15~2mm;集合体呈层状分布(图4-5d)。

5. 遮蔽孔隙(SH)

遮蔽孔亦称为伞状孔隙(Tucker et al,1990),是由于上凸介壳等较大的颗粒对灰泥的遮挡而形成的穹状孔隙空间(Flügel,2004),其大小取决于起遮挡作用的颗粒堆积方式、个体大小及灰泥充填情况。在西科1井,遮蔽孔主要为片状藻屑遮蔽孔(图4-5e),其形态呈穹状,孔隙长径为0.5~2mm,零星见于粒泥灰岩和泥粒灰岩中。

6. 晶间孔隙(BC)

晶间孔隙存在于矿物晶体之间的孔隙空间。晶间孔隙主要发育于白云岩,属于次生孔隙。在西科1井,晶间孔隙主要见于白云岩化段,孔径范围为1~10μm(图4-5f)。

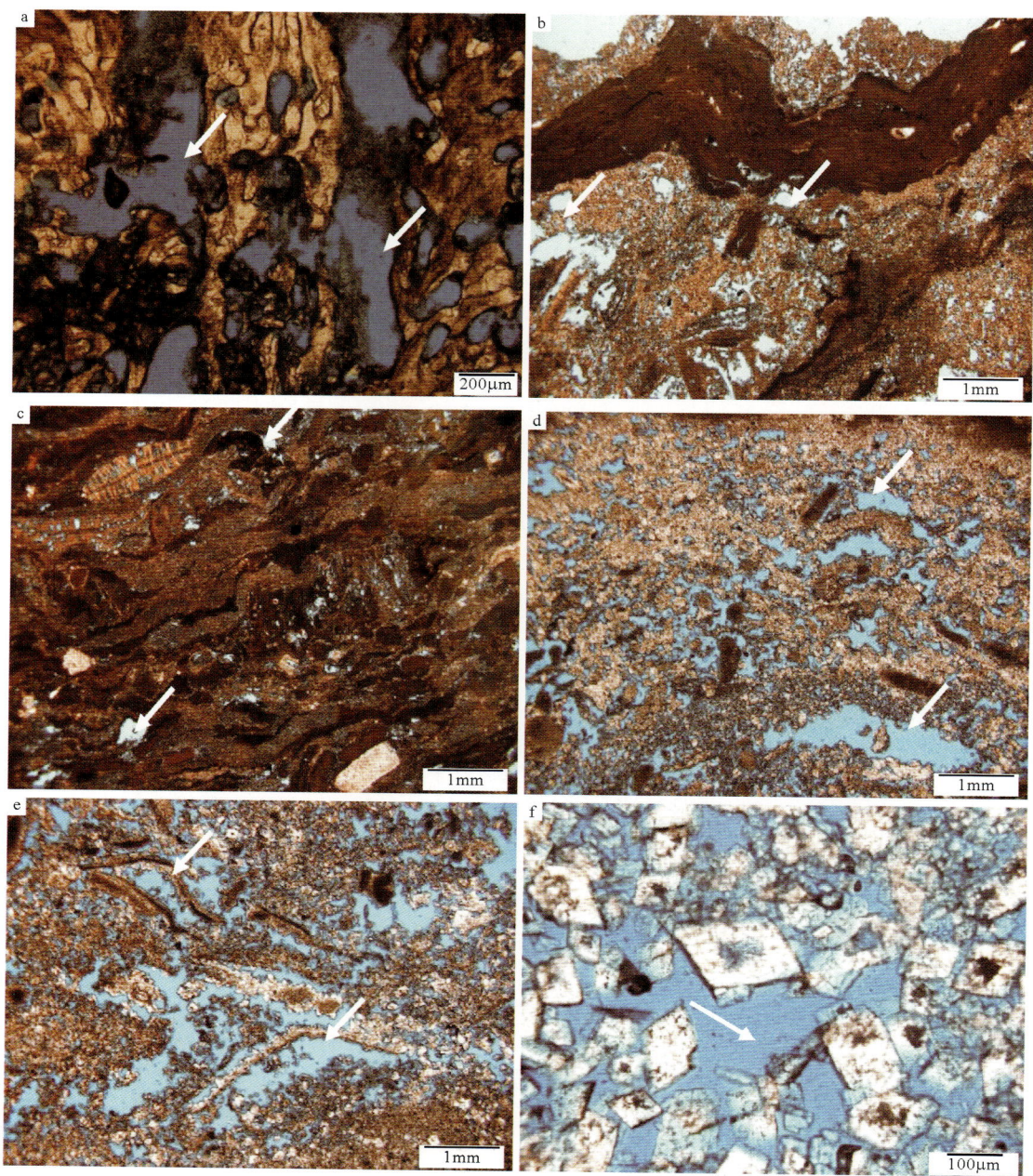

图 4-5 西科 1 井孔隙特征

a.生长格架孔隙(30.44m,骨架灰岩,乐东组,单偏光);b.生长格架孔隙(303.97m,黏结灰岩,莺歌海组二段,单偏光);c.生长格架孔隙(374.7m,黏结灰岩,莺歌海组二段,单偏光);d.窗格孔隙(503.93m,白云岩,黄流组二段,单偏光);e.遮蔽孔隙(502.76m,白云岩,黄流组二段,单偏光);f.晶间孔隙(433.82m,白云岩,黄流组一段,单偏光)

7. 铸模孔隙(MO)

铸模孔隙是岩石中易溶的颗粒或晶体被完全溶解而形成的孔隙,属于次生孔隙。由于文石对于大气水不饱和,因而在大气水成岩环境中,由文石组成的颗粒往往被溶解形成铸模孔。铸模孔的形状取决于颗粒的形态。在西科 1 井,铸模孔主要见于粒泥灰岩和泥粒灰岩,可能主要是有孔虫、节状珊瑚藻和软体动物骨骼被溶解而形成。

4.1.1.2 非组构选择性孔隙

1. 裂缝孔隙(FR)

裂缝孔隙是切割岩石的组构元素而形成的线状孔隙空间。裂缝的形成一般与碳酸盐岩的构造变形、滑坡或溶解垮落有关。在西科1井，裂缝孔隙主要见于粒泥灰岩和泥粒灰岩中。

2. 溶孔(VUG)

溶孔是指由胶结物、基质等溶蚀后形成的孔隙，西科1井钻过的碳酸盐岩中溶孔多为胶结物及基质溶解而成，孔隙形态呈圆形、次圆形及不规则状，孔径为 0.1～3mm，多呈斑状分布。

3. 钻孔孔隙(BO)

由钻孔生物在生物骨架、生物碎屑或其他碎屑上钻蚀的孔隙空间。

4.1.2 孔隙尺度

根据 Choquette – Pray 的孔隙分类(Choquette et al,1970)，在薄片上识别出来的粒间孔隙、粒内孔隙、生长格架孔隙、铸模孔隙和溶解孔隙均以中小孔隙(1/2～1/16mm)为主，其次为中大孔隙(4～1/2mm)。其中，生长格架孔隙和粒间孔隙中的中大孔隙(4～1/2mm)所占比例相对较高，约占总孔隙的1/5。微孔隙(＜1/16mm)主要为晶间孔隙，其次为粒内孔隙(图4-6)。

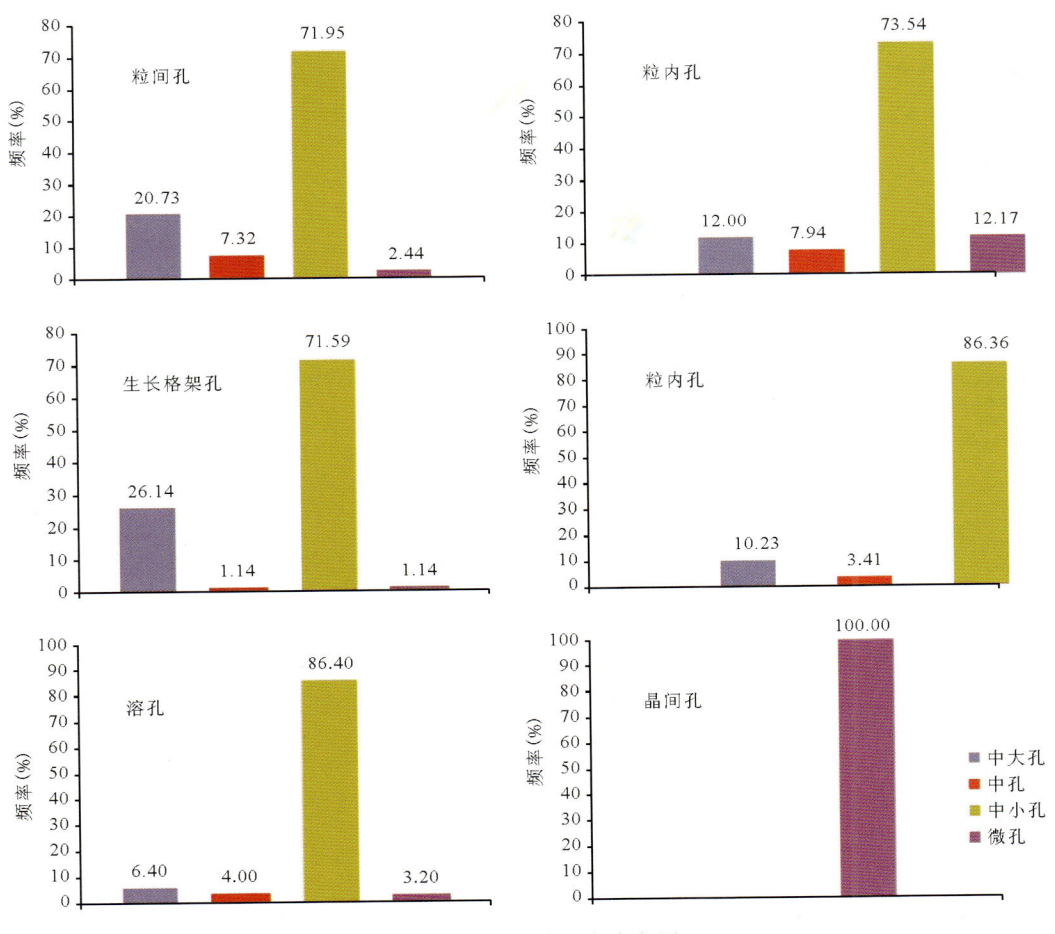

图 4-6 孔隙尺度直方图

4.1.3 孔隙类型的岩性制约

根据孔隙类型的识别与统计结果(图4-6、图4-7,表4-1),西科1井碳酸盐岩中发育的主要孔隙类型表现出明显的岩性制约关系,具体如下。

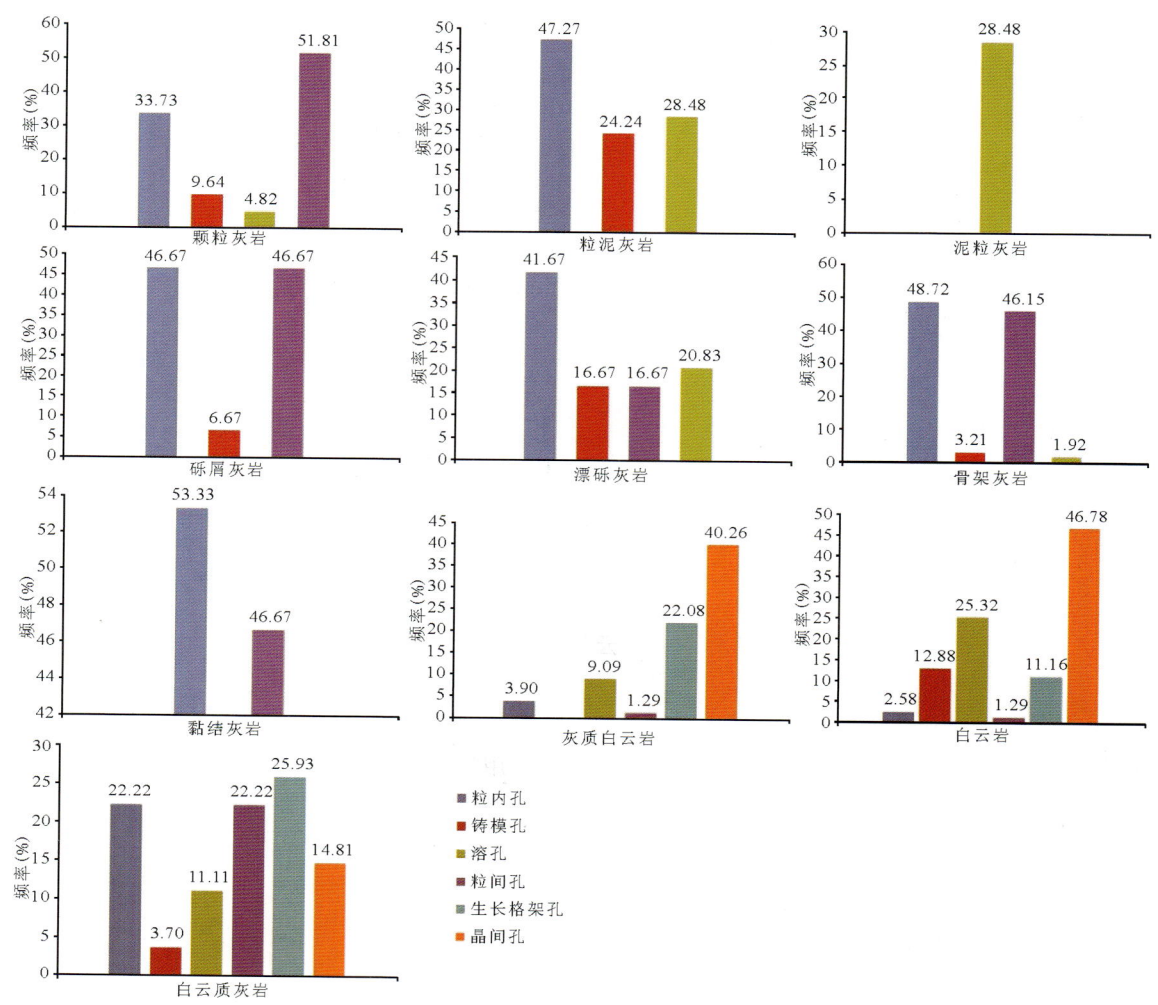

图4-7 孔隙类型—宿主岩石类型关系直方图

表4-1 孔隙类型与岩石类型关系

	粒泥灰岩	泥粒灰岩	颗粒灰岩	漂砾灰岩	砾屑灰岩	黏结灰岩	骨架灰岩	白云质灰岩	灰质白云岩	白云岩
粒间孔隙(BP)		●	●	○	●			●	○	○
粒内孔隙(WP)	●	●	●	●	●	●	●	●	○	○
格架孔隙(GF)					●	●	●	●	○	
晶间孔隙(BC)								○	●	●
铸模孔隙(MO)	●	○	●	○	○		○			○
溶解孔隙(VUG)	●	●	○	●				○	○	●

注:●主要孔隙类型(发育频率>20%);○次要孔隙类型(发育频率<20%)。

1. 粒内孔隙普遍发育

除黏结灰岩和骨架灰岩外，粒内孔隙几乎见于西科1井的几乎所有的岩石类型，这是因为西科1井碳酸盐岩中的颗粒主要是由生物骨骼、生物碎屑以及内碎屑组成的，粒内孔隙的普遍存在是其颗粒属性的外在表现。粒内孔隙的普遍存在也是碳酸盐岩储层区别于砂岩储层的重要标志之一(Choquette et al,1970)。

2. 粒间孔隙主要发育于颗粒支撑灰岩

粒间孔隙是不含灰泥的碳酸盐沉积物中的主要沉积成因的孔隙空间，其初始孔隙度可达40%~50%(Enos et al,1981)。在西科1井，粒间孔隙主要发育于泥粒灰岩、颗粒灰岩、砾屑灰岩和白云质灰岩，其次发育于漂砾灰岩、灰质白云岩和白云岩等岩石类型中。在颗粒灰岩和砾屑灰岩中，粒间孔隙普遍存在。在泥粒灰岩和漂砾灰岩中，粒间孔隙仅存在于颗粒局部密集分布部位。在白云质灰岩、灰质白云岩和白云岩灰岩中发育的粒间孔隙系白云岩化前的沉积孔隙，粒间孔隙的存在暗示白云岩化的原岩具有颗粒支撑或局部具有颗粒支撑的属性。

3. 格架孔隙主要发育于原地灰岩

格架孔隙主要分布于骨架灰岩、黏结灰岩、白云质灰岩和灰质白云岩中。

4. 晶间孔隙

毫无例外地分布于白云岩化岩石的晶间孔隙，主要分布于白云岩和灰质白云岩中，其次也见于白云质灰岩。

5. 铸模孔隙和溶解孔隙均属于组构选择性孔隙

铸模孔隙和溶解孔隙均属于次生孔隙，其形成与大气水下渗、烃类成熟或页岩脱水导致的孔隙流体地球化学(例如盐度)、温度和CO_2分压的显著改变有关(Moore,1989)。在西科1井，铸模孔隙主要分布于粒泥灰岩，其次分布于除黏结灰岩和灰质白云岩外的所有岩石类型。溶解孔隙主要分布于粒泥灰岩、泥粒灰岩、漂砾灰岩和白云岩，其次分布于颗粒灰岩、骨架灰岩、白云质灰岩和灰质白云岩。铸模孔隙为典型的组构选择性孔隙，是文石质颗粒遭受大气水淋滤的产物(Longman,1980)。按照Choquette et al(1970)的定义，溶解孔隙是指岩石固结后遭受流体作用形成的孔隙空间，属于非组构选择性孔隙。西科1井碳酸盐岩中发育的溶解孔隙不同于Choquette et al(1970)的定义，主要表现为：①溶解孔隙发育的岩石类型与铸模孔隙几乎相同；②在同一薄片中，溶解孔隙发育的部位有时亦存在铸模孔；③溶解孔隙仅分布于泥晶"基质"中，为泥晶"基质"被局部溶解所形成。

这说明，溶解孔隙与铸模孔是同时形成的，都属于组构选择性孔隙。类似的溶解孔隙报道于土耳其Adana盆地Karaisal组中的层孔虫/藻粒泥灰岩(Büyükutku,2009)。

此外，在白云质灰岩、灰质白云岩和白云岩中铸模孔隙及溶解孔隙的存在，暗示西科1井白云岩化与大气水和海水具有密切的成因联系。

4.2 储集物性

4.2.1 孔隙度随埋深变化

孔隙度随埋深变化呈分段式(图4-8)。其中，在0~169m区间，粒泥灰岩和泥粒灰岩的孔隙度随埋深快速降低。在169~303.6m区间，泥粒灰岩、粒泥灰岩和骨架灰岩的孔隙度随埋深显著增加。在303.6~1257.52m区间，孔隙度随埋深呈逐渐降低的趋势，白云岩是这一趋势的主要贡献者。

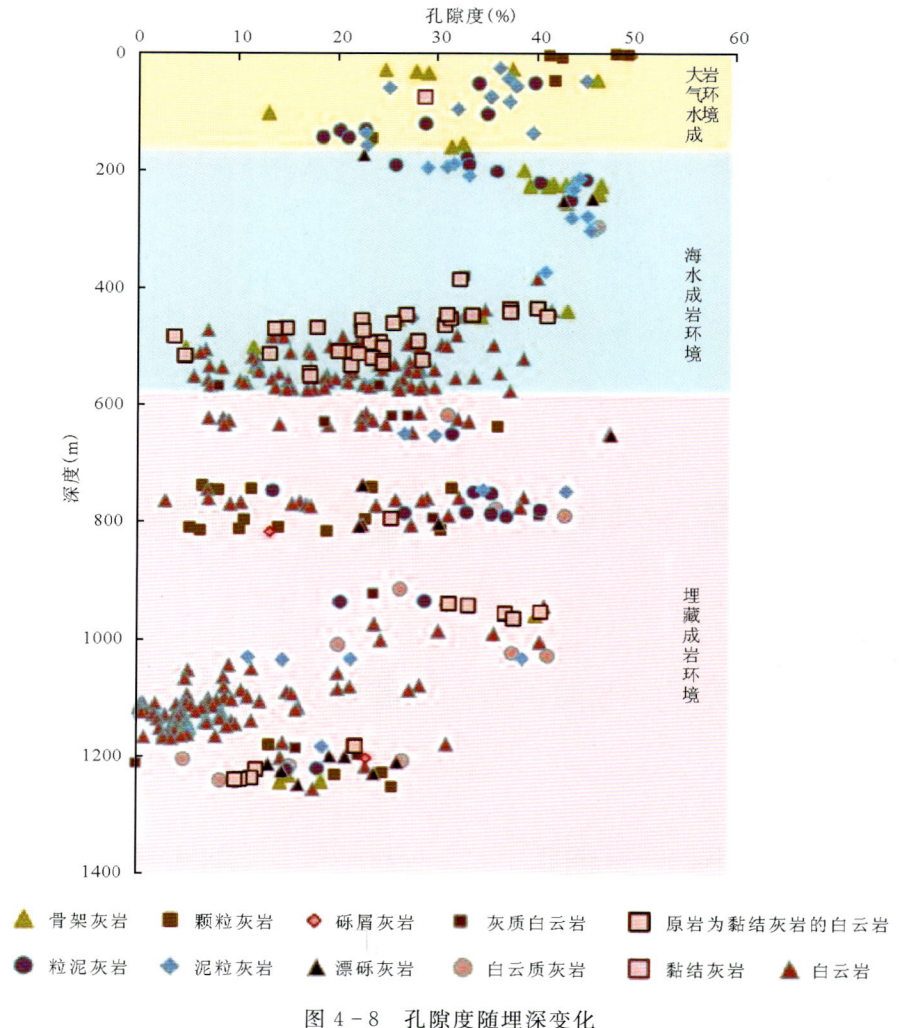

图 4-8 孔隙度随埋深变化

4.2.2 分组段物性特征

1. 三亚组二段

孔隙度分布范围为 6.7%～30.8%（图 4-9），平均为 18.91%。渗透率分布范围为 $(0.13～9728)×10^{-3}\mu m^2$（图 4-10），平均为 $659.1×10^{-3}\mu m^2$。孔隙度随深度变化呈多项式函数关系（图 4-9）：$y=0.1039x^2-5.1566x+1276.4$，其中 $R^2=0.143$；渗透率随深度变化呈幂函数关系（图 4-10）：$y=1204.2x^{0.0035}$，其中 $R^2=0.2406$；孔隙度-渗透率关系图表明二者呈幂函数关系（图 4-11）：$y=-2.807x^2+85.563x+139.74$，其中 $R^2=0.0062$。孔隙度、渗透率数据随深度变化相关性中等偏弱，孔隙度-渗透率数据相关性较弱（图 4-11）。根据判别图解，三亚组二段碳酸盐岩储层孔隙类型主要为中孔隙和大孔隙，其次为巨孔隙和微孔隙（图 4-12）。碳酸盐岩类型对物性的控制作用明显（图 4-13、图 4-14）。其中，砂砾屑灰岩、生物碎屑灰岩和生物碎屑云岩物性最好，其次为藻屑砂屑灰岩和生屑藻黏结云岩。

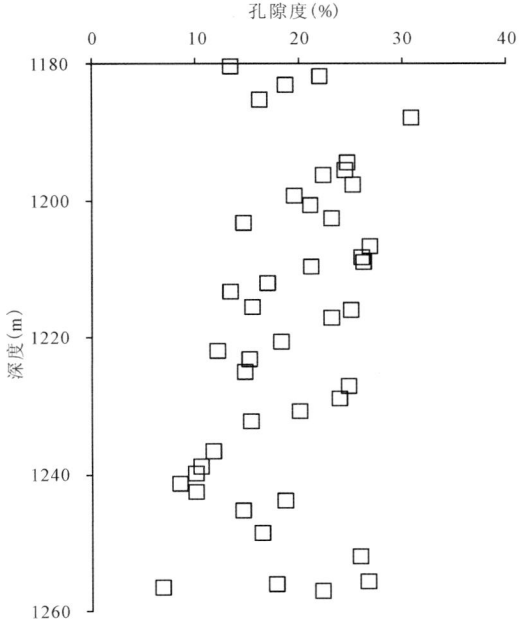
图 4-9 三亚组二段孔隙度随埋深变化

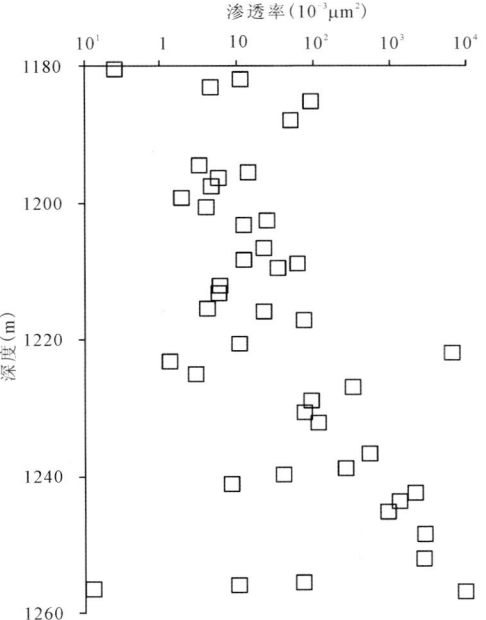
图 4-10 三亚组二段渗透率随埋深变化

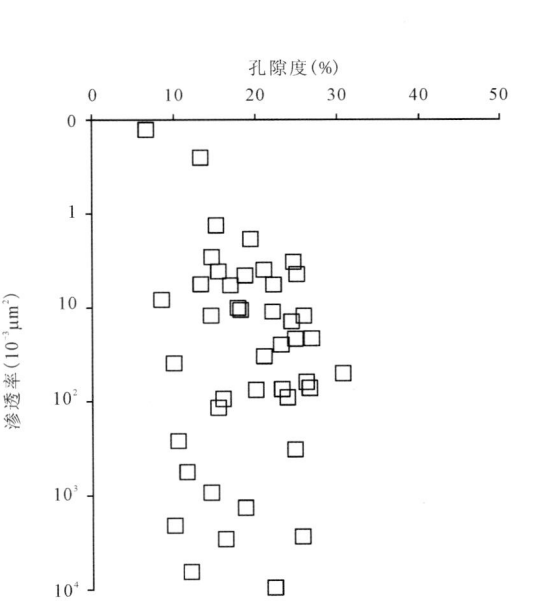
图 4-11 三亚组二段储层孔隙度与渗透率关系

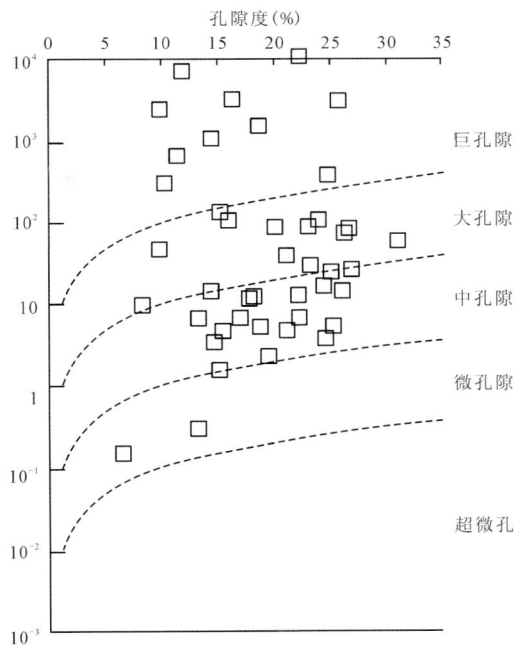
图 4-12 三亚组二段储层孔隙类型
（分区据邹才能等，2011）

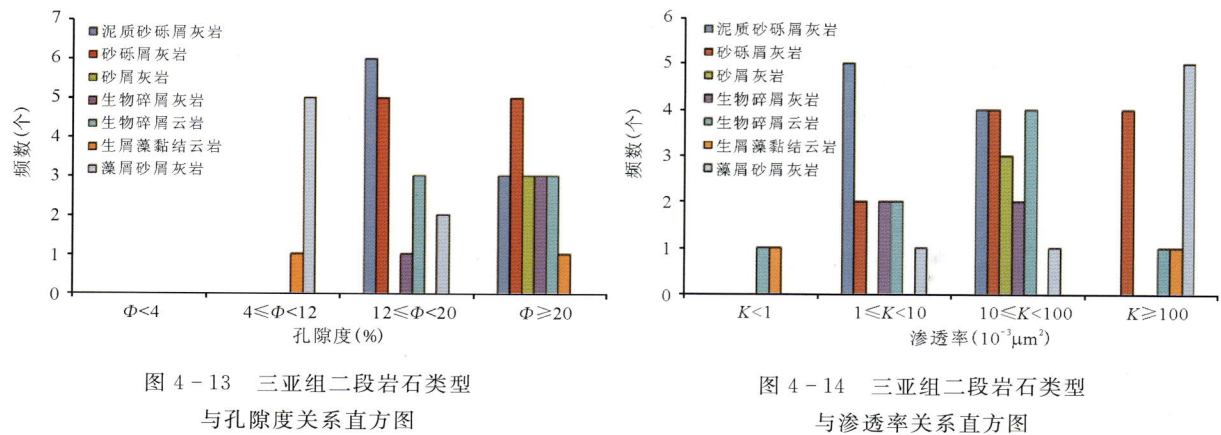

图 4-13 三亚组二段岩石类型与孔隙度关系直方图

图 4-14 三亚组二段岩石类型与渗透率关系直方图

2. 三亚组一段

孔隙度分布范围介于 1.8%～38.8% 之间(图 4-15),平均为 10.2%。渗透率分布范围(0.05～8968)×10^{-3} μm^2(图 4-16),平均为 589×10^{-3} μm^2。孔隙度随深度变化呈多项式函数关系(图 4-15):$y=0.1039x^2-5.1566x+1276.4$,其中 $R^2=0.143$;渗透率随深度变化呈幂函数关系(图 4-16):$y=1204.2x^{0.0035}$,其中 $R^2=0.2406$;孔隙度-渗透率关系图表明二者呈幂函数关系(图 4-17):$y=-2.807x^2+85.563x+139.74$,其中 $R^2=0.0062$。根据判别图解,三亚组一段碳酸盐岩储层孔隙类型主要为巨孔隙和大孔隙,其次为中孔隙和微孔隙(图 4-18)。孔隙度(图 4-15)、渗透率(图 4-16)数据随深度变化相关性中等偏弱,孔隙度-渗透率数据(图 4-17)相关性较弱。碳酸盐岩类型对物性的控制作用明显(图 4-19、图 4-20),生物碎屑灰岩物性最好,其次是生物碎屑云岩。

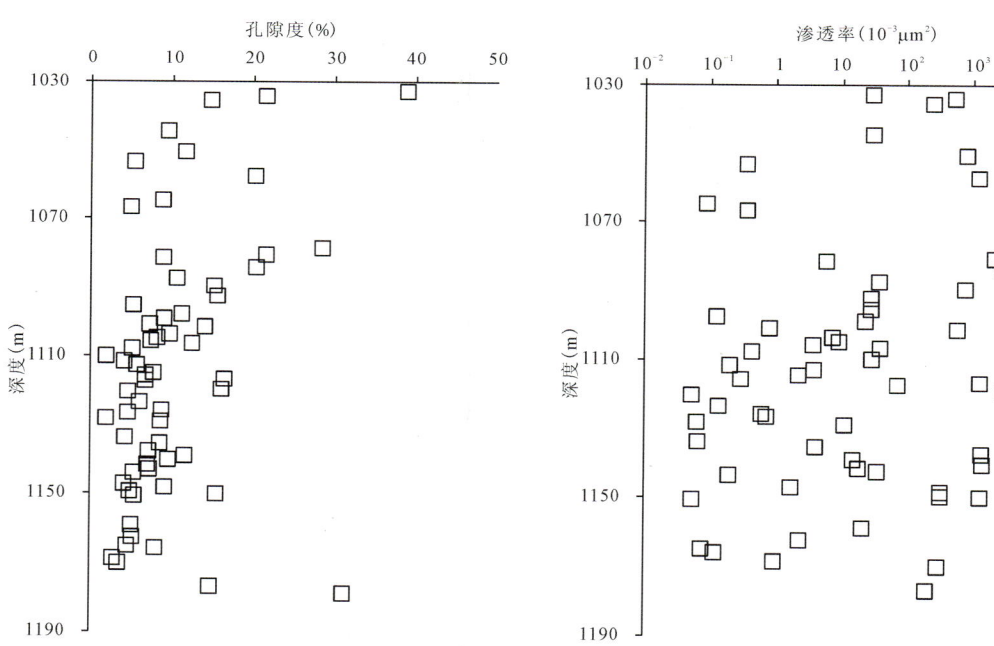

图 4-15 三亚组一段孔隙度随埋深变化

图 4-16 三亚组一段渗透率随埋深变化

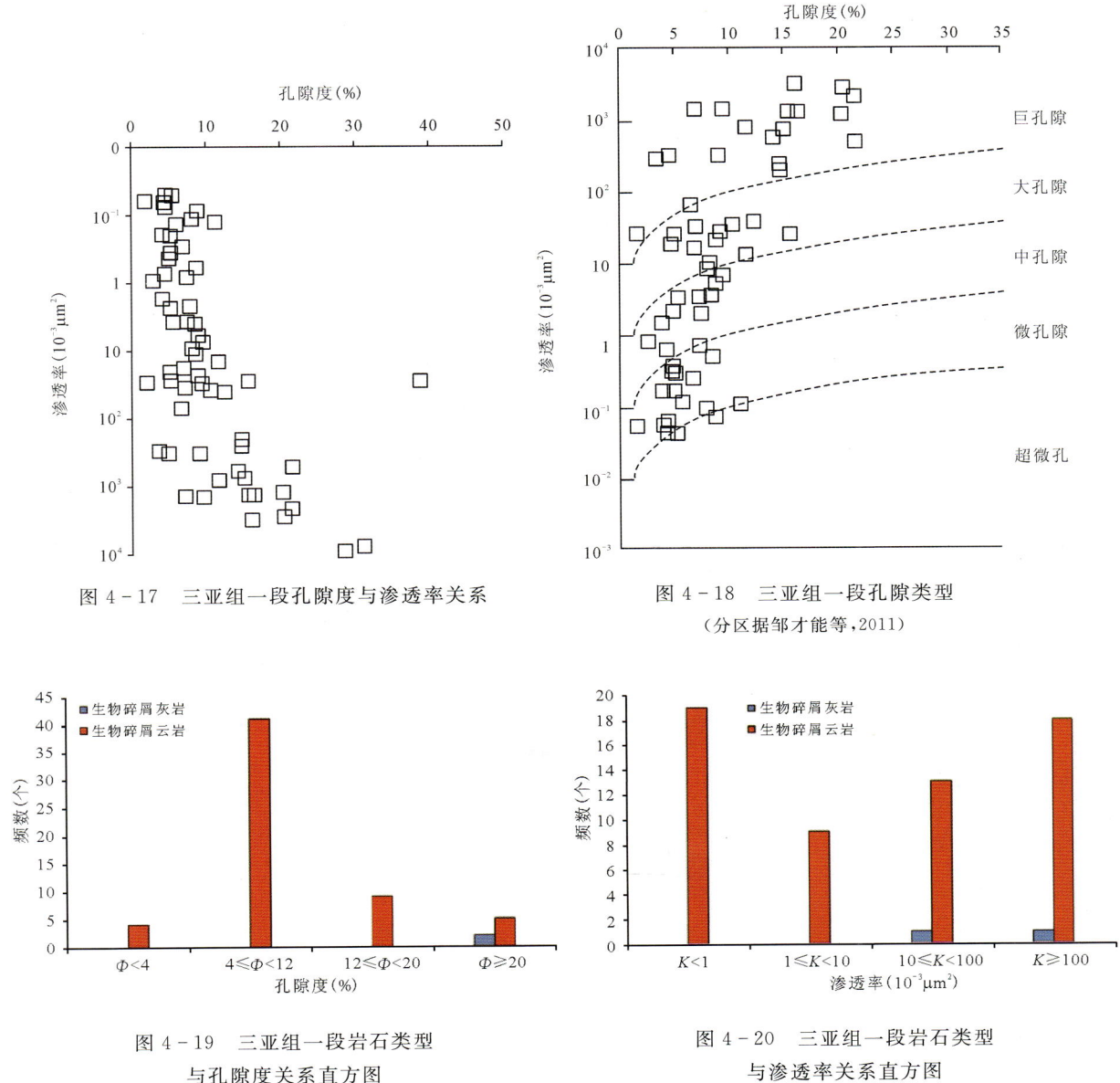

图 4-17 三亚组一段孔隙度与渗透率关系

图 4-18 三亚组一段孔隙类型
(分区据邹才能等,2011)

图 4-19 三亚组一段岩石类型
与孔隙度关系直方图

图 4-20 三亚组一段岩石类型
与渗透率关系直方图

3. 梅山组二段

孔隙度分布范围介于 5.3%~43.1%之间(图 4-21),平均为 27.6%。渗透率分布范围(0.20~5651)×$10^{-3}\mu m^2$(图 4-22),平均为 520×$10^{-3}\mu m^2$。孔隙度随深度变化呈多项式函数关系(图 4-21):$y=-0.0232x^2+3.0705x+792.27$,其中 $R^2=0.0474$;渗透率随深度变化呈多项式函数关系(图 4-22):$y=6\times10^{-6}x^2-0.0044x+852.04$,其中 $R^2=0.0642$;孔隙度-渗透率关系图表明二者呈指数函数关系(图 4-23):$y=1.8316e^{0.1402x}$,其中 $R^2=0.331$。根据判别图解,梅山组二段碳酸盐岩储层孔隙类型主要为巨孔隙和大孔隙,其次为中孔隙和微孔隙(图 4-24)。孔隙度(图 4-21)、渗透率(图 4-22)数据随深度变化相关性较弱,孔隙度-渗透率数据(图 4-23)相关性较弱。碳酸盐岩类型对物性的控制作用明显(图 4-25、图 4-26),含灰泥生屑灰岩、含泥灰生屑岩和生屑泥灰岩物性最好,其次为生物碎屑灰岩。

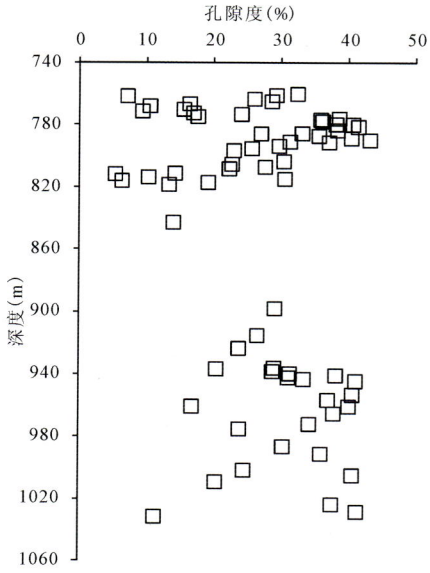

图 4-21 梅山组二段孔隙度随埋深变化图

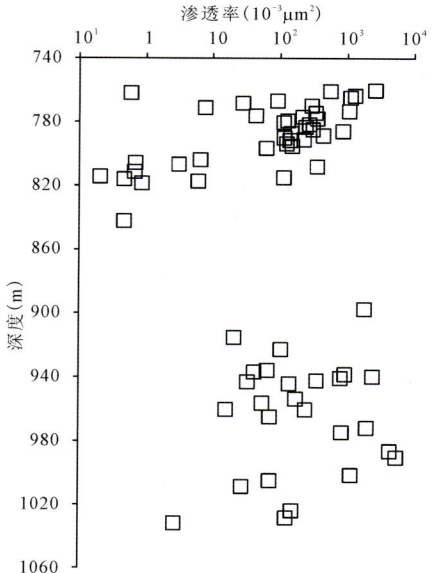

图 4-22 梅山组二段渗透率随埋深变化图

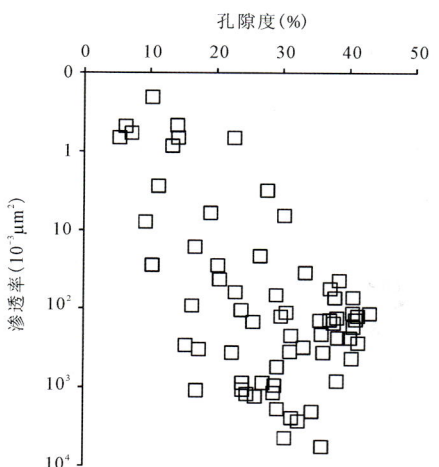

图 4-23 梅山组二段孔隙度与渗透率关系

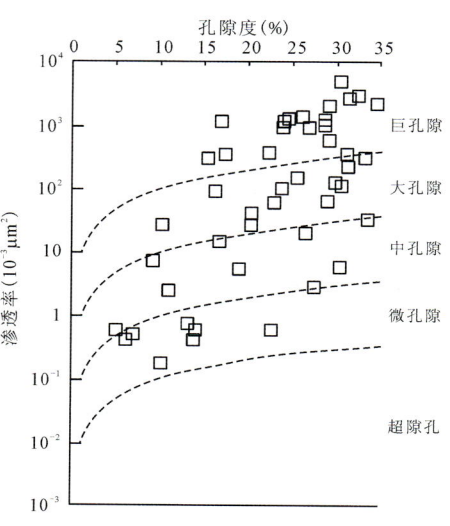

图 4-24 梅山组二段孔隙类型

（分区据邹才能等，2011）

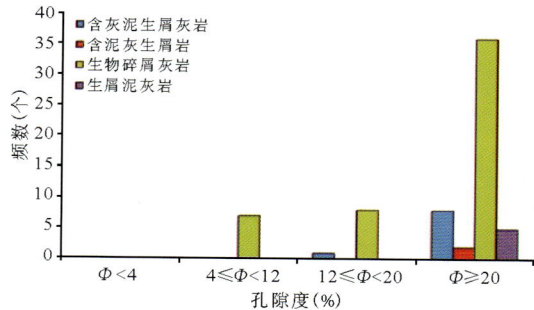

图 4-25 梅山组二段岩石类型与孔隙度关系直方图

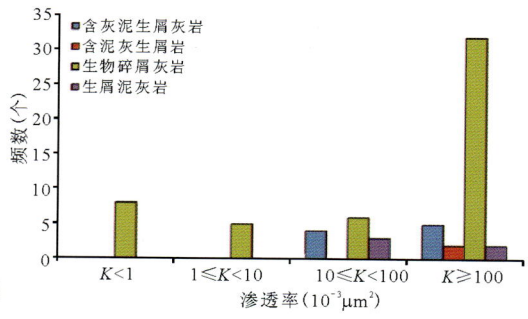

图 4-26 梅山组二段岩石类型与渗透率关系直方图

4. 梅山组一段

孔隙度分布范围介于 7.2%~47.6%之间（图4-27），平均为 26.3%。渗透率分布范围（0.11~2749）×10^{-3} μm^2（图4-28），平均为 641.2×10^{-3} μm^2。孔隙度随深度变化呈多项式函数关系（图4-27）：$y=0.0184x^2-0.2697x+659.75$，其中 $R^2=0.0186$；渗透率随深度变化呈多项式函数关系（图4-28）：$y=2\times10^{-5}x^2-0.0802x+691.9$，其中 $R^2=0.1563$；孔隙度-渗透率关系图表明二者呈幂函数关系（图4-29）：$y=0.1289x^{2.2298}$，其中 $R^2=0.2074$。孔隙度（图4-27）、渗透率（图4-28）数据随深度变化相关性较弱，孔隙度-渗透率数据（图4-29）相关性较弱。根据判别图解（图4-30），梅山组一段碳酸盐岩储层孔隙类型主要为巨孔隙和大孔隙，其次为中孔隙和少量的微孔隙。碳酸盐岩类型对物性的控制作用明显（图4-31、图4-32），生物碎屑灰岩、生物介屑灰岩和砾质生物碎屑灰岩物性最好，其次为白云质生物礁灰岩。

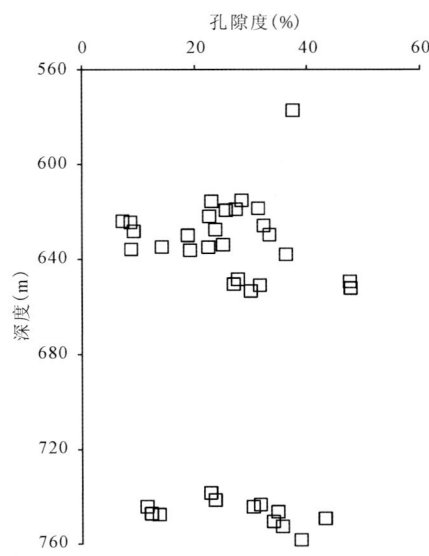

图4-27 梅山组一段孔隙度随埋深变化图

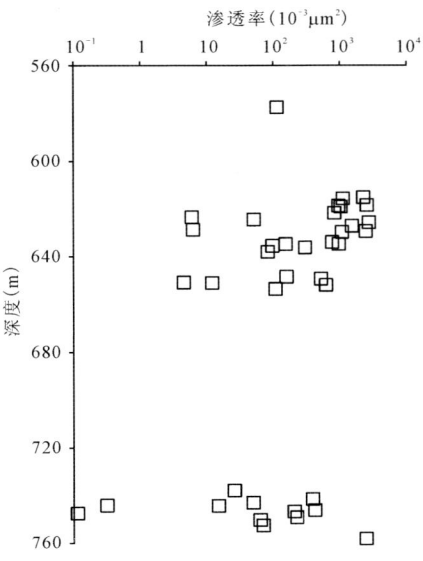

图4-28 梅山组一段渗透率随埋深变化图

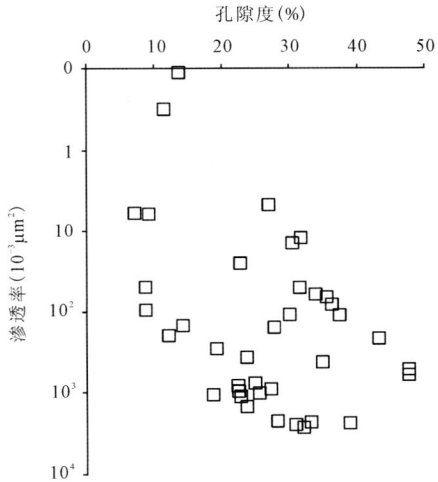

图4-29 梅山组一段孔隙度与渗透率关系图

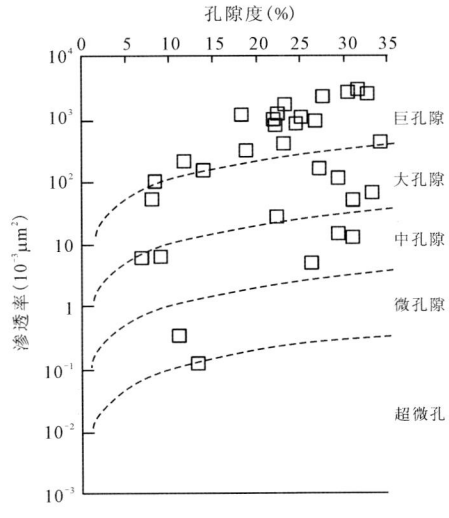

图4-30 梅山组一段孔隙类型
（分区据邹才能等，2011）

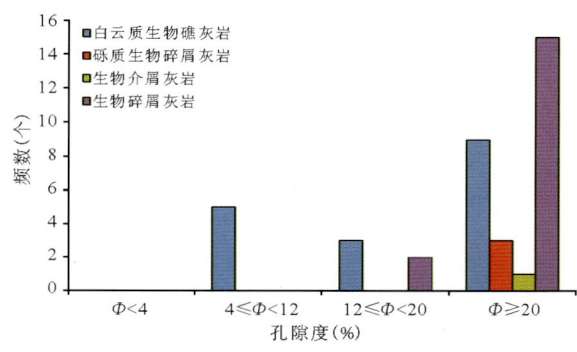

图4-31 梅山组一段岩石类型与孔隙度关系直方图　　图4-32 梅山组一段岩石类型与渗透率关系直方图

5. 黄流组二段

孔隙度分布范围介于3.7%～38.8%之间(图4-33),平均为20.15%。渗透率分布范围(0.22～8335)×$10^{-3}\mu m^2$(图4-34),平均为$1209\times10^{-3}\mu m^2$。孔隙度随深度变化呈多项式函数关系(图4-33):$y=-0.0357x^2+1.4118x+518.55$,其中$R^2=0.0069$;渗透率随深度变化呈多项式函数关系(图4-34):$y=-6\times10^{-7}x^2+0.0073x+523.21$,其中$R^2=0.0352$;孔隙度-渗透率关系图表明二者呈幂函数关系(图4-35):$y=0.097x^{2.9446}$,其中$R^2=0.5874$。孔隙度(图4-33)、渗透率(图4-34)数据随深度变化相关性较弱,孔隙度-渗透率数据(图4-35)相关性较弱。根据判别图解(图4-36),黄流组二段碳酸盐岩储层孔隙类型主要为巨孔隙和大孔隙,其次为中孔隙和微孔隙。碳酸盐岩类型对物性的控制作用明显(图4-37、图4-38),生物礁灰岩、白云岩化生物礁灰岩和生物礁白云岩物性最好,其次为白云质珊瑚礁灰岩、珊瑚礁灰岩和含藻珊瑚礁灰岩。

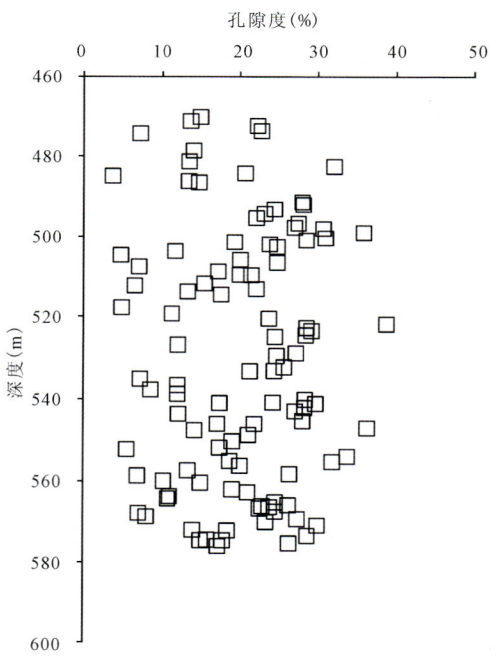

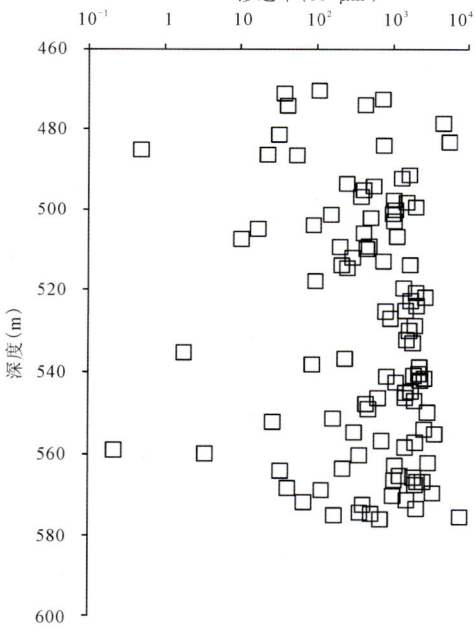

图4-33 黄流组二段孔隙度随埋深变化　　图4-34 黄流组二段渗透率随埋深变化

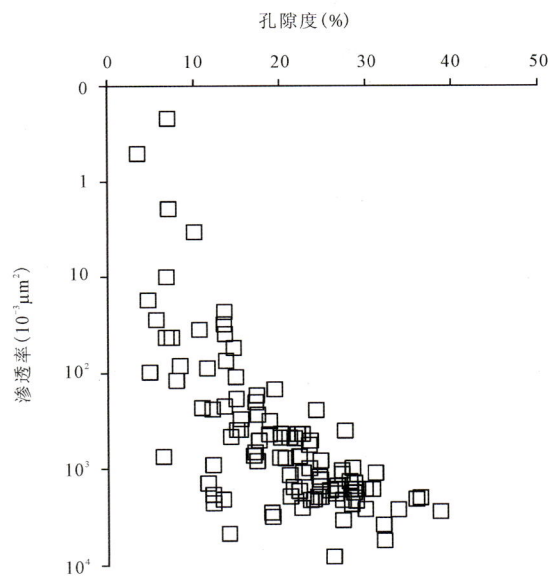

图 4-35 黄流组二段孔隙度与渗透率关系

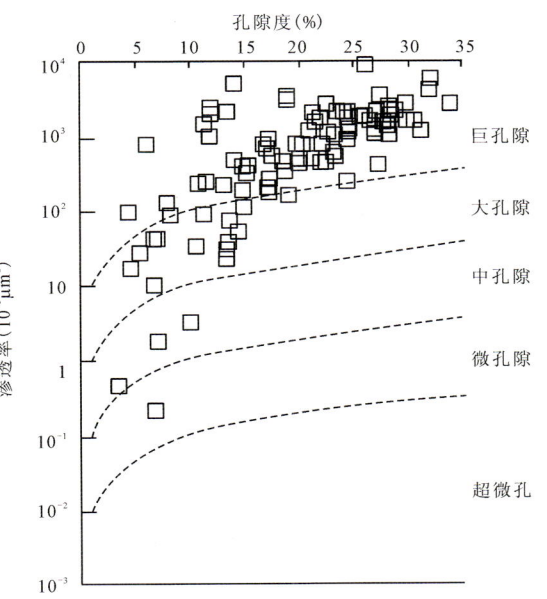

图 4-36 黄流组二段孔隙类型
(分区据邹才能等,2011)

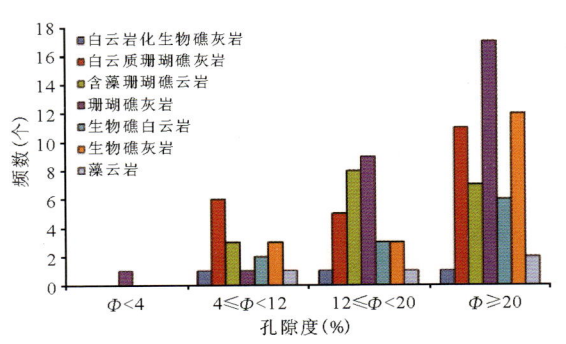

图 4-37 黄流组二段岩石类型
与孔隙度关系直方图

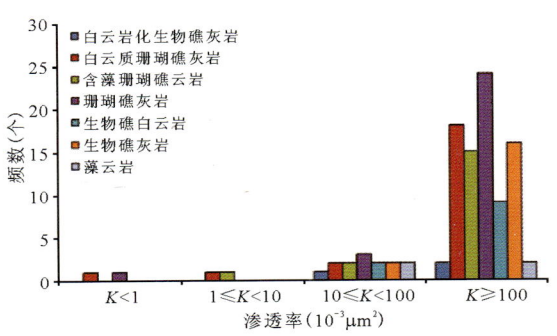

图 4-38 黄流组二段岩石类型
与渗透率关系直方图

6. 黄流组一段

孔隙度分布范围介于 18%～44.4% 之间(图 4-39),平均为 34.20%。渗透率分布范围(12.2～8211)×$10^{-3}\mu m^2$(图 4-40),平均为 2252.81×$10^{-3}\mu m^2$。孔隙度随深度变化呈多项式函数关系(图 4-39):$y=0.0153x^2-1.59x+453.24$,其中 $R^2=0.0144$;渗透率随深度变化呈对数函数关系(图 4-40):$y=4.8526\ln x+383.34$,其中 $R^2=0.0469$;孔隙度-渗透率关系图表明二者呈多项式函数关系(图 4-41):$y=2.6496x^2-102.08x+2531$,其中 $R^2=0.0529$。根据判别图解(图 4-42),黄流组一段碳酸盐岩储层孔隙类型主要为巨孔隙,其次为大孔隙。

孔隙度(图 4-39)、渗透率(图 4-40)数据随深度变化和孔隙度-渗透率(图 4-41)数据相关性较弱。碳酸盐岩类型对物性的控制作用明显(图 4-43、图 4-44),生物碎屑灰岩和含生屑生物礁灰岩物性最好,其次为生物礁灰岩。

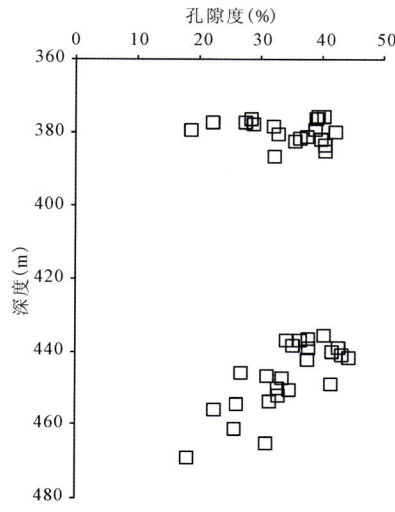
图4-39 黄流组一段孔隙度随埋深变化

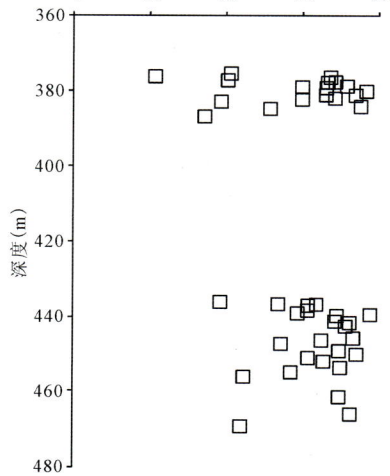
图4-40 黄流组一段渗透率随埋深变化

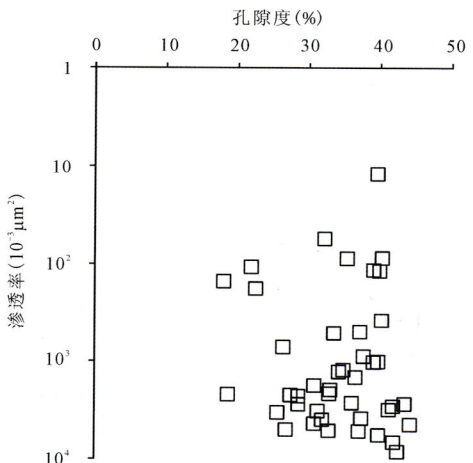
图4-41 黄流组一段孔隙度与渗透率关系

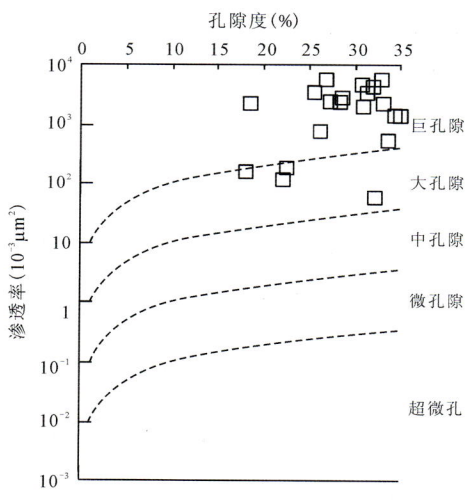
图4-42 黄流组一段孔隙类型
（分区据邹才能等，2011）

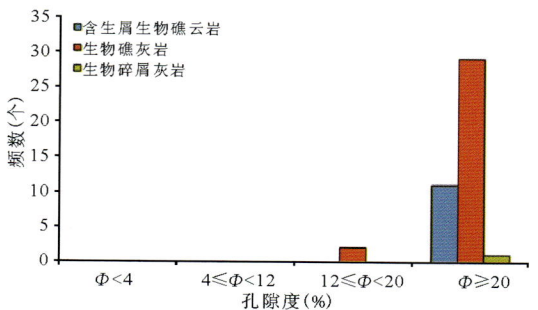
图4-43 黄流组一段岩石类型
与孔隙度关系直方图

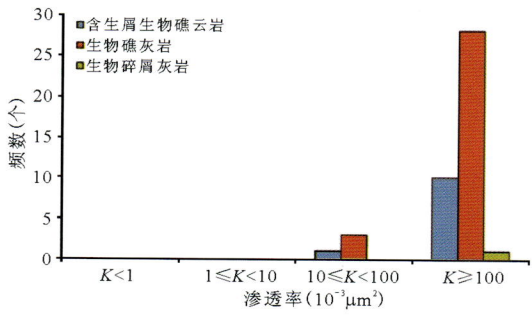
图4-44 黄流组一段岩石类型
与渗透率关系直方图

7. 莺歌海组二段

孔隙度分布范围介于37.6%~46.3%之间(图4-45),平均为42.8%。渗透率分布范围(22.5~2826)×10^{-3} μm^2(图4-46),平均为686.1×10^{-3} μm^2。孔隙度随深度变化呈多项式函数关系(图4-45):$y=0.6757x^2-65.641x+1889.5$,其中$R^2=0.6302$;渗透率随深度变化呈对数函数关系(图4-46):$y=-19.33\ln x+435.74$,其中$R^2=0.6302$。孔隙度-渗透率关系图表明二者呈幂函数关系(图4-47):$y=4\times10^{-24}x^{15.885}$,其中$R^2=0.6961$。孔隙度(图4-45)、渗透率(图4-46)数据随深度变化和孔隙度-渗透率(图4-47)数据相关性较强。碳酸盐岩类型主要为生物礁灰岩。根据判别图解,莺歌海组二段孔隙类型主要为大孔隙和巨孔隙(图4-48)。

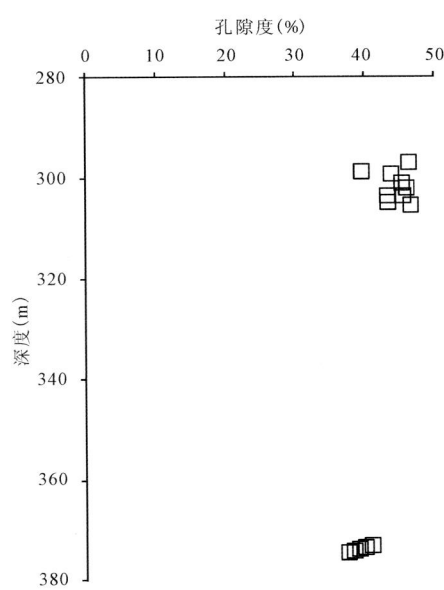

图4-45 莺歌海组二段孔隙度随埋深变化

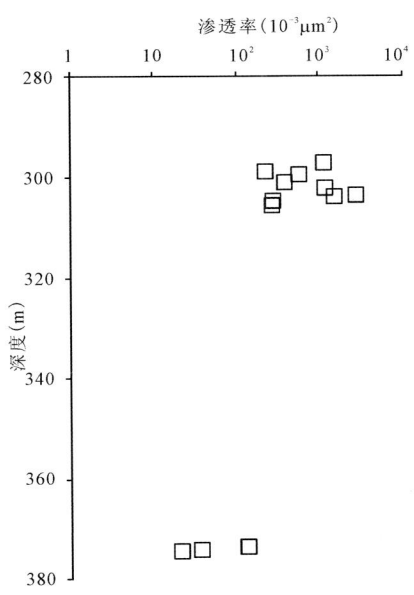

图4-46 莺歌海组二段渗透率随埋深变化

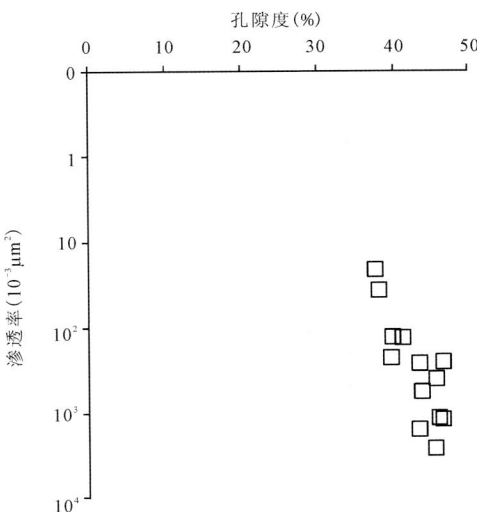

图4-47 莺歌海组二段孔隙度与渗透率关系

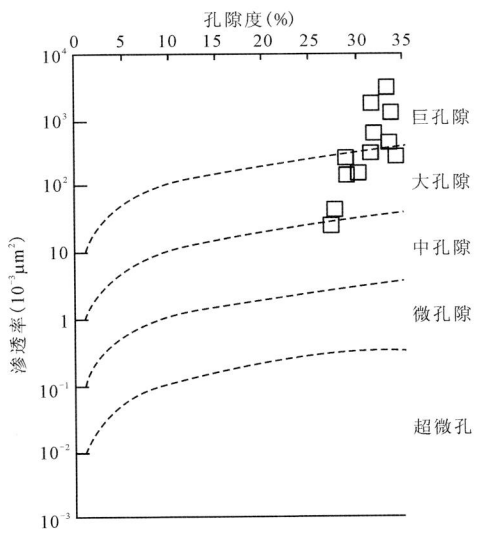

图4-48 莺歌海组二段孔隙类型
(分区据邹才能等,2011)

8. 莺歌海组一段

孔隙度分布范围介于39.5%~46.6%之间(图4-49),平均为43.52%。渗透率分布范围(24.9~2941)×$10^{-3}\mu m^2$(图4-50),平均为782.8×$10^{-3}\mu m^2$。孔隙度随深度变化呈多项式函数关系(图4-49):$y=-0.8706x^2+77.445x-1479.7$,其中$R^2=0.0867$;渗透率随深度变化呈幂函数关系(图4-50):$y=223.53x^{0.011}$,其中$R^2=0.0474$;孔隙度-渗透率关系图表明二者呈幂函数关系(图4-51):$y=1\times10^{-13}x^{9.4469}$,其中$R^2=0.0707$。莺歌海组一段碳酸盐岩储层孔隙类型主要为大孔隙和巨孔隙,含有少量的中孔隙(图4-52)。孔隙度、渗透率数据随深度变化(图4-49、图4-50)和孔隙度-渗透率数据(图4-51)相关性较弱。碳酸盐岩类型对物性的控制作用明显(图4-53、图4-54),灰白色生物碎屑灰岩和含泥生物碎屑灰岩物性最好,其次为浅灰色生物礁灰岩和含灰泥生物碎屑灰岩。

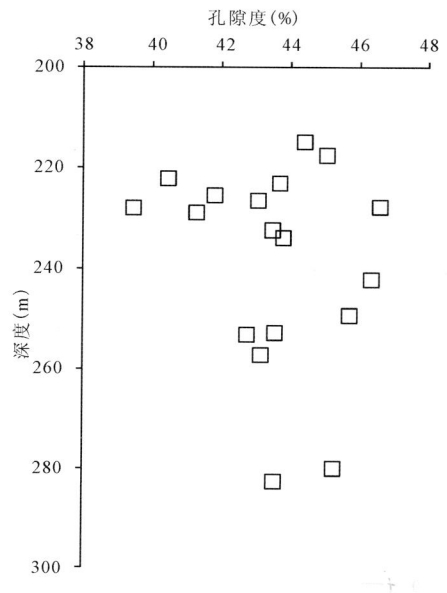

图4-49 莺歌海组一段孔隙度随埋深变化

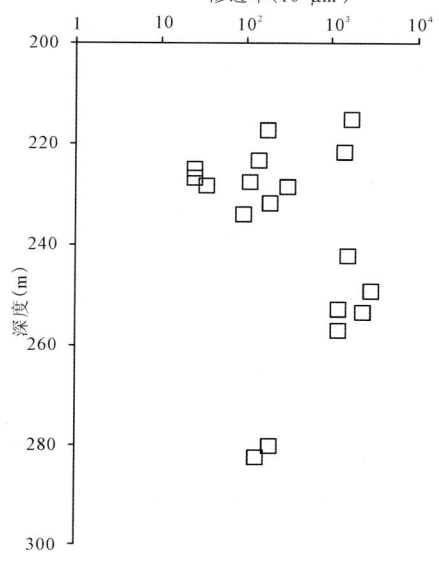

图4-50 莺歌海组一段渗透率随埋深变化

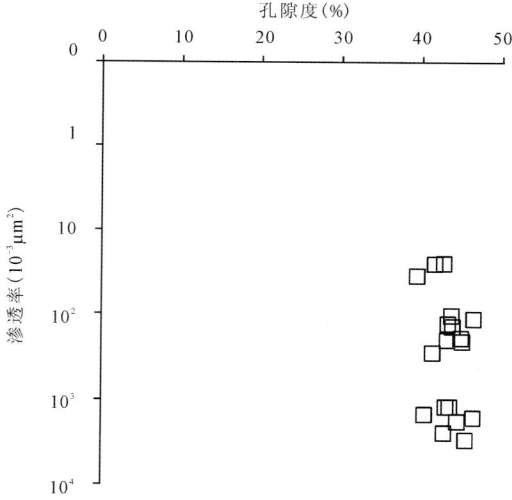

图4-51 莺歌海组一段孔隙度与渗透率关系

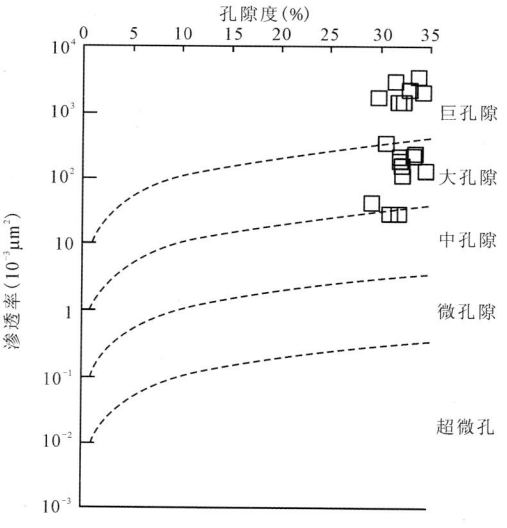

图4-52 莺歌海组一段孔隙类型
(分区据邹才能等,2011)

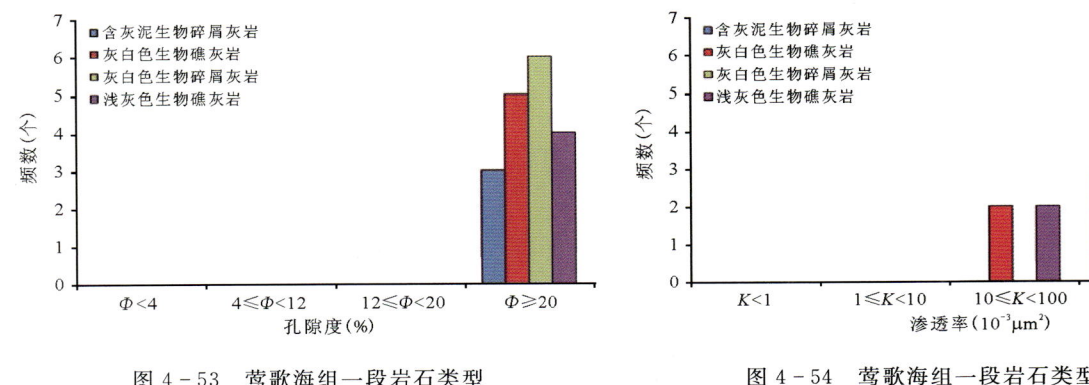

图 4-53 莺歌海组一段岩石类型
与孔隙度关系直方图

图 4-54 莺歌海组一段岩石类型
与渗透率关系直方图

9. 乐东组

孔隙度分布范围介于 13.1%～39.7% 之间（图 4-55），平均为 29%。渗透率分布范围（1.44～7487）$\times 10^{-3} \mu m^2$（图 4-56），平均为 $1653 \times 10^{-3} \mu m^2$。孔隙度随深度变化呈多项式函数关系（图 4-57）：$y=-0.052x^2+3.4988x+85.157$，其中 $R^2=0.0094$；渗透率随深度变化呈多项式函数关系（图 4-56）：$y=-2\times 10^{-7}x^2-0.0035x+148.32$，其中 $R^2=0.0563$；孔隙度-渗透率关系图表明二者呈幂函数关系（图 4-57）：$y=5\times 10^{-5}x^{4.7336}$，其中 $R^2=0.2946$。物性数据随深度变化相关性较弱，孔隙度-渗透率数据相关性中等。

根据邹才能等（2011）建立的判别图解，乐东组碳酸盐岩的孔隙类型主要为大孔隙和巨孔隙，含有少量的中孔隙和微孔隙（图 4-58）。

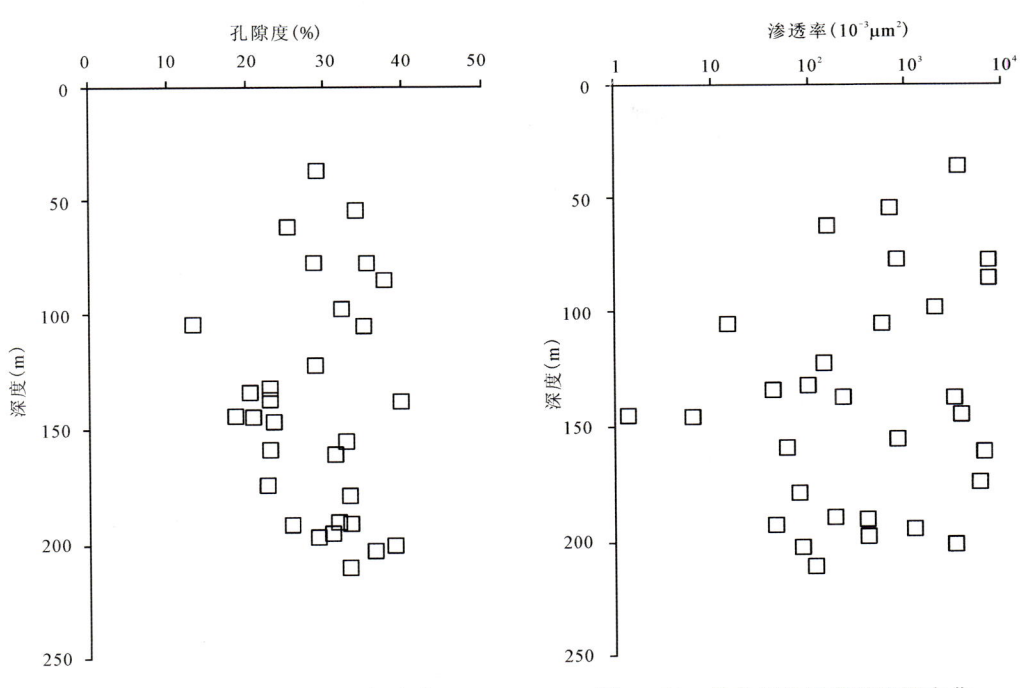

图 4-55 乐东组孔隙度随埋深变化

图 4-56 乐东组渗透率随埋深变化

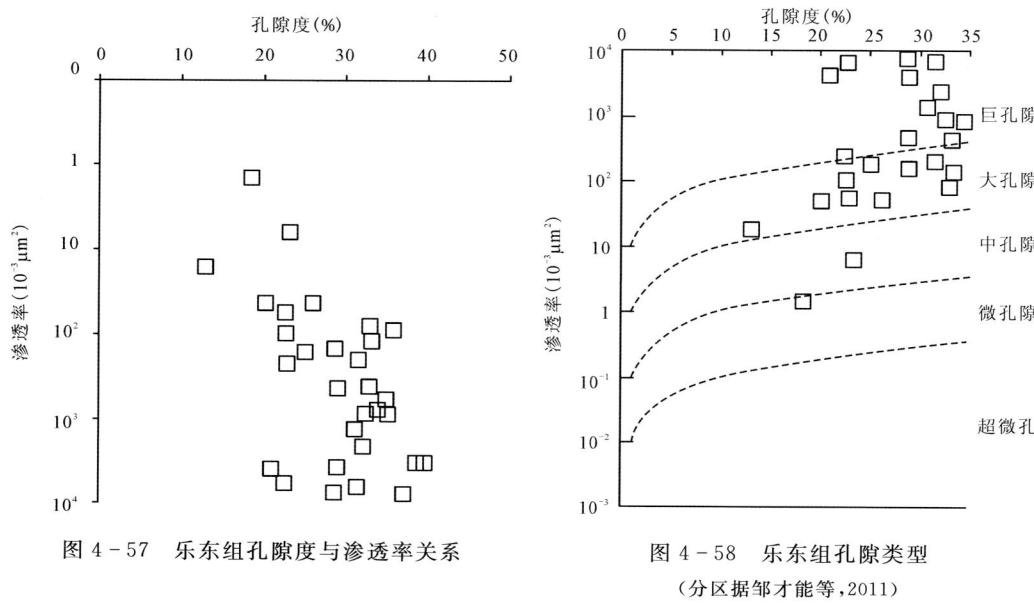

图 4-57 乐东组孔隙度与渗透率关系

图 4-58 乐东组孔隙类型
（分区据邹才能等，2011）

4.3 储层物性评价及孔隙结构

4.3.1 储层物性评价

储层评价标准采用行业碳酸盐岩储层类型划分方案（SY/T6285—2011）（表 4-2）。

表 4-2 碳酸盐岩储层类型划分方案（SY/T6285—2011）

储层孔隙度类型	孔隙度 Φ（%）	储层渗透率类型	渗透率 K（$10^{-3}\mu m^2$）
高孔	$\Phi \geqslant 20$	高渗	$K \geqslant 100$
中孔	$12 \leqslant \Phi < 20$	中渗	$10 \leqslant K < 100$
低孔	$4 \leqslant \Phi < 12$	低渗	$1 \leqslant K < 10$
特低孔	$\Phi < 4$	特低渗	$K < 1$

1. 三亚组二段

三亚组二段碳酸盐岩主要为高孔、高渗和中孔、中渗型储层，其次为低孔、低渗型储层（图 4-59、图 4-60）。

2. 三亚组一段

三亚组一段碳酸盐岩主要为低孔、高渗和低孔、特低渗型储层，其次为中孔、中渗型储层和少量的高孔、高渗型储层（图 4-61、图 4-62）。

3. 梅山组二段

梅山组二段碳酸盐岩主要为高孔、高渗型储层，其次为中孔、中渗型储层，含有少量的低孔、低渗型储层（图 4-63、图 4-64）。

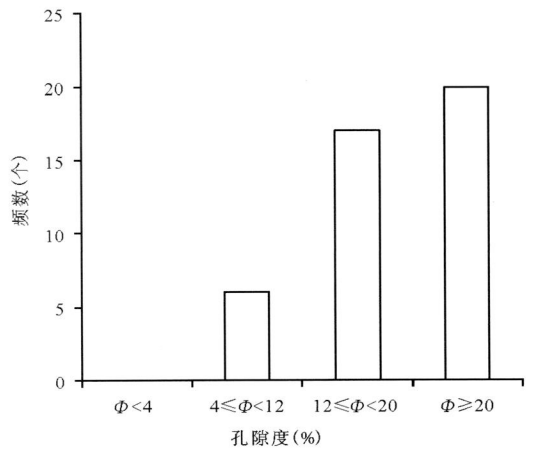
图 4-59 三亚组二段孔隙度分布直方图

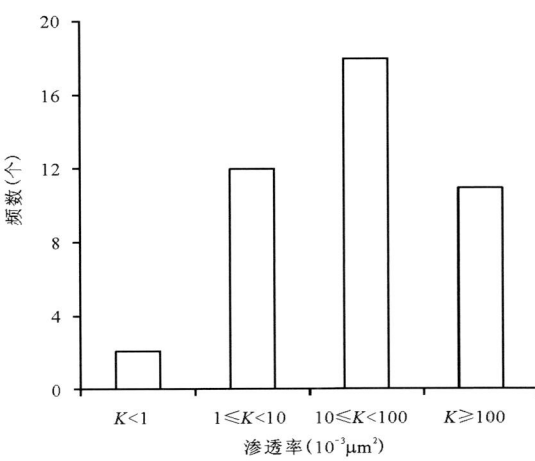
图 4-60 三亚组二段渗透率分布直方图

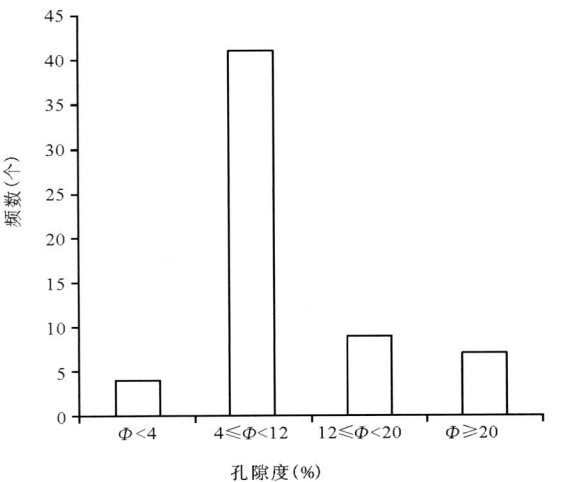
图 4-61 三亚组一段孔隙度分布直方图

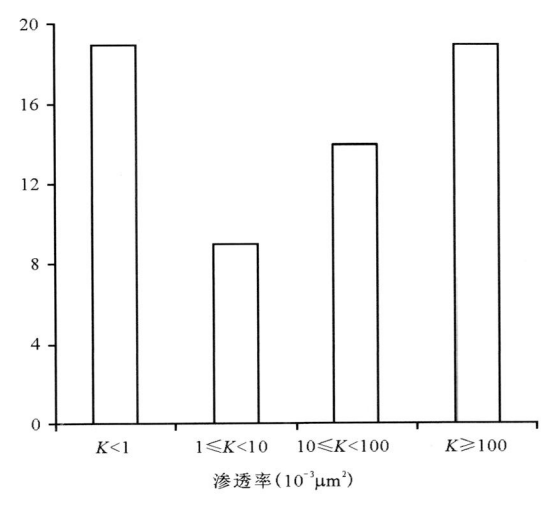
图 4-62 三亚组一段渗透率分布直方图

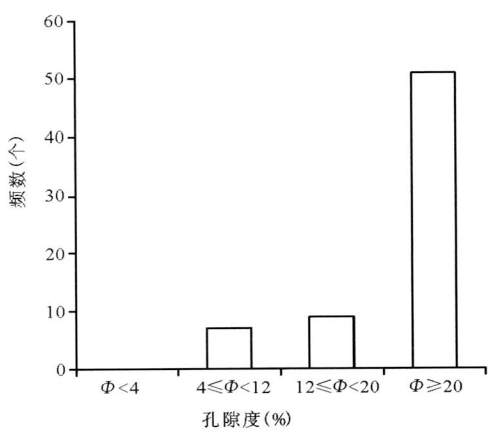
图 4-63 梅山组二段孔隙度分布直方图

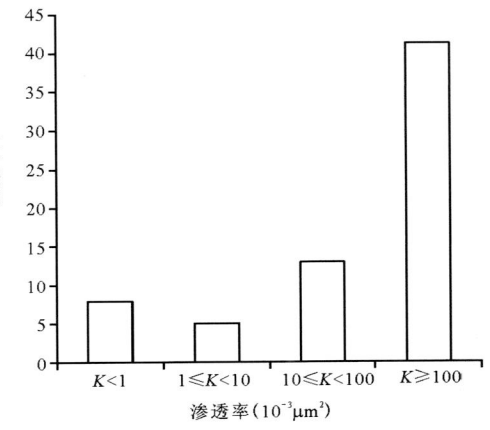
图 4-64 梅山组二段渗透率分布直方图

4. 梅山组一段

梅山组一段碳酸盐岩主要为高孔、高渗型储层,其次为中孔、中渗型储层,含有少量的低孔、低渗型储层(图4-65、图4-66)。

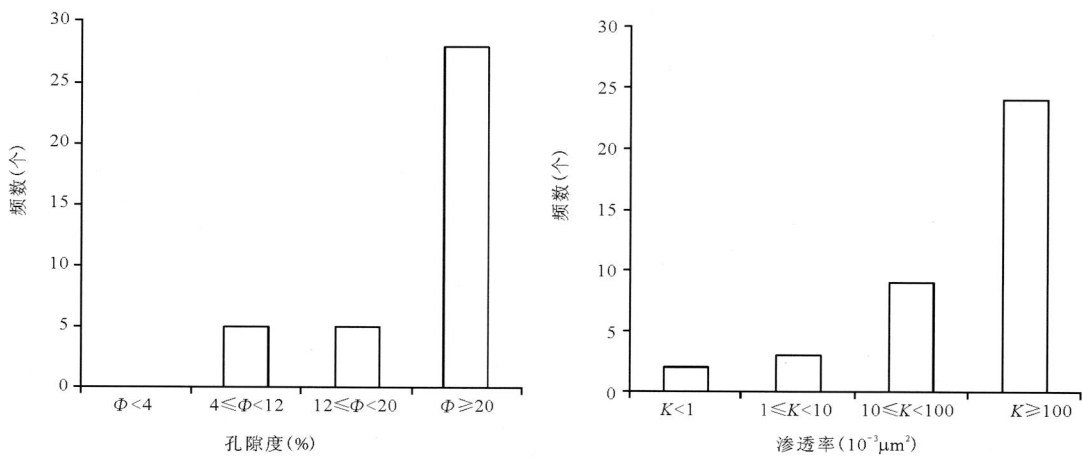

图4-65 梅山组一段孔隙度分布直方图　　图4-66 梅山组一段渗透率分布直方图

5. 黄流组二段

黄流组二段碳酸盐岩主要为高孔、高渗型储层,其次为中孔、中渗型储层,含有少量的低孔、低渗型储层(图4-67、图4-68)。

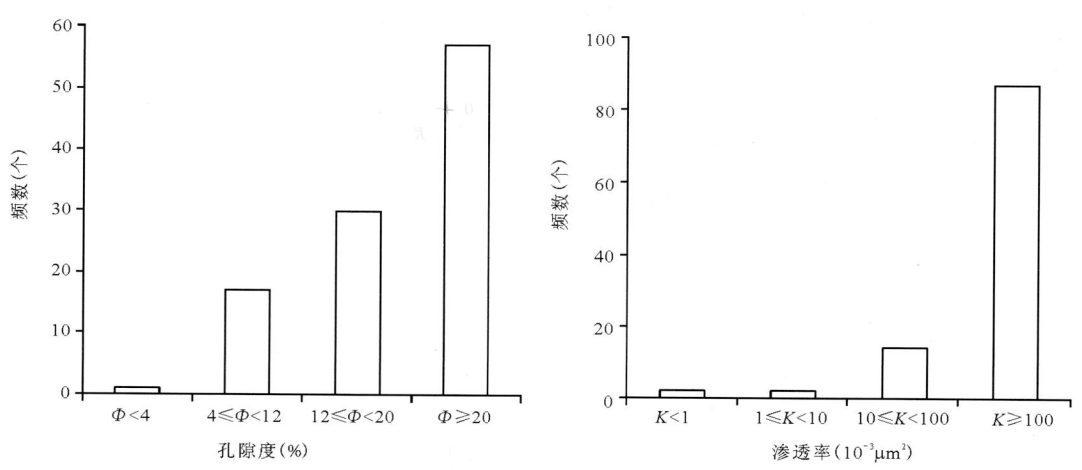

图4-67 黄流组二段孔隙度分布直方图　　图4-68 黄流组二段渗透率分布直方图

6. 黄流组一段

黄流组一段碳酸盐岩储层主要为高孔、高渗型储层,其次为中孔、中渗型储层(图4-69、图4-70)。

7. 莺歌海组二段

莺歌海组二段碳酸盐岩主要为高孔、高渗型储层,其次为高孔、中渗型储层(图4-71、图4-72)。

8. 莺歌海组一段

莺歌海组一段碳酸盐岩主要为高孔、高渗型储层(图4-73、图4-74)。

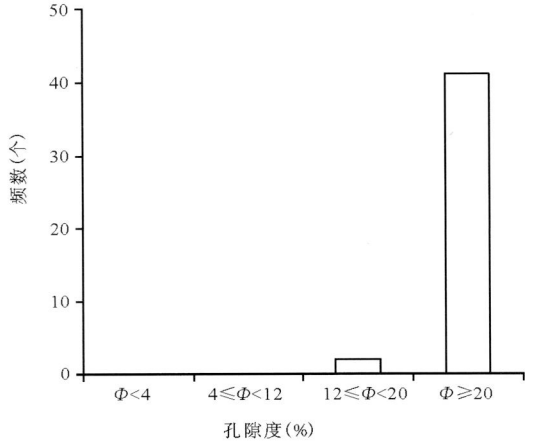
图 4-69 黄流组一段孔隙度分布直方图

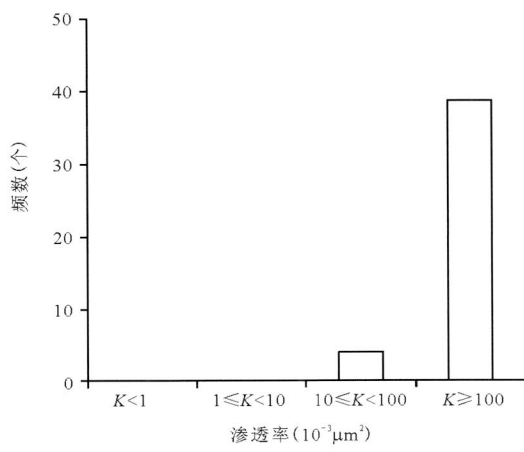
图 4-70 黄流组一段渗透率分布直方图

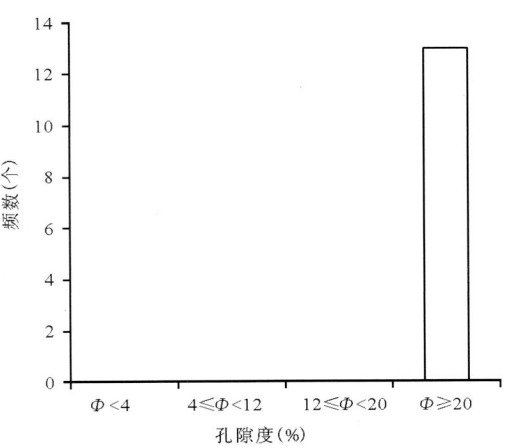
图 4-71 莺歌海组二段孔隙度分布直方图

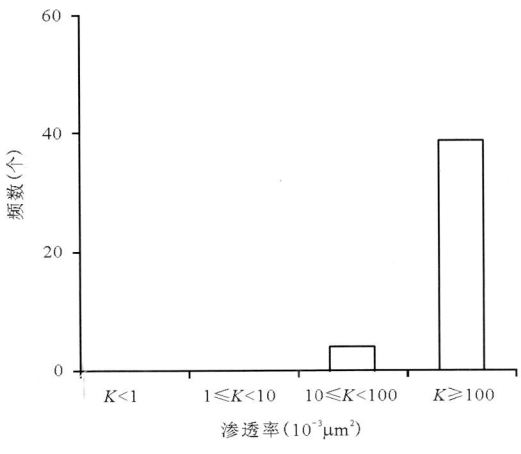
图 4-72 莺歌海组二段渗透率分布直方图

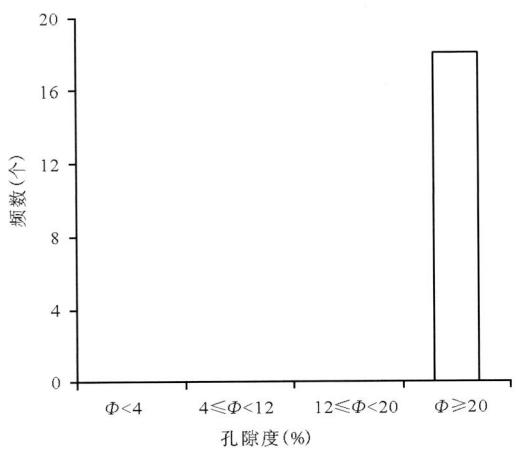
图 4-73 莺歌海组一段孔隙度分布直方图

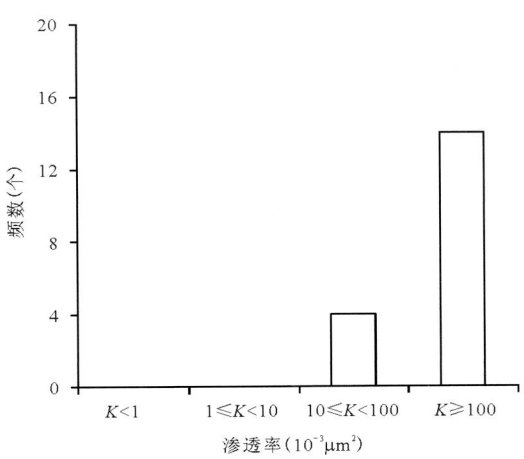
图 4-74 莺歌海组一段渗透率分布直方图

9. 乐东组

乐东组碳酸盐岩为高孔、高渗型储层,少量为中孔、中渗型储层(图4-75、图4-76)。

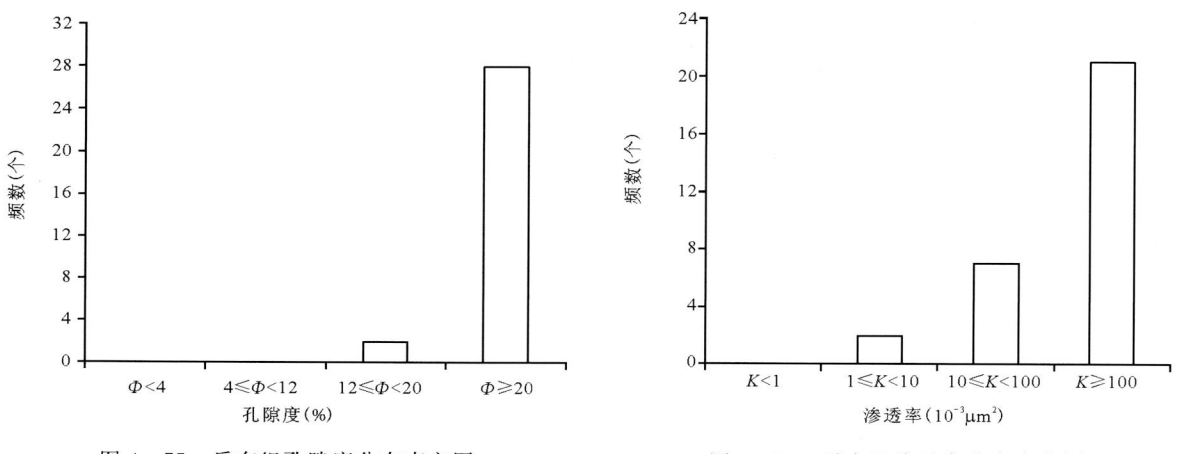

图4-75 乐东组孔隙度分布直方图　　　　图4-76 乐东组渗透率分布直方图

4.3.2 储层孔隙结构

根据21组压汞数据的相关性分析(表4-3),获取了与孔隙度(Φ)、渗透率(K)最相关的压汞参数(表4-4)。其中,与孔隙度(Φ)正相关的参数为渗透率(K)和退汞效率(W),与渗透率(K)正相关的参数包括孔隙度(Φ)、孔吼半径平均值(R_m)、孔隙中值(R_{50}),与渗透率(K)负相关的参数为最大汞饱和度(S_{max})。

以渗透率(K)、孔隙度(Φ)、反映孔喉大小的喉道半径均值(R_m)、孔隙中值(R_{50})、反映孔喉分选程度的均质系数(α)、反映孔喉连通性的排驱压力(P_{cd})、压力中值(p_{50})和退汞效率(W)为变量(表4-5),对21个样本进行了Q型聚类分析。获取的好、较好、中和差孔隙级别的数值范围见表4-6。

表4-3 压汞曲线11个变量相关性分析结果

	Φ	K	P_{cd}	R_d	R_m	p_{50}	R_{50}	α	CV	W	S_{max}
Φ	1	0.076	−0.177	−0.355	−0.141	0.031	−0.280	−0.234	0.200	0.660	0.033
K		1	−0.006	0.184	0.437	0.438	0.460	0.258	−0.275	0.356	−0.533
P_{cd}			1	−0.407	−0.315	0.671	−0.389	0.435	−0.390	−0.304	−0.337
R_d				1	0.244	−0.492	0.455	−0.369	0.453	−0.300	0.048
R_m					1	0.122	0.877	0.068	−0.047	0.254	0.083
p_{50}						1	−0.106	0.299	−0.332	0.126	−0.452
R_{50}							1	0.114	−0.159	0.178	0.139
α								1	−0.901	0.035	−0.430
CV									1	−0.162	0.299
W										1	0.014
S_{max}											1

表 4-4 孔隙度、渗透率与其他压汞变量相关数据表

物性	孔隙中值 R_{50}	孔喉半径均值 R_m	压力中值 p_{50}	最大进汞饱和度 S_{max}	退汞效率 W
Φ	−0.28	−0.14	0.03	−0.01	0.66
K	0.46	0.44	0.44	0.60	0.36

表 4-5 因子分析所得聚类分析变量

常规物性参数	K	Φ	
反映孔喉大小	R_m	R_{50}	
反映孔喉分选程度	α		
反映孔喉连通性	p_{50}	P_{cd}	W

21 组压汞数据统计分析（表 4-7）表明，储层孔隙结构级别以较好级别为主（占 80.95%），其次为好级别（占 9.52%），中级别和差级别少量（仅占 9.53%）（图 4-77）。

1."好"级别孔隙结构储层特征

"好"级别孔隙结构以补 34 号样品为代表（图 4-78）。毛管压力曲线显示其压汞曲线平台位于右下部且比较平缓，粗歪度，排驱压力较低（0.018MPa），反映储层孔隙大、喉道粗。从孔隙分布图可知：孔喉分布范围较宽（0.025~40μm），形态呈单峰型，主峰位 40.0μm。储层孔隙结构主要以大孔、粗喉道为特征，渗透性主要是大孔贡献的，储层物性好。

2."较好"级别孔隙结构储层特征

"较好"级别孔隙结构以 24 号样品为代表（图 4-79）。毛管压力曲线显示其压汞曲线平台位于中部，较之"好"级别曲线"较好"级别曲线下部不存在平缓平台，粗歪度，其排驱压力同样较小（0.01MPa），反映储层孔隙中等，分布较均匀。从孔隙分布图可知：孔喉分布范围宽（0.025~100μm），形态主要呈单峰型，主峰位 6.3μm。储层孔隙结构主要以中孔、中喉道为特征，渗透性主要是中孔贡献的，储层物性较好。

3."中"级别孔隙结构储层特征

"中"级别孔隙结构以 10 号样品为代表（图 4-80）。毛管压力曲线显示其压汞曲线平台位于中部且比较倾斜，细歪度，排驱压力较小（0.019MPa），反映储层孔隙中等，分布较均匀。从孔隙分布图可知：孔喉分布范围较宽（0.025~40μm）。储层孔隙结构主要以中孔、中喉道为特征，渗透性主要是中孔贡献的，储层物性一般。

4."差"级别孔隙结构储层特征

"差"级别孔隙结构以 6 号样品为例（图 4-81）。毛管压力曲线显示其压汞曲线平台位于右上方，细歪度，排驱压力较大（2.09MPa），反映储层孔隙较小，喉道较细。从孔隙分布图可知：孔喉较大部分分布范围较窄（0.025~0.4μm），形态主要呈单峰型且峰值位于小孔喉区，主峰位 0.025μm。储层孔隙结构主要以小孔、细喉道为特征，渗透性受小孔喉影响大，储层物性较差。

5. 储层岩石类型对孔隙结构的影响

21 组压汞-岩石类型对应数据（表 4-7）分析（图 4-82）表明，西科 1 井"好"级别孔隙结构主要分布于白云岩，"中"和"差"级别孔隙结构主要分布于泥粒灰岩及粒泥灰岩。

表 4-6 孔隙结构划分表

级别	K		Φ		p_{50}		R_{50}	
	范围	平均	范围	平均	范围	平均	范围	平均
好	4180	4180	31.2	31.2	0.086	0.086	8.585	8.585
较好	2530~2880	2705.000	20.8~29.6	25.2	0.11~9.481	4.795 50	6.679~11.57	9.124 50
中	999~1200	1086.333	22.3~42.6	30.233	0.09~0.613	0.296 33	1.199~8.156	4.433 00
差	13.3~615	260.929	13.5~45.5	26.971	0.119~10.78	1.405 43	0.068~6.174	2.217 21
级别	α		R_m		P_{cd}		W	
	范围	平均	范围	平均	范围	平均	范围	平均
好	0.362	0.362	13.57	13.57	0.018	0.018	55.85	55.85
较好	0.197~0.31	0.253 50	13.81~38.72	26.265 00	0.01~0.19	0.014 50	35.25~64.02	49.6350
中	0.155~0.341	0.274 67	5.851~9.471	8.365 67	0.019~0.025	0.022 67	31.07~43.87	38.8333
差	0.119~0.491	0.246 07	0.126~12.59	3.924 57	0.01~2.09	0.243 00	20.71~71.11	41.4293

表 4-7 西科 1 井孔隙结构评价参数分类数据

级别	K		Φ		p_{50}		R_{50}	
	范围	平均	范围	平均	范围	平均	范围	平均
好	4180	4180	31.2	31.2	0.086	0.086	8.585	8.585
较好	2530~2880	2705.000	20.8~29.6	25.2	0.11~9.481	4.795 50	6.679~11.57	9.124 50
中	999~1200	1086.333	22.3~42.6	30.233	0.09~0.613	0.296 33	1.199~8.156	4.433 00
差	13.3~615	260.929	13.5~45.5	26.971	0.119~10.78	1.405 43	0.068~6.174	2.217 21
级别	α		R_m		P_{cd}		W	
	范围	平均	范围	平均	范围	平均	范围	平均
好	0.362	0.362	13.57	13.57	0.018	0.018	55.85	55.85
较好	0.197~0.31	0.253 50	13.81~38.72	26.265 00	0.01~0.19	0.014 50	35.25~64.02	49.6350
中	0.155~0.341	0.274 67	5.851~9.471	8.365 67	0.019~0.025	0.022 67	31.07~43.87	38.8333
差	0.119~0.491	0.246 07	0.126~12.59	3.924 57	0.01~2.09	0.243 00	20.71~71.11	41.4293

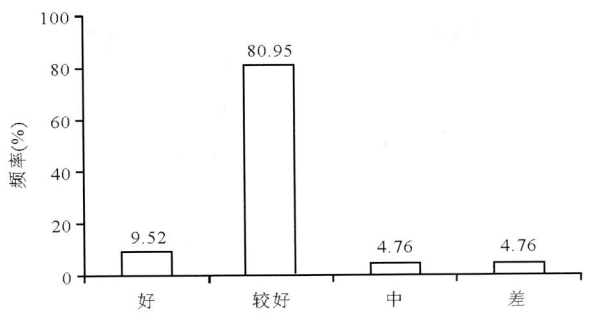

图 4-77 西科 1 井孔隙结构直方图

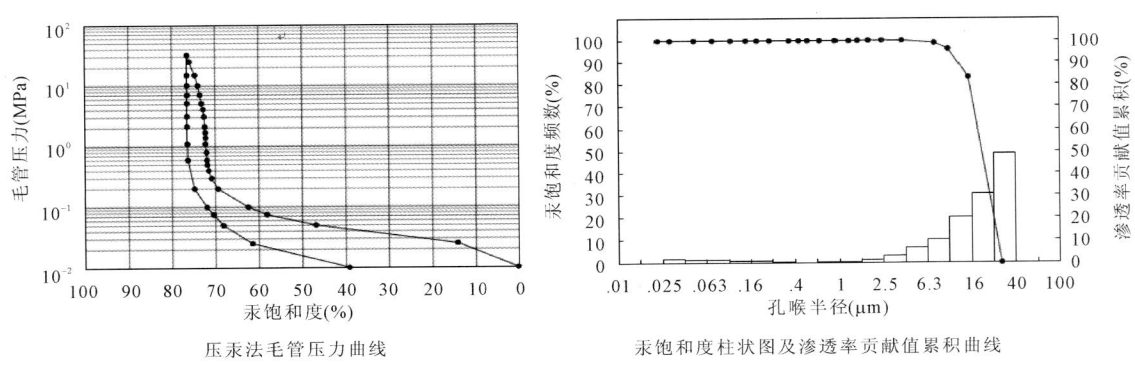

图 4-78 "好"级别毛管曲线及孔喉分布

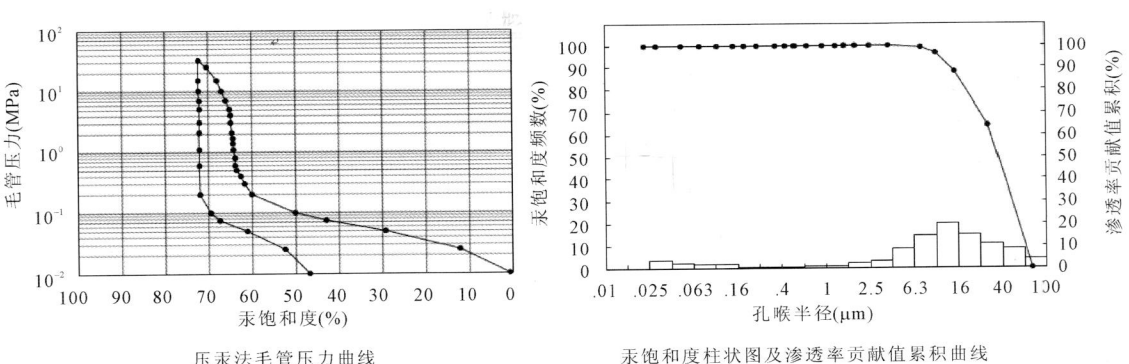

图 4-79 "较好"级别毛管曲线及孔喉分布

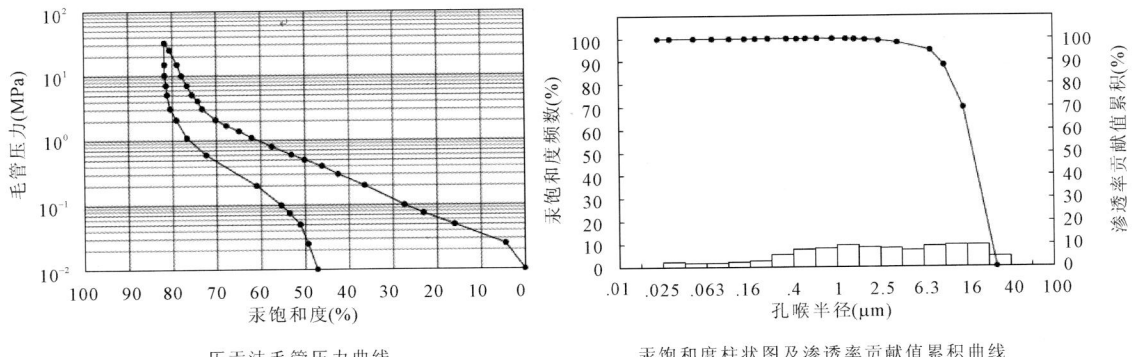

图 4-80 "中"级别毛管曲线及孔喉分布

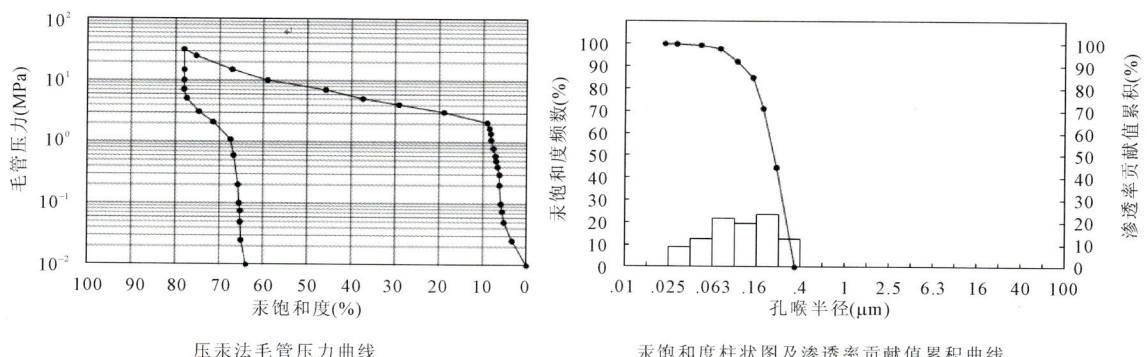

| 压汞法毛管压力曲线 | 汞饱和度柱状图及渗透率贡献值累积曲线 |

图4-81 "差"级别毛管曲线及孔喉分布

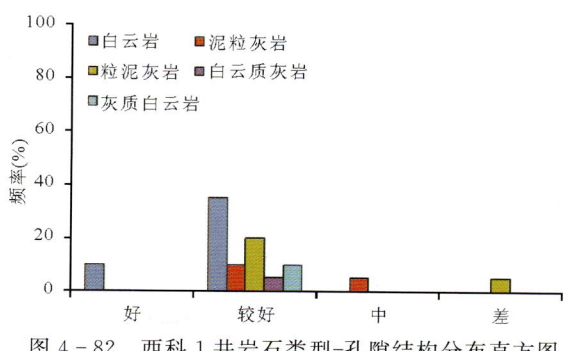

图4-82 西科1井岩石类型-孔隙结构分布直方图

4.4 储层综合评价

我国的碳酸盐岩分布极为广泛,地面分布约占1/8国土面积。目前已经查明,四川的前寒武系、石炭系、二叠系、三叠系及侏罗系都具有颇为丰富的石油与天然气产层,湖北碳酸盐岩层系中也有大量天然气的储藏量及产量;南海、云南、广西、贵州等地碳酸盐岩生物礁具有很好的石油、天然气潜能,有待进一步勘探。

西科1井钻遇碳酸盐岩以高孔、高渗为特征,与前第三系碳酸盐岩储层的低孔低渗特征不同。针对这一情况,本专著从实际情况出发,采用了SPSS聚类分析方法,优选储层评价参数,建立了碳酸盐岩综合评价体系。

4.4.1 评价步骤

本书采用Q型聚类,首先对原始数据进行标准化,计算它们之间的相关性,筛选出相关性好的参数进行聚类分析;然后依次单击菜单"分析→分类→系统聚类",参数设置完毕后,点击确定,即得出结果;最后结合实际情况对聚类结果进行判评。

4.4.2 评价参数选取

1. 选取原则

油气储层的生产能力受到诸多因素的影响。影响产能的因素大致可分为两大类(谭成仟,2001):一类是储层自身因素,包括储层的岩性、物性、含油气性和流体性质;另一类是人为因素,包括表皮系数和油井半径等。由此可见储层产能是由储层的自身条件与外部环境以及油气性能等共同决定的。然而在实际生产过程中,其固定的开采模式及特定的开发区块导致外部的岩性、流体性质等环境条件和油气性能基本不发生大的改变,对储层的评价不会产生影响,因此在实际应用中对储层评价起决定性作用的是油气储层自身的性质。

储层中的孔隙是主要储存空间;喉道是渗滤通道,决定着储层渗透率的高低及流体产能的大小。孔分布是最有理论及实际意义的主要参数。在研究孔分布时,最关键的因素是孔隙与孔隙之间连通的喉道大小。孔隙喉道大小及体积直接控制着储集岩的储渗性质,也是控制毛细管效应采收率大小的主要因素,因此在研究碳酸盐储集岩的孔隙结构时,必须详细地研究孔隙与喉道的组合关系及孔喉比(罗蛰潭,1981)。孔隙度作为储层评价重要的参数,当孔隙度值达到某类储层所规定的要求时,再考虑其他储层分类参数是否符合该类储层的标准,当其中一两个标准不达标时,就可适当降低该参数的等级值(王天娇,2011)。

2. 选取结果

考虑到资料的完整性及参照前人的研究成果(唐泽尧,1980;罗蛰潭,1981;颜磊,2009;焦增玉,2011;王琳,2011),本次研究选取了储层渗透率、有效孔隙度、排驱压力和孔喉半径平均值作为储层综合定量评价的参数(表4-8)。

(1)排驱压力:指孔隙系统中最大连通孔隙喉道所对应的毛细管压力。排驱压力与岩石渗透率有明显的关系,渗透率高的岩样,排驱压力值就低;渗透率低的岩样,排驱压力值就高。

(2)孔隙喉道半径平均值:是孔隙喉道大小总平均数的度量。

4.4.3 评价结果

1. 储层分类标准

将储层类型设定为4类,各类储层的孔隙度、渗透率、排驱压力、孔隙吼道半径平均值和孔隙结构类型如表4-8所示。其中,Ⅳ类储层占70%,Ⅲ类、Ⅱ类和Ⅰ类储层所占比例依次为15%、10%和5%(图4-83)。

表4-8 西科1井碳酸盐岩储层分类标准

储层类型	Ⅰ	Ⅱ	Ⅲ	Ⅳ
孔隙度(%)	29~32	20~30	22~43	13~46
渗透率($10^{-3}\mu m^2$)	2880~4180	2530~2880	999~1200	13~615
排驱压力(MPa)	<0.018	0.01~0.19	0.019~0.025	0.01~2.09
孔隙喉道半径平均值(μm)	>13.57	13.81~38.72	5.851~9.471	0.126~12.59
孔隙结构类型[①]	特大孔粗中喉 大孔粗中喉	中孔中粗喉	中孔细喉 小孔细喉	小孔微喉 特小孔微喉
储层评价	好	较好	中	差

①SY/T6285—1997。

Ⅰ类储层主要为梅山组白云岩,孔隙度分布在29%~32%之间,渗透率(2880~4180)×$10^{-3}\mu m^2$。毛管压力曲线较平滑,粗歪度,分选好,大孔—粗喉型,排驱压力较低(<0.018MPa),孔隙喉道半径平均值>13.57μm。研究区内该类储层较少。

Ⅱ类储层主要为黄流组二段和梅山组二段的以白云岩为主的岩石类型。孔隙度为20%~30%,渗透率为(2530~2880)×$10^{-3}\mu m^2$。毛管压力曲线较平滑,较粗歪度,分选较好,中孔中粗喉型,排驱压力适中,分布在0.01~0.019MPa之间,孔隙喉道半径平均值>13.57μm。研究区内该类储层仅有少量分布。

Ⅲ类储层主要分布于莺歌海组一段、黄流组二段和梅山组一段,岩性主要为灰质白云岩、泥粒灰岩。孔隙度为22%～43%,渗透率为(999～1200)×10^{-3}μm^2。毛管压力曲线明显具中—细歪度,分选中—差,中孔细喉、小孔细喉型,排驱压力较高,分布在0.019～0.025MPa之间,孔隙喉道半径平均值介于5.851～9.741μm之间。

Ⅳ类储层主要为乐东组、莺歌海组二段、黄流组和梅山组中的粒泥灰岩和白云岩(原岩为粒泥灰岩和黏结灰岩),以及泥粒灰岩和白云质灰岩。孔隙度为13%～46%,渗透率为(13～615)×10^{-3}μm^2。毛管压力曲线具较细歪度,分选差,小孔微喉、特小孔微喉型,

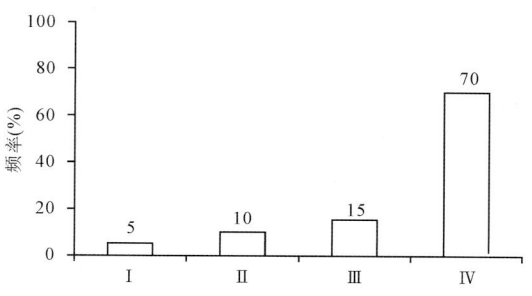

图4-83 西科1井储层类型发育直方图

排驱压力高,分布在0.01～2.09MPa之间,孔隙喉道半径平均值分布在0.126～12.59μm之间。研究区内该类储层大量分布。

2. 分组储层评价

(1)梅山组。梅山组主要发育Ⅳ类储层,占总储层类型的57.14%,Ⅰ、Ⅱ和Ⅲ类储层均占14.29%(图4-84)。Ⅰ、Ⅱ和Ⅲ类储层主要发育于白云岩和灰质白云岩中,Ⅳ类储层主要发育于粒泥灰岩中。孔隙类型主要为晶间孔,喉道类型为孔隙收缩喉道、片状喉道。

(2)黄流组。黄流组主要发育Ⅳ类储层,占总储层类型的75%,Ⅱ、Ⅲ类储层均占12.5%(图4-85)。Ⅱ、Ⅲ类储层主要发育于白云岩和灰质白云岩中,Ⅳ类储层主要发育于白云质灰岩和白云岩中。孔隙类型主要为晶间孔,吼道类型为孔隙收缩喉道、片状喉道。

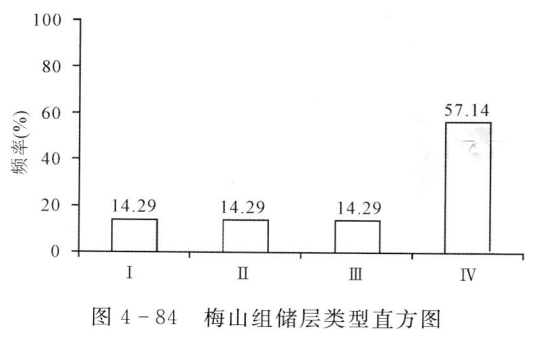

图4-84 梅山组储层类型直方图　　　　图4-85 黄流组储层类型直方图

(3)莺歌海组。莺歌海组主要发育Ⅲ、Ⅳ类储层,各占总储层类型的50%(图4-86),主要发育于泥粒灰岩中。莺歌海组孔隙类型主要为粒内孔,孤立状孔隙,孔隙连通性差,多为细喉、微喉,排驱压力高。

(4)乐东组。乐东组只发育Ⅳ类储层(图4-87),储层主要发育于粒泥灰岩中。粒泥灰岩属于基质支撑,基质含量高,孔隙度低,主要发育管状喉道,喉道狭窄,排驱压力高。

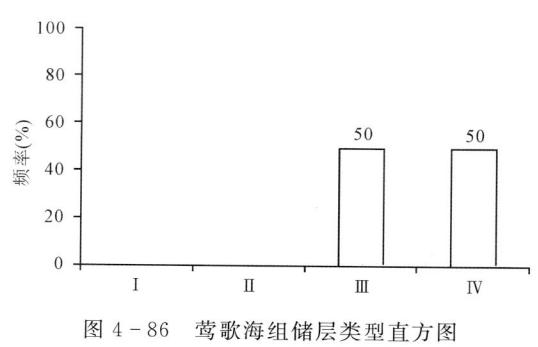
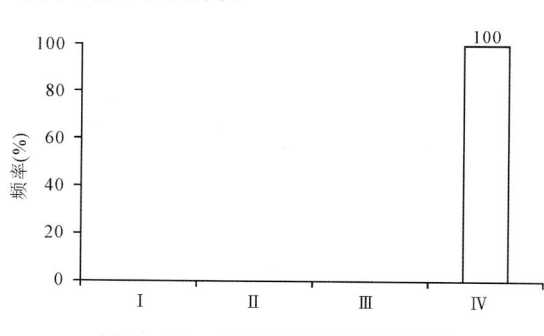

图4-86 莺歌海组储层类型直方图　　　　图4-87 乐东组储层类型直方图

5 孔隙发育的影响因素及孔隙演化

5.1 大气水成岩环境(0～169m)

5.1.1 孔隙与物性特征

1. 孔隙类型

大气水成岩环境控制井段(0～169m)的孔隙类型主要为粒内孔隙(WP)、粒间孔隙(BP)、溶解孔隙(VUG)、铸模孔隙(MO)和格架孔隙(GF),以及裂缝孔隙(FR)和钻孔孔隙(BO)(图5-1)。其中,溶解孔隙(VUG)和铸模孔隙(MO)为次生孔隙。在大气水成岩环境控制井段,75～150m井段次生孔隙相对发育(图5-2)。

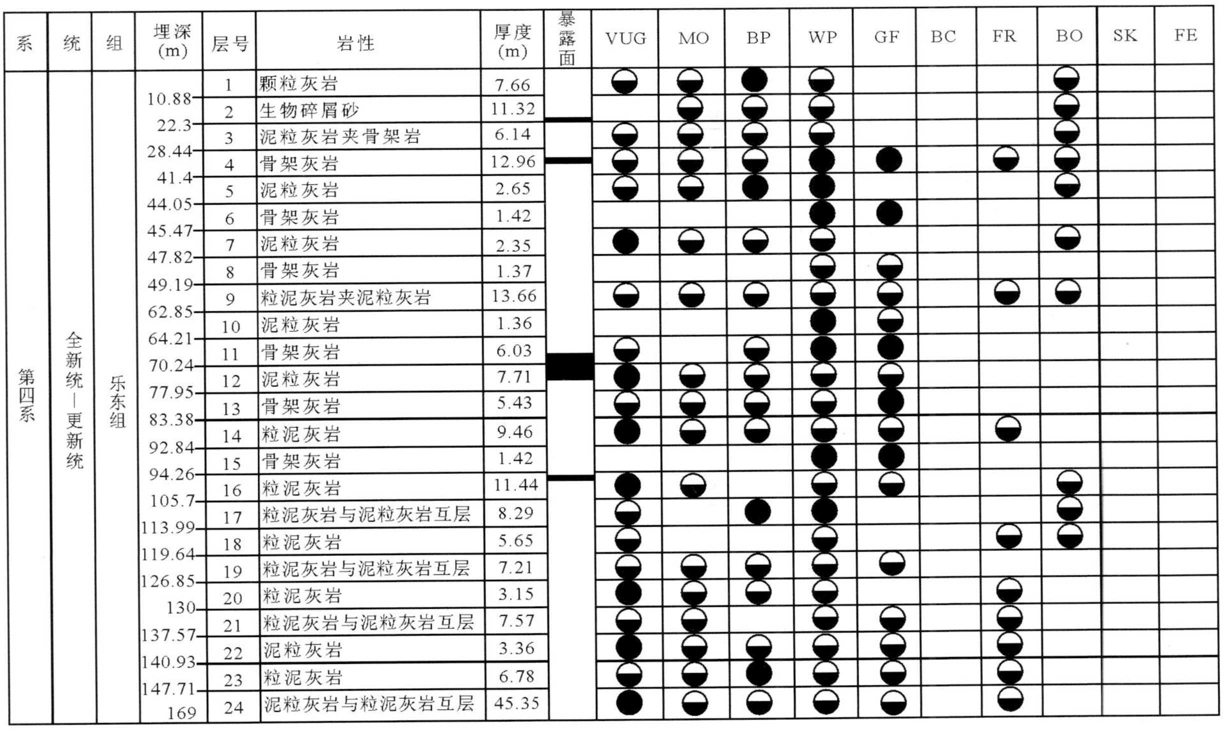

图5-1 大气水成岩环境影响井段中孔隙类型及其随埋深变化

VUG.溶解孔隙;MO.铸模孔隙;BP.粒间孔隙;WP.粒内孔隙;GF.格架孔隙;BC.晶间孔隙;FR.裂缝孔隙;BO.钻孔孔隙;FE.窗格孔隙;SK.收缩孔隙

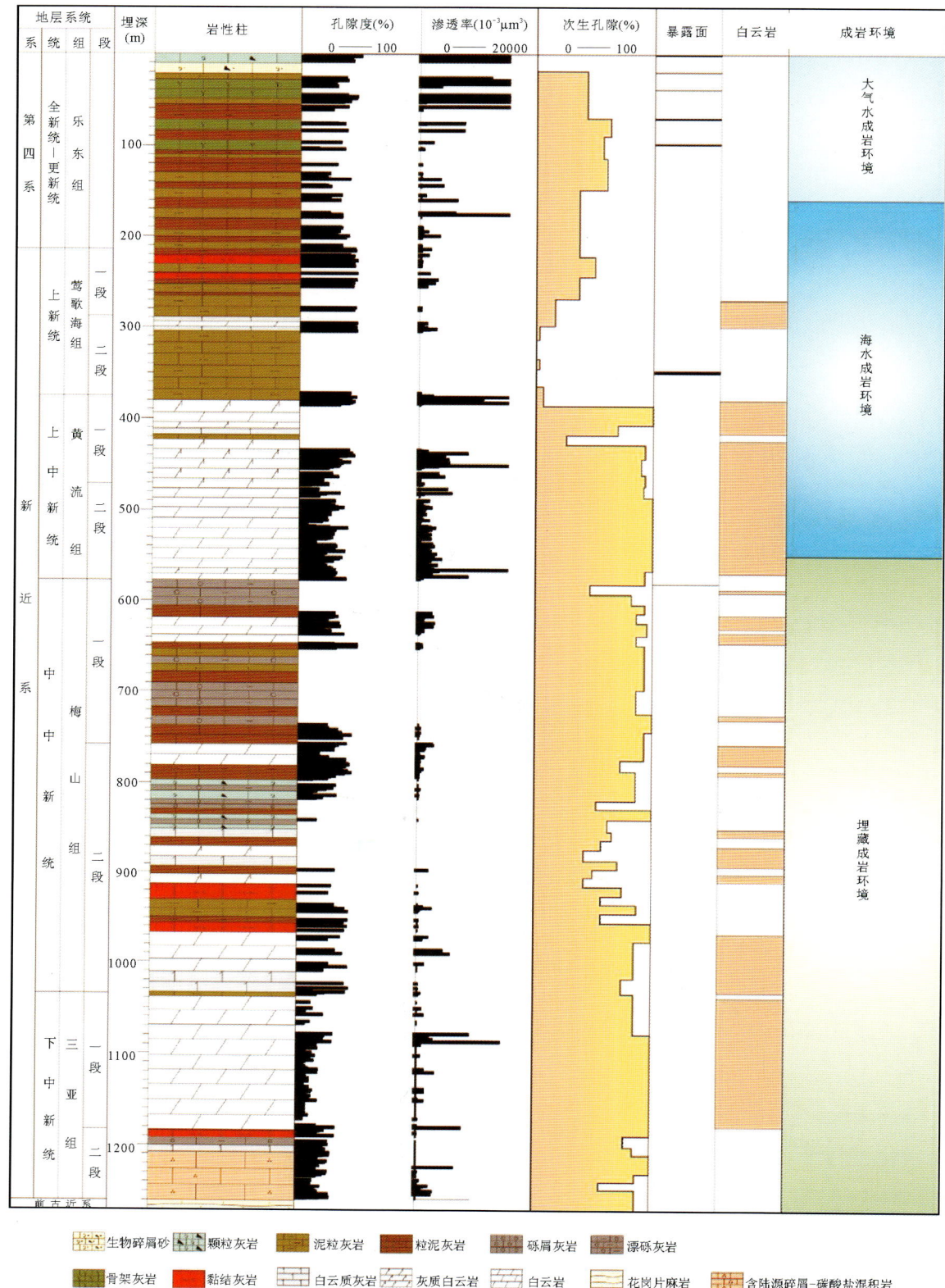

图 5-2 西科 1 井孔隙度、渗透率和次生孔隙纵向分布及其与成岩环境之间的关系

次生孔隙的百分比为次生孔隙的发育频率,计算公式:$x\%=$发育次生孔隙的薄片数/统计的薄片数$\times 100\%$,统计的薄片数为 30 片,即以 30 片薄片为一个统计单位

2. 红藻的溶解程度

红藻是一种红藻群体生物,这种群体生物的最大特征是有强烈的钙化组织,在薄片中表现出网状结构。这个群通常被细分为壳状珊瑚藻和节状珊瑚藻,前者常有毫米级到厘米级厚的壳(马永生,2006)。壳状珊瑚藻以结壳生长为特征,有复合层的内部结构以及多孔的生殖巢。生殖巢分单孔生殖巢和群体生殖巢。前者孔腔延长方向与壳状珊瑚藻生长纹层平行,呈椭圆状、椭圆拉长状,长径 0.5～1mm,孔腔边缘圆滑。群体生殖巢是由一个个小生殖巢组合在一起,常呈好几列出现,其中的单个生殖巢长轴方向与壳状珊瑚藻生长纹层垂直,呈椭圆状,长径 0.05mm 左右。壳状珊瑚藻溶蚀孔隙与生殖巢明显不同:①壳状珊瑚藻溶解形成的溶解孔隙一般呈条状、带状和不规则状,而生殖巢一般呈椭圆状;②壳状珊瑚藻溶解形成的溶解孔隙的长轴多与生长纹层垂直或斜交。节状珊瑚藻是以直立、相互连接的、由小节组成的藻体为特征,这些小节由直立的中心(髓部)等径细胞和由小细胞组成的皮层组成,本身没有孔隙。

壳状珊瑚藻除了生殖巢这一种类型孔隙外,本身再无孔隙,因此,在研究中以壳状珊瑚藻和节状珊瑚藻为研究对象,试图定量地了解颗粒溶解的程度。

在定量过程中,首先,从偏光显微镜的四个视域(10×)中随机选取一个视域对直径＞0.1mm 的红藻颗粒进行颗粒数、颗粒大小、溶蚀红藻数及溶蚀孔隙形状和大小进行统计;然后,计算红藻溶蚀百分比,计算公式为:

红藻溶蚀百分比＝具有溶解特征的红藻颗粒数/红藻总藻颗粒数×100%。

统计表明,在大气水成岩环境控制井段,红藻的溶解百分比随埋深增加表现出增加趋势(图 5-3),并且暴露面之下的"红藻的溶解百分比"略有增加趋势。然而,红藻宿主岩石的孔隙度却随埋深而快速降低,红藻溶解形成的次生孔隙并没有抵消其宿主岩石的孔隙度降低。

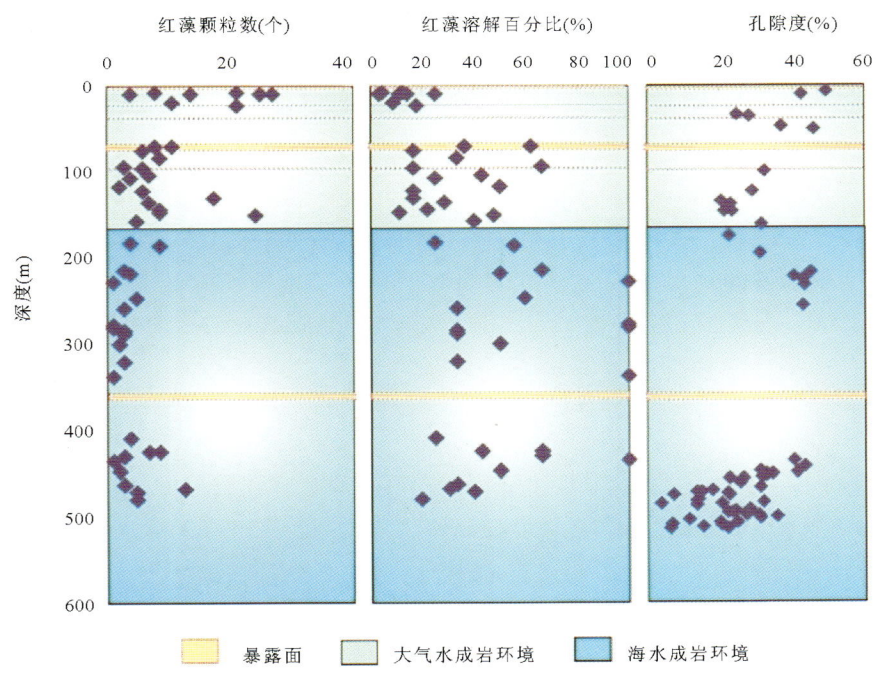

图 5-3 红藻颗粒数、溶解百分比及其宿主岩石的孔隙度随埋深变化

3. 物性

大气水成岩环境控制井段的渗透范围为 $(1.44～15\,000)×10^{-3}\mu m^2$,平均值为 $7200.13×10^{-3}\mu m^2$;孔隙度范围为 13.13%～49.24%,平均值为 32.68%。随埋深增加,粒泥灰岩和泥粒灰岩的孔隙度随埋深快速降低。

5.1.2 主控因素

5.1.2.1 单一大气水成岩环境

单一大气水成岩环境是指成岩作用仅受大气水影响的成岩环境。西科 1 井 0～21.66m 风成岩(颗粒灰岩)(2.92～10.88m)和风成沉积(碳酸盐砂)(0～2.92m,10.88～21.66m)是典型的仅受大气水影响的成岩环境的产物。

单一大气水成岩环境控制井段物性的主控因素为大气水下渗成因的溶解-胶结作用。西科 1 井 0～21.66m 的碳酸盐砂—颗粒灰岩—碳酸盐砂序列几乎是局部岛(Local island)模式(Moore,1989)的再现。按照该模式,接近地表处为上部土壤渗流带,以发育钙结层为特征;然后为下部渗流带,以发育新月形胶结物为标志;再向下为潜流带,发育等厚环边状胶结物。底部为海水与大气水混合带,以不发育胶结物为特征。潜流带得以存在的前提是,大气水下渗聚集成一定规模的暂时性淡水水体。这种淡水水体呈透镜状,一般称之为淡水透镜体。淡水透镜体是雨水通过地面碎屑、砂砾渗入到地下形成漂浮于海水之上的淡水水体。其形态为中央厚、边缘薄,呈透镜体状。淡水透镜体亦称为 Ghyben - Herzberg 透镜体。局部岛地下水的流动和伴生的淡水成岩作用发生于同沉积或沉积后埋藏前(Budd et al,1991)。典型实例见于 Bermuda(Plummer,1976),Joulters Cay(Halle et al,1979),Schooner Cays(Budd et al,1990),Majuro 环礁(Anthony,1989)。针对西沙群岛现代淡水透镜体的数值模拟表明,永兴岛淡水透镜体的最大厚度为 16.5m(周从直等,2004)或 15m(方振东等,2012)。

局部岛成岩作用模式(Moore,1989)的核心是:①成岩作用和孔隙改造仅限于两个相对较薄的界面,即暴露的渗流土壤带和潜水面;②由于岛屿成岩系统相对封闭,因而孔隙体积未发生显著的增加或减少,由于渗流带的胶结物仅存在于颗粒接触处,孔喉被堵塞可能会影响渗透率;③局部岛的淡水透镜体底部的混合带似乎未发生显著的成岩作用。

西科 1 井 0～2.92m 的碳酸盐砂相当于暴露的渗流土壤带,由于未被胶结,因而无法判断碳酸盐砂中的粒内孔隙是沉积前还是沉积后形成的。2.92～10.88m 可能是潜水面波动造成的胶结作用带。其中,2.92～7.24m 发育悬垂状胶结物、新月形胶结物和圆化的粒间孔以及少量铸模孔,暗示该深度段系大气水成岩环境中渗流带的下部。7.24～10.88m 发育等厚环边形胶结物,铸模孔相对发育,指示成岩环境为大气水成岩环境中的潜流带。10.88～21.66m 为大气水-海水混合带,未发生以胶结或溶解为代表的成岩作用。0～21.66m 的成岩-孔隙模式详见图 5-4。

5.1.2.2 海水-大气水复合成岩环境

海水-大气水复合成岩环境,是指早期遭受同沉积海水成岩作用,晚期又叠加了大气水成岩作用的改造的成岩环境。海水-大气水复合成岩环境控制井段物性的主控因素包括海水胶结作用、大气水下渗成因的溶解-胶结作用和机械压实作用。

1. 海水胶结作用

21.66～169m 井段中的胶结物绝大部分形成于同沉积海水,其中,对孔隙降低贡献最大者为纤维状—针状胶结物和生物骨骼的方解石化等。前者导致粒间孔隙被部分甚至全部充填;后者造成部分生物骨架或生物碎屑中的骨架孔被方解石所充填。

2. 大气水下渗成因的溶解-胶结作用

(1)大气水下渗的影响深度:21.66～169m 地层中发育 S2,S3,S4 和 S5 共 4 个暴露面,埋深 169m 为大气水成岩环境与海水成岩环境转换界面,这些界面的存在使评估大气水下渗的深度成为可能。薄片鉴定证实,S2～S3、S3～S4、S4～S5、S5～大气水成岩环境底界之间的地层中均存在以溶解孔隙、铸模

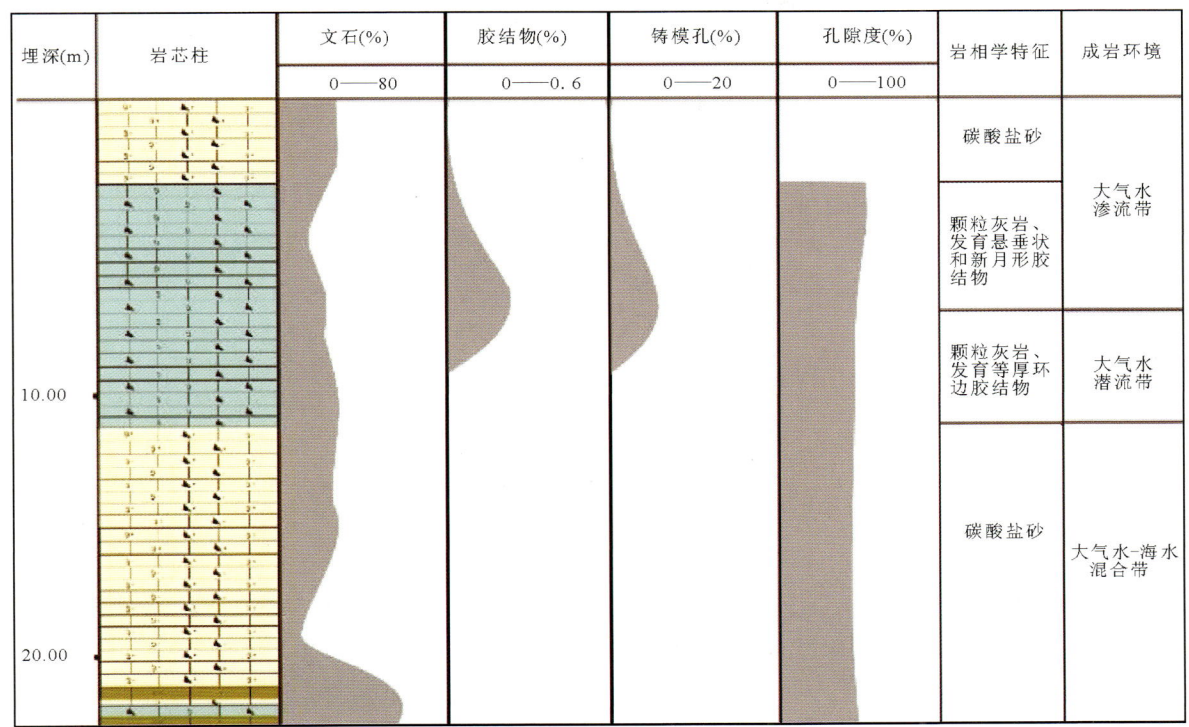

图 5-4 埋深 0~21.66m 的成岩-孔隙模式

孔隙以及新月形、悬垂状胶结物为代表的大气水下渗的证据,暗示其间的埋深间隔应该是大气水下渗的最小影响深度。如果这一推测是合理的,那么,单一期次大气水下渗的影响深度应该介于 14.89~70.16m。总体上,大气水下渗影响的最大深度不超过 169m。

(2) 大气水下渗对孔隙和物性的影响,包括以下 3 个方面。

大气水下渗对孔隙的影响:由于 21.66~169m 地层的初始成岩环境为海水,海水成岩环境以胶结作用为主,因此,该井段中发育的溶解孔隙和铸模孔隙等次生孔隙应该为大气水下渗的产物。铸体薄片的图像分析结果表明,次生孔隙的面孔率为 0.04%~48.84%,平均为 15.3%。总体上,在多个暴露面发育井段,次生孔隙似乎具有向深部增加的趋势(表 5-1,图 5-5),暗示多个暴露面发育井段的下部可能遭受之上所有暴露面导致的大气水下渗的影响。

表 5-1 暴露面之间的地层厚度与大气水下渗的主要特征

	埋深 A(m)	埋深 B(m)	厚度(m)	大气水下渗的主要证据
S1~S2	2.92	21.93	19.01	悬垂状、新月形胶结物,圆化的粒间孔隙,等厚环边状胶结物,溶解孔隙
S2~S3	22.41	37.3	14.89	溶解孔隙,铸模孔隙及新月形、悬垂状胶结物
S3~S4	38.15	68.67	30.52	溶解孔隙
S4~S5	75.58	97.58	22.0	溶解孔隙
S5~底界	98.84	169.0	70.16	溶解孔隙,铸模孔隙,偶见悬垂状胶结物

注:埋深 A.上覆暴露面底界;埋深 B.下伏暴露面底界,$\times 10^{-3} \mu m^2$;169.0m.大气水成岩环境的底界埋深。

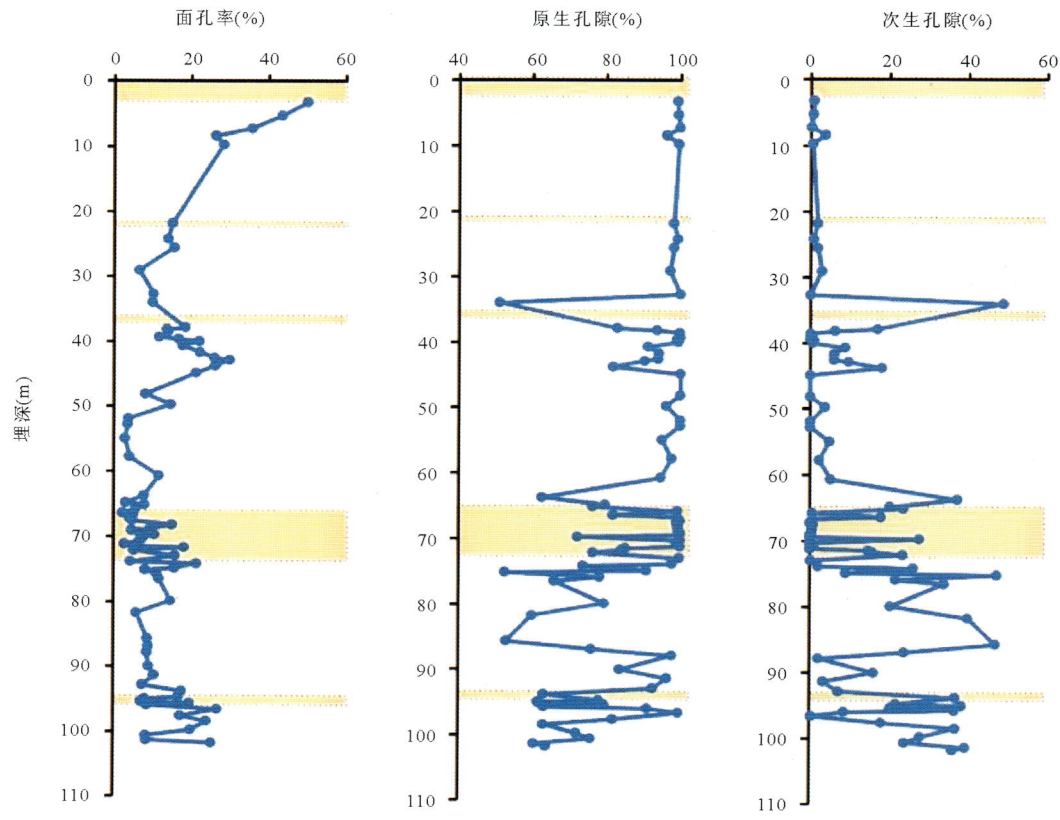

图 5-5 暴露面及其邻近埋深碳酸盐岩的面孔率、原生孔隙和次生孔隙的纵向变化

大气水下渗对胶结作用的影响：理论上，大气水下渗不但引起颗粒的溶解，而且也会导致溶解物质的沉淀，局部形成新月形和悬垂状胶结物。然而，所形成的胶结物在目前的技术条件下尚难以定量。

大气水下渗对物性的影响：物性数据统计表明，每个暴露面的下部，孔隙度和渗透率均略有增加趋势（图 5-6）。

综合影响：总体上，次生孔隙或孔隙度、渗透率高值数据不多，说明大气水对储层物性的影响总体上还是层内的溶解—沉淀平衡，其总体物性可能既没增加又没减少。

3. 机械压实作用

在 0～169m 井段或 21.66～169m 井段，随埋深增加，孔隙度和渗透率快速降低，并且这种趋势的凸显主要与粒泥灰岩和泥粒灰岩有关（图 5-6）。这说明，在大气水成岩环境控制井段，机械压实可能是导致孔隙度降低的最重要机制。按照全新世粒泥灰岩和泥粒灰岩的初始孔隙度（分别为 60%～70% 和 45%～65%）(Enos et al,1981) 的下限值（分别为 60% 和 45%）估算，埋深接近 169m 处的粒泥灰岩的孔隙度降低约为 40%，泥粒灰岩约为 20%。

5.1.3 孔隙演化

1. 单一大气水成岩环境

单一大气水成岩环境的孔隙演化以颗粒灰岩为代表（图 5-7）。埋深 2.92～10.88m 的半固结—固结的颗粒灰岩的孔隙系统由粒间缩小孔隙＋铸模孔组成。其中，粒间缩小孔隙系由新月形胶结物、悬垂状胶结物和环边形等低镁方解石胶结物围限所形成，一般具有圆化的孔隙边缘。铸模孔主要是红藻和有孔虫等文石质生物碎屑和高镁方解石颗粒大部分溶解的产物。在大气水中，文石和高镁方解石比低镁方解石溶解度高,它们的溶解导致流体对钙方解石过饱和,进而引起低镁方解石的沉淀(Tucker et al,2008)。在形成时间上,文石质生物碎屑的溶解早于各种胶结物的沉淀。颗粒灰岩的孔隙演化见图5-7。

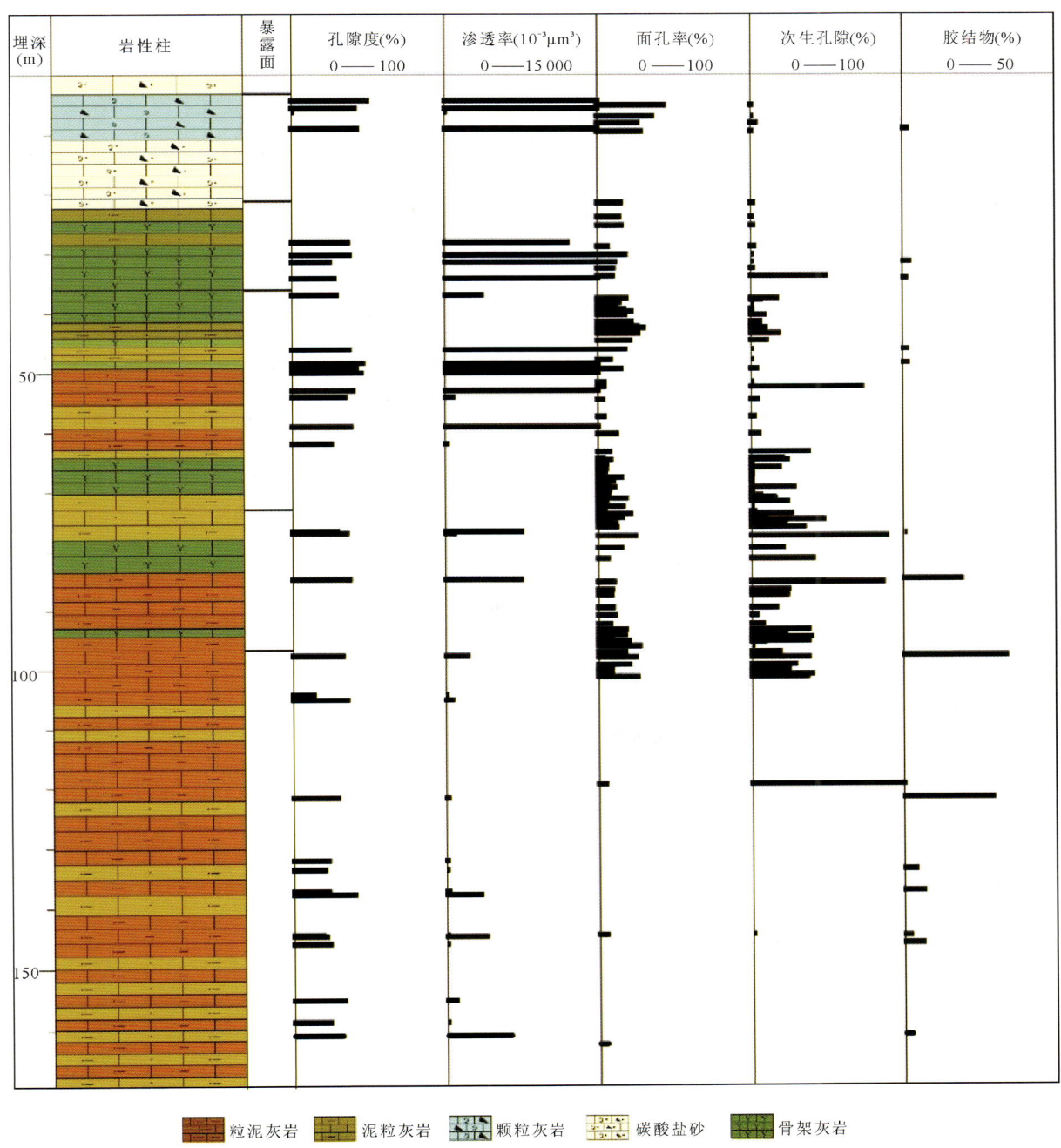

图5-6 大气水成岩环境控制井段物性的纵向变化

2. 海水-大气水复合成岩环境

水成岩作用时期,伴随生物礁的构建,骨架灰岩中的孔隙系统以堵塞和缩小为特征。对于造礁生物(珊瑚)而言,其外部骨骼和骨架孔的内侧先遭受程度不等的细菌作用,形成泥晶套。

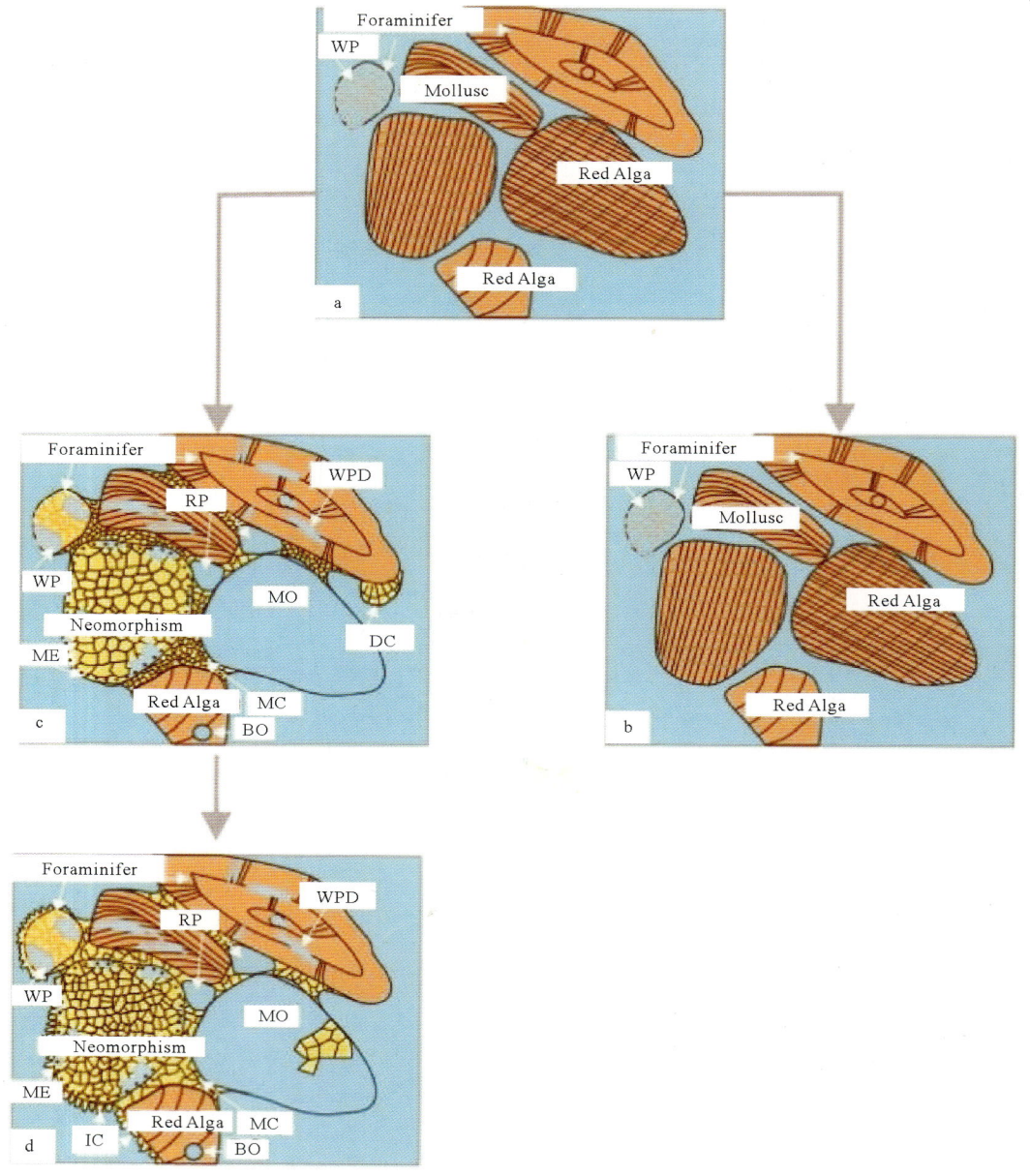

图 5-7 埋深 2.92~10.88m 颗粒灰岩的孔隙演化
Neomorphism. 新生变形作用；Foraminife. 有孔虫；mollusc. 软体动物；Red Alga. 红藻
a. 原始颗粒；b. 碳酸盐砂；c. 大气水渗流带；d. 大气水潜流带

海水-大气水复合成岩环境的孔隙演化以骨架灰岩（图 5-8）为代表。在同沉积时期，即海或泥晶壁。在骨骼之间往往存在内沉积，部分骨架孔甚至完全被内沉积所充满。在骨架之间往往发育等厚环边状的刀刃状方解石。随海平面下降，骨架灰岩遭受大气水下渗的影响。大气水下渗对孔隙系统的影响包括溶解和沉淀作用。生物骨骼和生物碎屑的溶解形成铸模孔隙及溶解孔隙沉淀作用，导致局部粒间孔隙中胶结物的重新分布，形成新月形和悬垂状胶结物。大气水下渗对孔隙系统的总体影响是溶解—沉淀平衡，因而其总体物性可能既没增加又没减少。

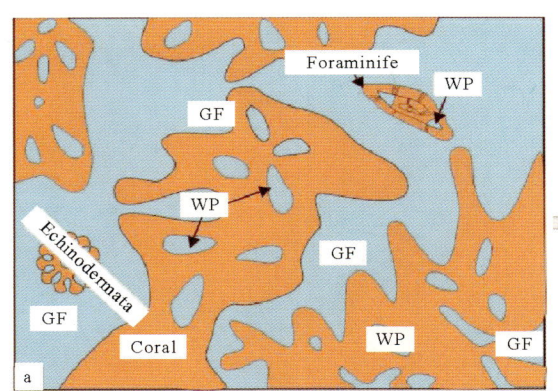
原始珊瑚骨架,附礁生物有孔虫(Foraminife)和棘皮动物(Echinadermata),发育格架孔隙(GF)和粒内孔隙(WP)

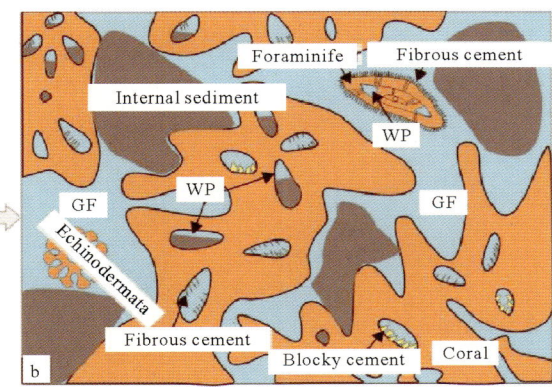
海水成岩环境,内沉积物(Internal sediment)充填格架孔隙(GF)和粒内孔隙(WP),纤维状方解石(Fibrous cement)和刀刃状方解石(Blocky cement)充填粒内孔隙(WP)

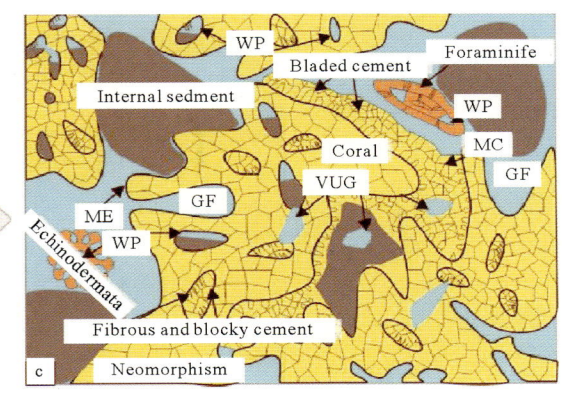
大气水成岩环境,珊瑚骨架发生新生变形作用(Neomorphism),各生物骨骼外部发育泥晶套(ME),珊瑚骨架(Coral)、内沉积物(Internal sediment)和晶簇状方解石(MC)受到大气水的淋虑溶解,产生溶孔(VUG),粒内孔隙(WP)中发生世代胶结,第一期胶结物为纤维状文石(Fibrous cement),第二期胶结物为晶簇状方解石(MC),格架孔隙(GF)中同样发生世代胶结,第一期胶结物为刀刃状方解石(Blocky cement),第二期胶结物为晶簇状方解石(MC)

图 5-8 海水-大气水复合成岩作用下骨架灰岩的孔隙演化模式

5.2 海水成岩环境(169～579m)

5.2.1 孔隙与物性特征

1. 孔隙类型

海水成岩环境控制井段(169～579m)的孔隙类型主要为粒内孔隙(WP)、溶解孔隙(VUG)、铸模孔隙(MO)、粒间孔隙(BP)、格架孔隙(GF)、晶间孔隙(BC),以及收缩缝(SK)或裂缝孔隙(FR)和钻孔孔隙(BO)及窗格孔隙(FE)(图5-9)。其中,晶间孔隙分布于白云岩化段。在169～375m井段,次生孔隙不发育;而在375～579m井段,次生孔隙异常发育(图5-1、图5-9)。

2. 红藻的溶解程度

统计表明,在海水成岩环境控制井段,红藻溶解百分比随埋深增加基本保持在20%～60%范围内,未表现出增加或减少的趋势(图5-3)。

系	统	组	埋深(m)	层号	岩性	厚度(m)	暴露面	VUG	MO	BP	WP	GF	BC	FR	BO	SK	FE
第四系	全新统—更新统	乐东组	193.06	1	泥粒灰岩与粒泥灰岩互层	45.35		●	◐	●	●	◐		◐			
			200.41	2	泥粒灰岩	7.35			◐	●	●			◐			
			215.39	3	粒泥灰岩夹泥粒灰岩	14.98		●	◐	●	●	◐		◐			
新近系	上新统	莺歌海组	222.07	4	粒泥灰岩	4.71		◐	◐	●	●	◐		◐		◐	
			230.41	5	骨架灰岩	10.04		◐	◐	●	●	◐		●	◐	◐	
			240.13	6	泥粒灰岩	9.42		◐	◐	●	●	◐		◐			
			245.5	7	骨架灰岩	5.07		◐	◐	●	●	◐		●	●	◐	
			252.23	8	粒泥灰岩	6.42		◐	◐	●	●	◐		◐		◐	
			261.46	9	泥粒灰岩	8.93		◐	◐	●	●	◐		◐			
			268.92	10	粒泥灰岩	7.16		◐	◐	●	●	◐		◐		◐	
			272.35	11	颗粒灰岩	3.14				●	●						
			275.01	12	骨架灰岩	2.35		◐	◐	●	●	◐		●	◐	◐	
			287.77	13	泥粒灰岩	12.46		◐	◐	●	●	◐		◐		◐	
			290.56	14	白云质灰岩	1.65		●	◐	●	●	◐	◐	◐			◐
			293.05	15	白云岩	2.05		●					●				
			302.44	16	白云质灰岩	9.09		●	◐	●	●	◐	◐	◐			◐
			373.45	17	泥粒灰岩	70.31		●	◐	●	●	◐		◐			
	中新统	黄流组	393.18	18	灰质白云岩	12.76		●	◐	●	●	◐	◐	◐			◐
			403.9	19	白云岩	10.42		●					◐				
			413.66	20	灰质白云岩	9.46		●	◐	●	●	◐	◐	◐			◐
			417.1	21	白云质灰岩	3.14		◐	◐	●	●	◐	◐	◐		◐	
			422.82	22	泥粒灰岩	5.08				●	●	◐		◐	◐		
			425.24	23	白云质灰岩	2.12				●	●	◐	◐	◐		◐	
			430.72	24	灰质白云岩	5.18		◐	◐	●	●	◐	◐	◐			◐
			434.72	25	白云岩	3.7		●					◐				
			476.2	26	灰质白云岩	41.18		●	◐	●	●	◐	◐	◐		◐	◐
			563.45	27	白云岩	86.95		●					◐				
			570.44	28	灰质白云岩	5.77		●	◐	●	●	◐	◐	◐			◐
			576.7	29	白云岩	5.97		●					◐				
			579.26	30	漂砾灰岩	6.14		◐	◐	●	●	◐		◐			

● 常见　◐ 少见　┌┄┐ 白云岩化段

图 5-9　西科 1 井 169~579m 海水成岩环境控制井段孔隙组成及其随埋深变化

3. 孔隙度与渗透率

海水成岩环境控制井段的渗透率为 $(0.22 \sim 10\,908.22) \times 10^{-3}\,\mu m^2$，平均值为 $1459.65 \times 10^{-3}\,\mu m^2$；孔隙度范围为 $3.72\% \sim 46.56\%$，平均值为 28.11%。孔隙度随埋深表现出两种趋势：①在 169~303.6m 井段，随埋深增加而增加，泥粒灰岩、粒泥灰岩和骨架灰岩是这一趋势的主要贡献者；②在 303.6~579m 井段，孔隙度大致在 5%~45%之间连续分布，与埋深增加无任何关系（图 5-10）。

5.2.2　主控因素

海水成岩环境控制井段孔隙和物性的主控因素包括海水的胶结作用、冷海水入侵和白云岩化作用。

1. 海水胶结作用

169~579m 井段中的胶结物毫无例外地均形成于同沉积海水之中。其中，对孔隙度降低贡献最大者为纤维状—针状胶结物和生物骨骼的方解石化等。前者导致粒间孔隙被部分甚至全部充填；后者造成部分生物骨架或生物碎屑中的骨架孔被方解石所充填。

2. 白云岩化作用

实际上，白云岩化的主要产物之一是溶解作用，主要依据如下。

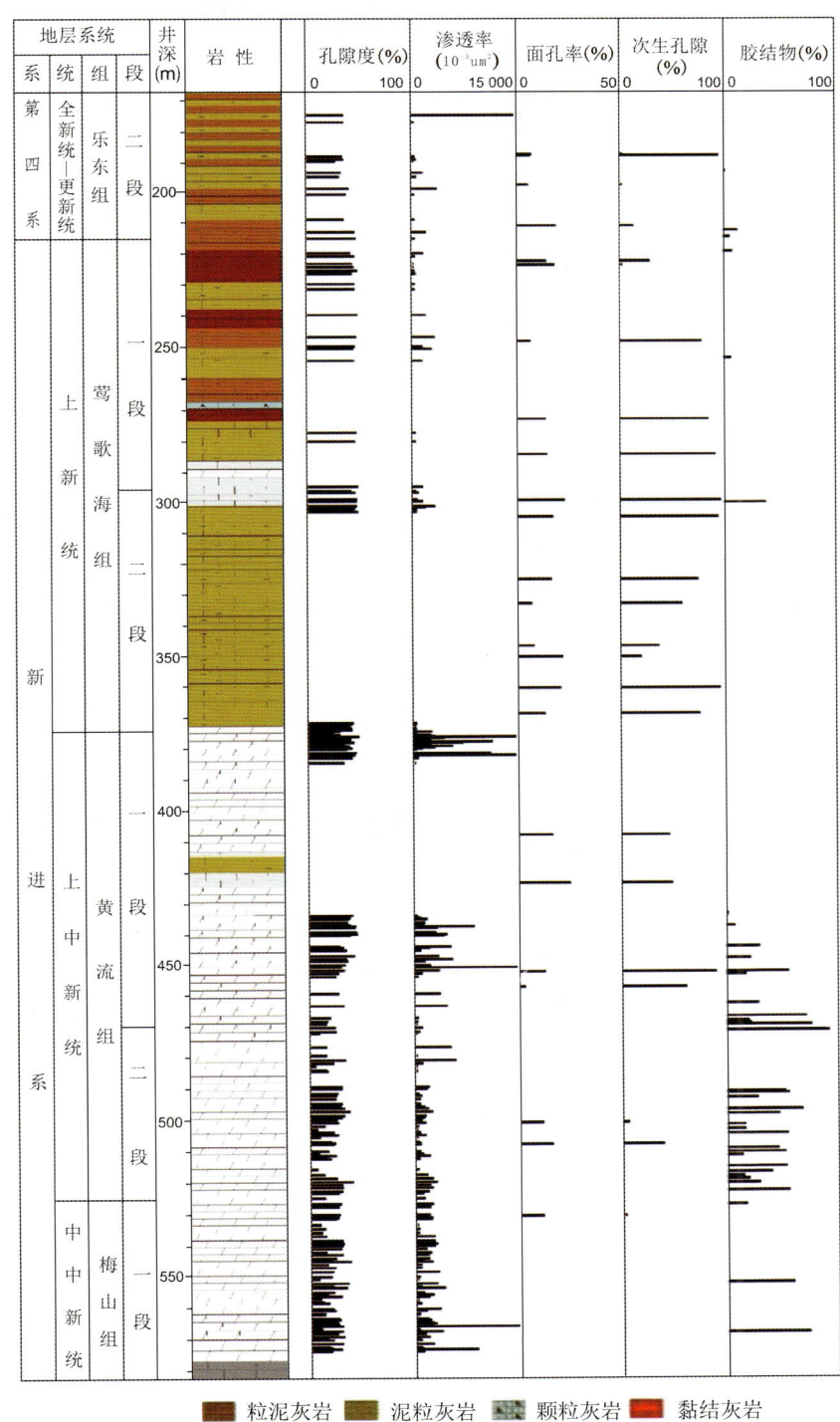

图 5-10 海水成岩环境控制井段(169～576m)
孔隙度、渗透率、次生孔隙随埋深变化

(1)海水成岩环境控制井段不存在次生孔隙形成的常见流体。一般情况下,碳酸盐岩中次生孔隙的形成与大气水和有机质演化有关(Moore,2001)。海水成岩环境控制井段几乎未见大气水下渗的迹象,钻遇井段也不存在潜在的生油层，况且埋藏较浅。显然，有理由认为，该井段次生孔隙的形成与大气水和有机质演化无关。

(2)次生孔隙的分布不限于白云岩化层段。尽管白云岩化层段中均存在次生孔隙，但是非白云岩化层段中依然存在次生孔隙(图5-2)，即形成次生孔隙的部位不一定有白云岩化，而白云岩化的部位必定存在次生孔隙。这说明，次生孔隙的形成可能与白云岩化有关，但是其波及范围比白云岩化广。

(3)白云石的形成晚于次生孔隙。根据薄片观察，白云石沉淀于铸模孔和溶孔中，说明白云石的形成晚于次生孔隙。

(4)铸模孔隙和溶解孔隙的形成与文石质和高镁方解石质生物骨骼的溶解有关。典型实例报道于巴哈马北部更新世软泥(Mullins et al,1985)中。其中，次生孔隙是有孔虫(镁方解石质)和翼足类(文石质)的选择性溶解造成的，包括溶解在内的成岩作用被认为与密度差驱动的Kohou对流有关。进入到沉积物孔隙中的海水对文石和高镁方解石不饱和，而对于方解石饱和，因而引起了文石和高镁方解石质生物骨骼的溶解和方解石的沉淀(Mullins et al,1985)。进入到沉积物孔隙中的海水对文石和高镁方解石不饱和，而对于方解石饱和，因而引起了文石和高镁方解石质生物骨骼的溶解与方解石的沉淀(Mullins et al,1985)。

(5)文石和高镁方解石质生物骨骼的溶解有利于白云石的形成。文石和高镁方解石质生物骨骼的溶解导致的镁离子的析出客观上增加了白云石化的趋势(Mullins et al,1985)。例如，在尤卡坦半岛晚更新世白云岩中，白云石的沉淀晚于文石质化石的溶解，暗示白云石中的部分镁离子来自文石的溶解(Ward et al,1984)。在英属西印度群岛的开曼布拉克Pedro Castle组(上新统)白云岩中(Jones et al,2003)亦发育类似的溶解孔隙。在该白云岩中，红藻碎屑和棘皮动物被保留下来，而由文石形成的生物碎屑(珊瑚、腹足类和双壳类)却被溶解殆尽，仅保留依稀可辨其颗粒类型的铸模孔(Zhao et al,2012)。

5.2.3 次生孔隙形成与演化机制

如果以白云石形成作为时间节点，白云岩中形成的次生孔隙可以细分为前白云岩化孔隙和同白云岩化孔隙。

1. 前白云岩化孔隙

埋深169～579m井段中的次生孔隙显然绝大部分形成于白云岩化之前，因而绝大部分次生孔隙应属于前白云岩化孔隙。

2. 同白云岩化孔隙

大多数研究者认为，组构破坏的白云岩(糖粒状白云岩)中发育的次生孔隙系白云岩化过程中所形成，并称之为同白云岩化孔隙。埋深169～579m井段中次生孔隙的形成可能也有同白云岩化的贡献。同白云岩化孔隙的形成机制包括等摩尔交代作用(Mole-for-mole replacement)、等体积交代作用(Volume-for-volume replacement)和残余方解石的溶解(Wang et al,2015)。

(1)等摩尔交代作用。当方解石被白云石交代时，Mg^{2+}进入矿物晶格，而将Ca^{2+}析出(Tucker et al,2008)：

$$2CaCO_3 + Mg^{2+} \rightarrow CaMg(CO_3)_2 + Ca^{2+}$$

由于Mg^{2+}和Ca^{2+}的摩尔体积差别，反应后将引起矿物体积的收缩，进而导致反应后孔隙度增加。理论上，如果交代文石，孔隙度将增加5.76%；如果交代方解石，孔隙度将增加12.96%。在深埋藏的白云岩地层中，如果与邻近的石灰岩地层相比白云岩呈多孔状，该白云岩的形成很可能与等摩尔交代有关。

(2)等体积交代作用。石灰岩被交代前后体积未见明显变化，因而，白云岩中的孔隙是继承自石灰岩而与白云岩化无关。例如，具有组构保存的拟晶白云石化很可能是通过薄膜中等体积的、溶解和沉淀同时进行的。

(3)残余方解石的溶解。白云石化作用实质上是方解石或文石溶解和白云石沉淀的地球化学过程，因此，孔隙演化最终将受控于溶解和沉淀的速率差异。在白云石化的晚期，白云石自流体中的沉淀将引起宿主灰岩的不饱和，进而发生溶解并导致次生孔隙的形成。残余方解石的溶解可能是交代白云岩中铸模孔隙和溶解孔隙形成的重要机制。在"非拟晶组构保存"的交代白云岩中，"溶解铸模孔隙"是组构保存的重要标志之一(Budd,1997)。在菲律宾海北部大东岛(Kita-daito-jima)中新统和上新统内发育的岛屿白云岩中，无论是在组构保存的非拟晶白云岩，还是在组构保存的微糖粒状白云岩中均存在丰富的铸模孔隙(Suzuki et al,2006)。糖粒状白云岩被认为是"非拟晶组构破坏"的代表性岩石类型。糖粒状白云岩中的晶间孔隙、铸模孔隙和溶孔孔隙高达20%~50%(Budd,1997)。高的晶间孔隙是前驱物质不彻底的白云石化和接续的非白云石化前驱物质的淋滤所形成(Dawans et al,1988)。基于等体积交代概念和糖粒状白云岩中存在的超大次生孔隙的现实问题，几乎所有的相关模式都假定超大次生孔隙系文石质或方解石质异化粒的完全溶解的产物。

在 Choquette et al(2008)的模式中，Choquette 假定糖粒状白云岩的原岩为微孔隙充水的含生物碎屑的灰泥(泥晶灰岩和粒泥灰岩)，并且岩石中已经存在白云石初始微晶，当晶体生长时压实缓慢，形成厚皮状、簇状菱形白云石晶体。在脱水或孔隙水介入过程后期，灰泥和异化粒溶解或镁析出，形成异化粒的铸模孔或通过微孔隙的扩大和合并产生其他孔隙。胶结物在充水微孔隙中的沉淀可以有效地堵塞孔隙并抑制胶结作用和压实作用(图5-11)。

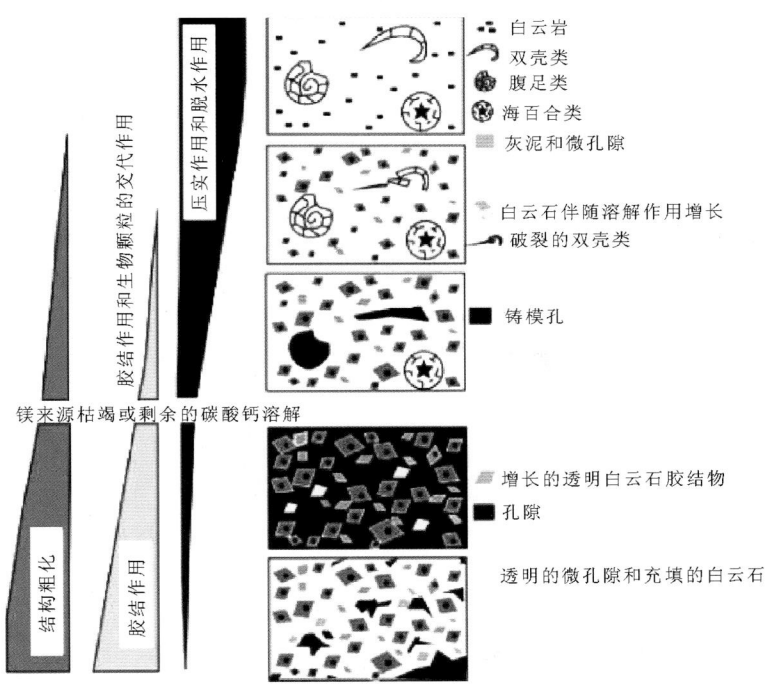

图5-11 浅埋环境中多期白云石成岩演化模式(Choquette et al,2008)

在英属西印度群岛 Cayman Brac 的 Brac 组(渐新统)糖粒状白云岩中，交代白云石和白云石胶结物的最高含量分别为47%和54%。考虑到54%的胶结物含量意味着胶结物沉淀前应该存在54%的孔隙空间，这一孔隙空间势必会影响岩石的完整性，岩石本身的坍塌在所难免。Zhao et al(2012)假定胶结物是通过溶解-沉淀行为不断重复而积累的。此外，按照 Maliva et al(2011)的灰岩溶解和白云岩化同时发生的概念，Zhao et al(2012)构建了 Brac 组(渐新统)白云岩结构演化模式(图5-12)。途径Ⅰ：白云岩化流体流动主通道附近的含异化粒灰岩(图5-12a)先形成组构保存的白云岩(图5-12b)，其中的异化粒部分未被交代，部分形成交代假象；而后，组构保存白云岩中的异化粒部分被溶解，岩石局部被改造成组构破坏的白云岩(图5-12c),最后整体被改造成组构破坏白云岩(图5-12f)。途径Ⅱ:远离白云岩化流体流动主通道附近的含异化粒灰岩(图5-12a),先被改造成具有漂浮状菱形白云石晶体的灰岩(图5-12d),然后,形成具有部分被溶解并被白云石充填孔隙的灰岩(图5-12e),最终形成整体组构破坏的白云岩(图5-12f)。与Choquette et al(2008)和Zhao et al(2012)的模式略有不同的是,Wang et al(2015)在四川盆地三叠纪飞仙关组糖粒状白云岩的孔隙演化研究中,将糖粒状白云岩的原岩假定为颗粒灰岩(图5-13)。

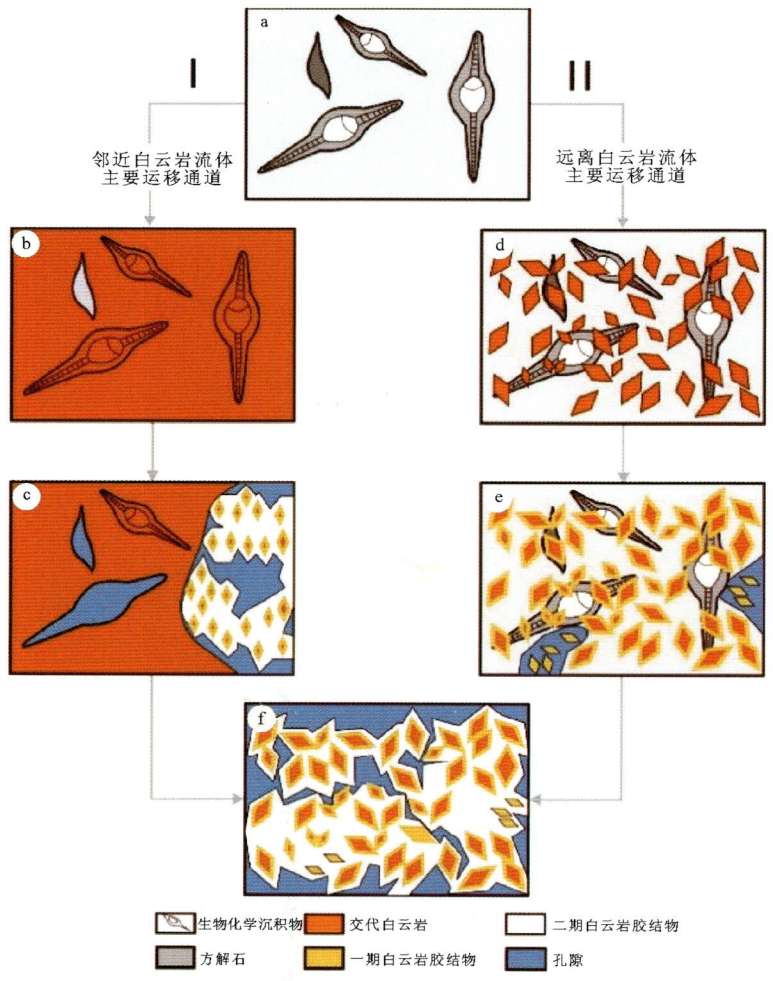

图5-12 英属西印度群岛Cayman Brac的Brac组
(渐新统)白云岩结构演化途径示意图(Zhao et al,2012)

3. 糖粒状白云岩形成过程中的孔隙演化

埋深169m以下地层的孔隙演化与白云岩化与以上模式的主要差别是,铸模孔和溶解孔隙演化与白云岩化模式(图5-14)概括如下。

在地层沉积后的寒冷气候事件中,碳酸盐岛(石岛)表层灰岩白云石化。邻近深大洋的冷的大洋海水横向渗入岛屿碳酸盐岩地层时,首先无选择性地部分或完全溶解所有岩石中的文石质和高镁方解石骨骼及骨骼碎屑,形成以铸模孔隙和溶解孔隙为代表的次生孔隙。然后潜在镁含量高的黏结灰岩被白云岩化流体部分交代,形成组构保留的白云质灰岩、灰质白云岩以及白云岩。在深度白云岩化过程中,岩石中保留的组构继续溶解或被交代,最终形成组构破坏的白云岩,并导致大部分岩石的孔隙度异常降低。

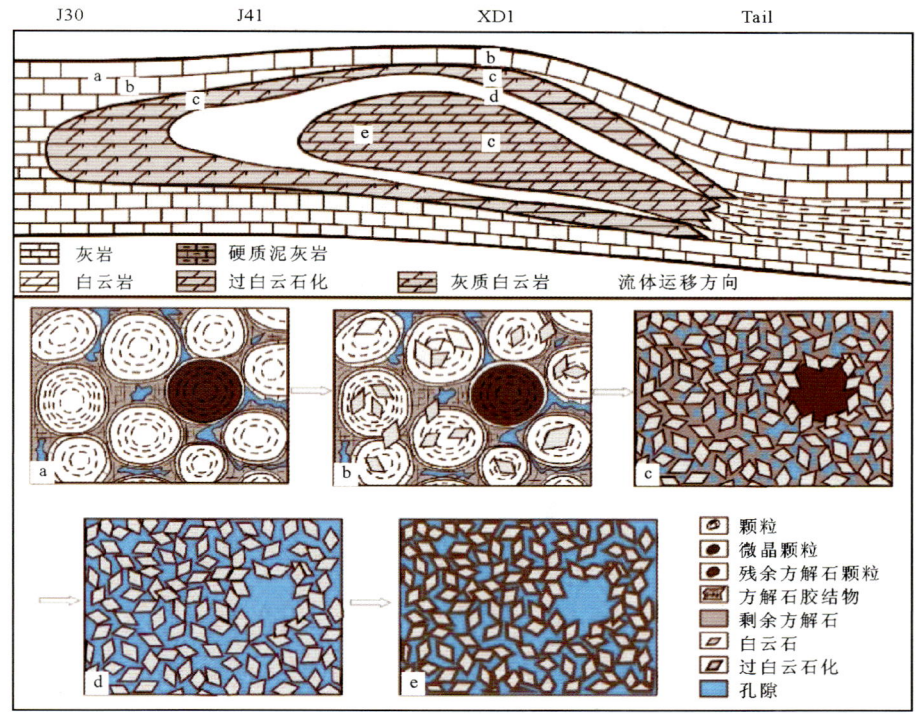

图 5-13 Jiannan 井地区白云岩化过程中的孔隙演化模式（Wang et al,2015）

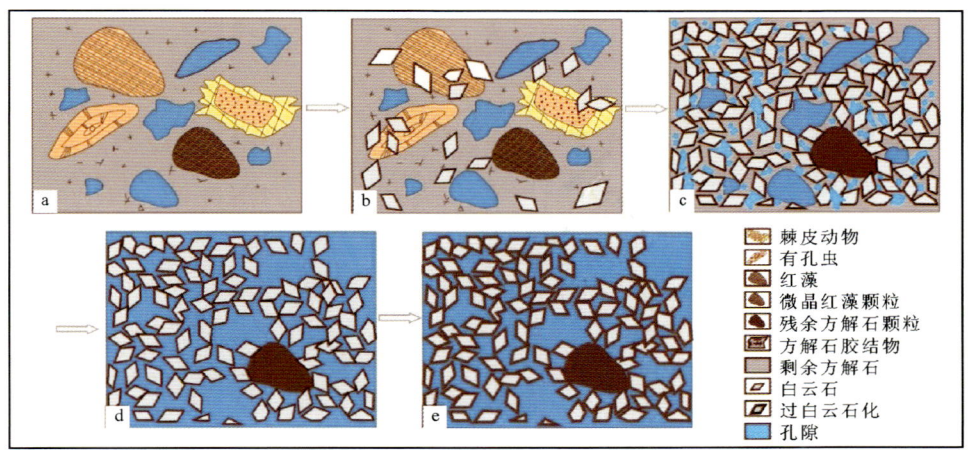

图 5-14 在白云石化过程中，泥粒灰岩的孔隙演化与白云石化

a. 在白云石化初期，文石质和高镁方解石骨骼和骨骼碎屑溶解形成铸模孔隙和溶解孔隙；b. 伴随溶解作用，孔隙中 Mg^{2+} 浓度增加，形成分散的白云石晶体并将原岩改造成白云质灰岩；c. 随着剩余方解石质颗粒的溶解殆尽，形成将原岩改造成灰质白云岩；d. 泥晶基质溶解殆尽，灰质白云岩进一步被改造成白云岩；e. 白云岩发生过白云石化

岩石学研究表明，白云岩的原岩主要为黏结灰岩。白云岩的孔隙演化显然受控于黏结灰岩遭受的海水成岩作用和白云石化。如果以埋深 77.08m 黏结灰岩的孔隙度（28.8%）值作为黏结灰岩遭受白云石化和白云岩化作用前的平均孔隙度，那么，约 2/3 白云岩的孔隙度值低于该值，约 1/3 高于该值，暗示白云石化是制约白云岩孔隙演化的主控因素。上述分析表明，在白云石化过程中，首先无选择性地部分或完全溶解所有岩石中的文石质和高镁方解石骨骼及骨骼碎屑，形成以铸模孔隙和溶解孔隙为代表的次生孔隙；然后潜在镁含量高的黏结灰岩被白云岩化流体交代，形成组构保留和组构破坏的白云岩，并

导致大部分岩石的孔隙度异常降低。

4. 颗粒灰岩形成过程中的孔隙演化

颗粒灰岩形成过程中的孔隙演化见图5-15。

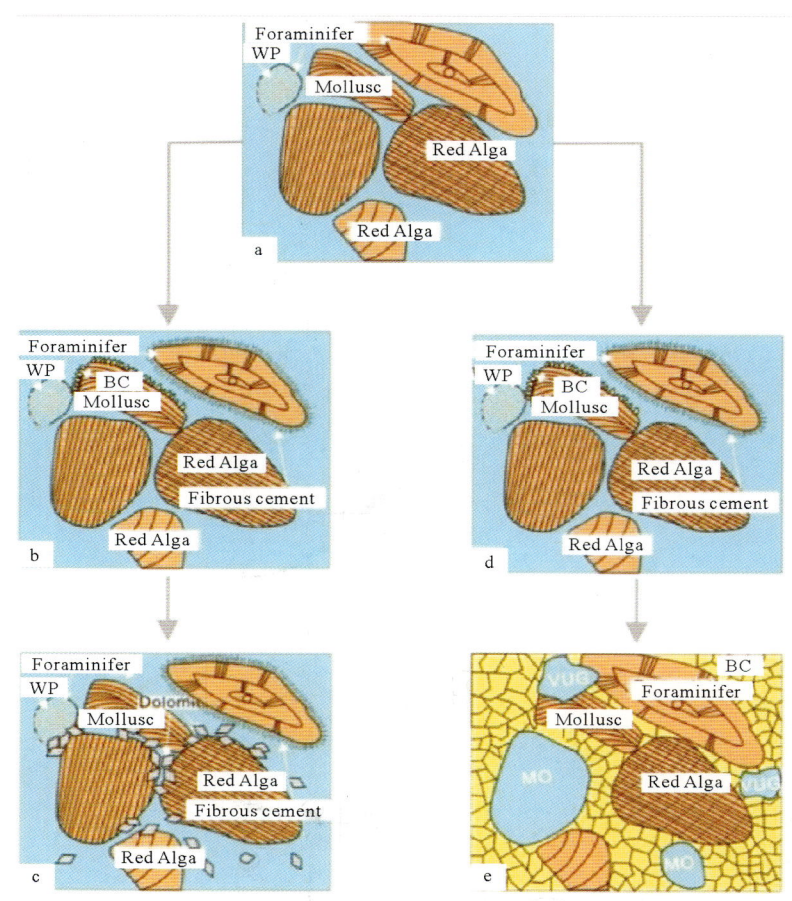

图5-15 在白云石化过程中颗粒灰岩的孔隙演化与白云石化
a.原始颗粒；b.海水成岩环境；c.海水白云岩化；d.埋藏成岩环境；e.后生成岩环境

5.3 埋藏成岩环境(579～1257.52m)

5.3.1 孔隙与物性特征

1. 孔隙类型

埋藏成岩环境控制井段(579～1257.52m)的孔隙类型主要为溶解孔隙(VUG)、铸模孔隙(MO)、粒间孔隙(BP)、粒内孔隙(WP)和晶间孔隙(BC)等(图5-16)。次生孔隙普遍发育(图5-2)。

2. 物性

埋藏成岩环境控制井段的渗透率范围为$(0.05～14\ 329.32)×10^{-3}\ \mu m^2$，平均值为$588.49×10^{-3}\ \mu m^2$；孔隙度范围为$0.34\%～47.63\%$，平均值为$18.49\%$(图5-17)。孔隙度在$0.34\%～47.63\%$之间呈连续分布。

储层特征与成岩演化

系	统	组	埋深(m)	层号	岩性	厚度(m)	暴露面	VUG	MO	BP	WP	GF	BC	FR	BO	SK	FE
新近系	中新统	梅山组	583.12	1	漂砾灰岩	6.14		◐	◐	◐	◐	◐	◐				
			584.96	2	粒泥灰岩	1.43		●	●					◐	◐		
			587.04	3	白云岩	1.86		●	●	◐	◐	◐	◐	◐	◐		
			605.41	4	漂砾灰岩	17.94		●	●	◐	◐	◐	◐	◐			
			617.64	5	粒泥灰岩	11.86		●	●	◐	◐		◐				
			637.14	6	白云岩	19		●	●	◐	◐						◐
			639.59	7	粒泥灰岩	2.15		●	●	◐	◐	◐					
			642.35	8	白云质灰岩	2.46		●	●	◐	◐		◐				
			646.03	9	白云岩	3.38		●	●	◐	◐						
			652.3	10	粒泥灰岩	5.97					◐						
			655.31	11	漂砾灰岩	2.38		◐		●							
			676.92	12	泥粒灰岩	21.1		◐		◐	◐			◐		◐	
			688.53	13	粒泥灰岩	10.47		◐		◐	◐			◐			
			716.28	14	漂砾灰岩	26		◐	◐	◐	◐	◐					
			724.62	15	泥粒灰岩夹漂砾灰岩	7.62		●	●	◐	◐						
			727.92	16	白云岩	2.18		●	●	◐	◐						
			732.95	17	粒泥灰岩	4.15		●	●	◐	◐						
			738.29	18	漂砾灰岩	4.62		●	●	◐	◐	◐					
			747.67	19	颗粒灰岩	8.32		●	●	◐	◐		◐				
			752.79	20	粒泥灰岩	5.12		●	●	◐	◐						
			756.46	21	漂砾灰岩	3.67		◐	◐	◐							
			780.13	22	白云岩	23.67		◐		◐	◐		●	◐		◐	
			787.49	23	粒泥灰岩	7.36					◐						
			791.01	24	白云质灰岩	3.52							◐				
			795.44	25	粒泥灰岩	4.43		◐	◐		◐		◐	◐			
			802.47	26	颗粒灰岩	7.43				◐	◐	◐	◐			◐	
			808.58	27	漂砾灰岩	5.71		●	●	◐	◐		◐				
			817.29	28	颗粒灰岩	8.71		●	●	◐	◐						
			822.27	29	砾屑灰岩	4.98		●	●	◐	◐						
			828.63	30	漂砾灰岩夹颗粒灰岩	6.36		●	●	◐	◐		◐				
			834.92	31	粒泥灰岩	6.29		●	●	◐	◐						
			850.74	32	颗粒灰岩夹砾屑灰岩	15.56		●	●	●	◐						
			860.47	33	白云质灰岩	9.69		●	●	◐	◐		◐				
			869.39	34	粒泥灰岩	8.92		◐		◐	◐		◐				
			872.96	35	灰质白云岩	3.57				◐	◐		◐				
			883.26	36	粒泥灰岩眼与白云质灰岩	10.3		◐	◐	●	◐		◐				
			888.85	37	灰质白云岩	3.59		◐		◐	◐						
			891.77	38	白云质灰岩	4.92		◐		◐	◐		◐				
			900.74	39	粒泥灰岩	8.97		◐		◐	◐						
			911.02	40	灰质白云岩	10.28		◐	◐	◐	◐	◐					
			928.82	41	黏结灰岩	17.8		◐	◐	◐	◐	◐	◐				
			947.79	42	黏结灰岩	18.97		◐	◐	●	◐		◐	◐	◐	◐	
			953.76	43	粒泥灰岩	5.97		◐	◐	◐	◐					◐	
			965.56	44	黏结灰岩	11.8		◐	◐	◐	◐						
			1008.51	45	白云岩	42.95		◐	◐	◐	◐						
	中新统	三亚组	1031.1	46	白云质灰岩	21.59		◐	◐	◐	◐	◐					
			1035.49	47	泥粒灰岩	4.39		◐		◐	◐	◐		◐			
			1180.15	48	白云岩	144.66		●	●	◐	◐	◐			◐		
			1181.52	49	颗粒灰岩	1.37		●	●		●						
			1184.92	50	黏结灰岩夹泥粒灰岩	3.4		●	●	◐	◐	◐		◐			
			1220.17	51	漂砾灰岩夹白云质灰岩	35.25		●	●	◐	◐	◐	◐				
			1224.15	52	粒泥灰岩	3.98		◐					◐				
			1231.48	53	漂砾灰碉	7.33		◐					◐				
			1236.3	54	骨架灰岩	4.82		◐									
			1239.97	55	黏结灰岩	3.67		◐					◐				
			1241.35	56	白云质灰岩	3.38		◐		◐	◐		◐				
			1246.74	57	骨架灰岩	3.39		◐		◐	◐		◐				
			1253.55	58	白云质灰岩夹颗粒灰岩	6.81		●	●	●	●		◐				
			1256.86	59	颗粒灰岩	3.31		◐					◐				

图 5-16 西科 1 井埋藏成岩环境控制井段(579～1257.52m)孔隙组成及其随埋深变化

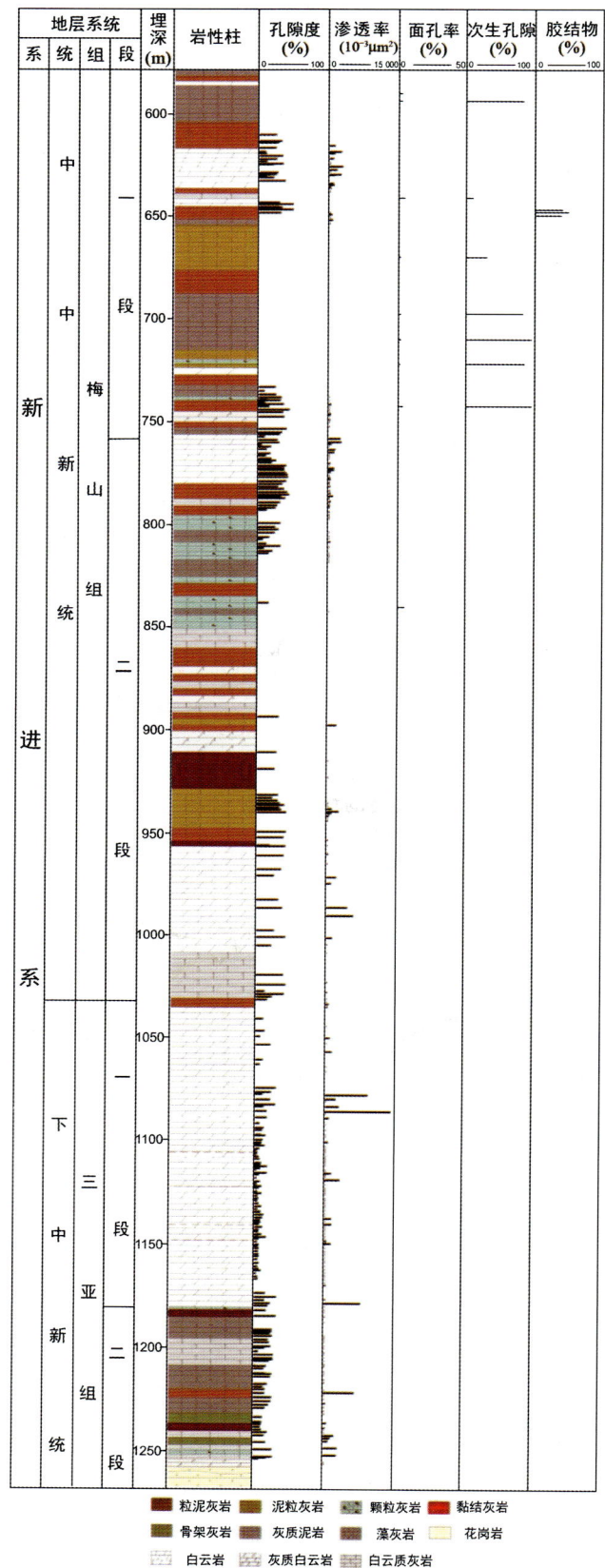

图 5-17 埋藏成岩环境控制井段(576~1257.52m)
孔隙度、渗透率、次生孔隙随埋深变化

5.3.2 主控因素

虽然埋藏成岩环境控制井段物性是海水胶结作用、埋藏胶结作用、冷海水入侵、白云岩化作用以及可能的压实作用共同作用的结果，但是，从不同岩石类型的孔隙度值随埋深变化趋势来看，孔隙度似乎受控于岩石类型。例如，在埋深 800m 左右，孔隙度最低值的样品为白云岩和颗粒灰岩；在埋深 1200m 左右，孔隙度最低值的样品几乎均为白云岩和白云质灰岩。颗粒灰岩的孔隙度降低与埋深 800m 左右深度段的胶结物含量高有关。而埋深 1200m 左右深度段的孔隙度降低显然与白云岩化有关。压实作用的增强将促进弱固结的灰岩中亮晶方解石胶结物的沉淀，其对成岩早期已经固结的白云岩影响较小，这或许是白云岩孔隙得以在后期成岩演化过程中大量保存的关键因素。在四川盆地、鄂尔多斯盆地等地的古生界—中生界海相碳酸盐岩储层中也存在这一趋势，高能环境（如滩相）灰岩孔隙多损失殆尽，其良好的储集层段多为白云化作用彻底的白云岩，白云化作用对孔隙的影响甚于原始沉积环境水体能量。对西科 1 井碳酸盐岩的研究可促使我们重新审视海相碳酸盐岩储层研究。

从体积上，白云石胶结作用的意义更大，对岩石的抗压实起到了重要作用。尽管白云化总体使得碳酸盐岩岩石体积减小，但这并不是白云岩孔隙度较高的主要影响因素，其早期固结而致使的抗压实能力的增加使得原生孔隙得以保存（图 5-18a、b）。在部分灰岩层段（梅山组 744~747.67m 层段），灰岩固结，孔渗性差（图 5-18c、d），孔隙度仅为 7.1%~13.7%，渗透率最大仅为 $0.32×10^{-3} \mu m^2$。需指出的是，深度大于 1000m 的灰岩也可见有较为疏松的，如灰泥含量高的低能环境沉积的灰岩，其受到压实作用的影响较小，可能和埋深依旧较浅以及固结岩石支撑岩石骨架有关。在一定埋深条件下白云岩的物质重组以及（与微生物有关的?）相对高钙白云石的溶解将形成晶内微孔，并且雾心亮边白云石内部常被溶解（图 5-19），或者在沿白云石解理形成微溶缝，其对白云岩储层的影响在国内尚无文献提及，但在开曼群岛，Brain（2005）注意到这一现象。笔者认为其对储层的影响主要体现在后期成岩演化过程中，流体条件适合的情况下，如酸性流体进入孔隙空间造成白云岩溶解的过程中，首先被溶蚀而形成次生孔隙的白云石即是这种白云石。在四川盆地、塔里木盆地古生界及中生界白云岩储层中常可见到白云石的溶解并形成晶内溶孔。

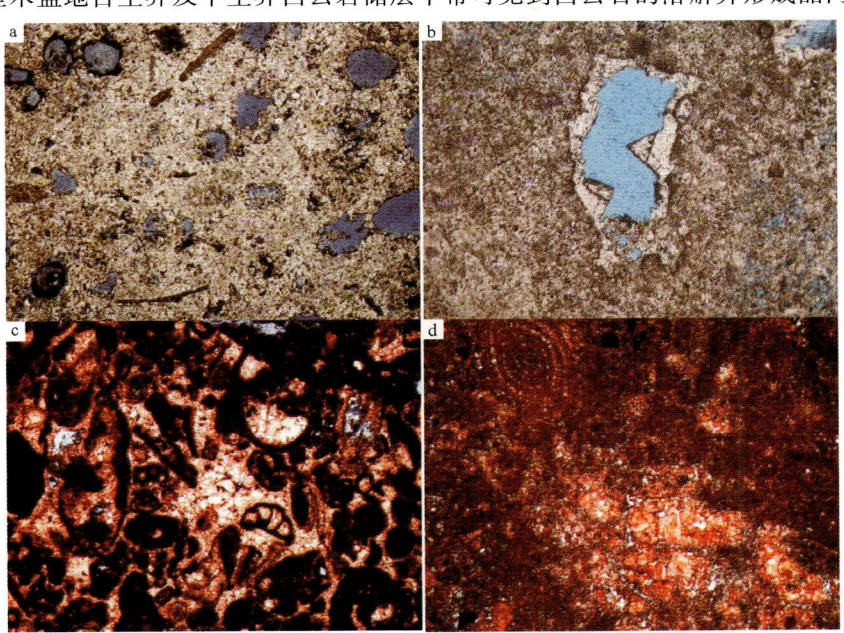

图 5-18 西科 1 井碳酸盐岩孔隙及岩性

a. 726.9m 白云岩，白云化发生于溶蚀作用之后，孔隙得以大量保存（胶结物白云石含量相对较少），对角线长 8mm(-)；b. 506.06m，白云岩原生孔隙内沉淀有淀白云石，对角线长 1.6mm(-)；c. 灰岩较致密，585.57m，对角线长 4mm；d. 灰岩孔隙少量保存，737.3m，对角线长 4mm

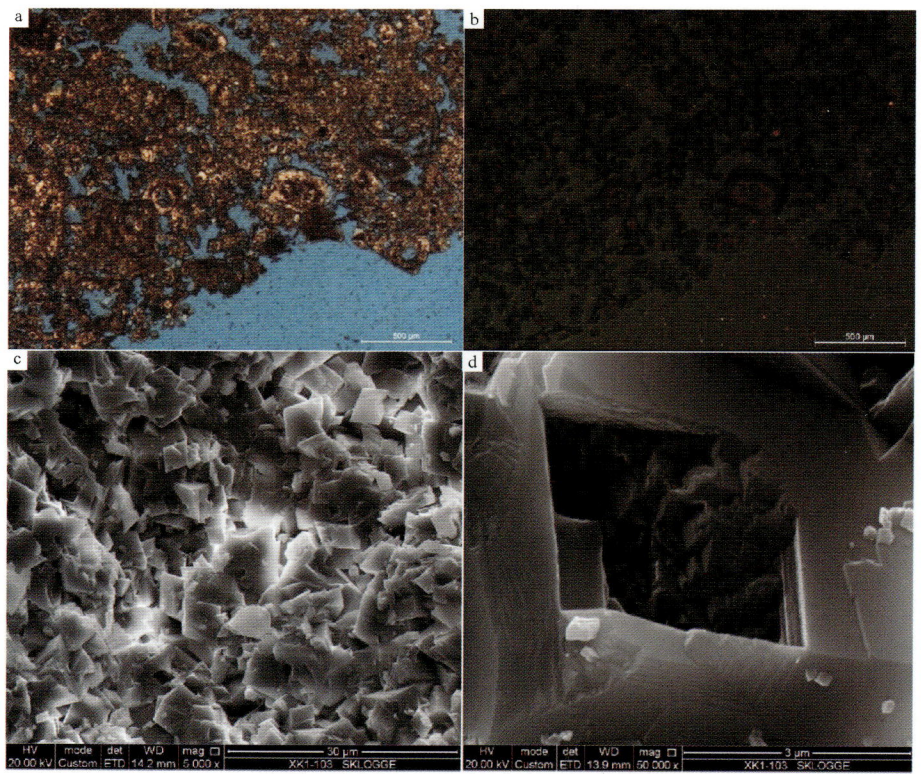

图 5-19 雾心亮边白云石内部雾心被溶解形成晶内孔隙

a、b.555.46m,早期形成的过度白云化白云石的雾心被溶解,a 为单偏光,b 为阴极发光照片;
c.481.65m,扫描电镜照片;d.392.88m,扫描电镜照片

6 主要结论

(1) 钻遇的碳酸盐岩-生物礁由原地石灰岩、异地石灰岩、碳酸盐砂、白云岩化石灰岩和混积岩组成。其中,原地石灰岩主要为骨架灰岩和黏结灰岩。异地石灰岩以泥粒灰岩和粒泥灰岩为主,颗粒灰岩、砾屑灰岩和漂砾灰岩次之。碳酸盐砂集中分布于乐东组顶部。在白云岩化石灰岩中,以白云岩为主,其次为灰质白云岩和白云质灰岩。混积岩以含陆源碎屑-碳酸盐混积岩为主,陆源碎屑质-碳酸盐混积岩少量。

(2) 碳酸盐岩-生物礁的成岩作用主要受成岩环境和成岩阶段制约。其中,大气水成岩环境的影响深度范围为 0~169m,不具备阴极发光性的新月形、悬垂状、等厚栉状或粒间晶簇状胶结物,圆化的粒间孔隙和溶解孔隙,偏轻的 $\delta^{13}C$ 值 $\delta^{18}O$ 值确证了其大气水成岩环境的属性。海水成岩环境的影响深度范围为 169~579m,泥晶套、纤维状—针状文石胶结物,胶结物的暗淡的阴极发光性和偏重的 $\delta^{13}C$ 及 $\delta^{18}O$ 值凸显了其海水成岩环境的印记。埋藏成岩环境的影响深度范围为 579~1257.52m,以粗晶镶嵌状方解石,胶结物的橘色环带阴极发光性和相对偏轻 $\delta^{13}C$ 及 $\delta^{18}O$ 值为识别标志。乐东组、莺歌海组和黄流组处于同生成岩阶段,梅山组和三亚组处于早成岩阶段。

(3) 在白云岩化层段,部分样品中仍然存在针状和刀刃状方解石胶结物被白云石交代的迹象,白云石自形晶体分布于泥晶套内部和外部的溶解孔隙中,这说明,白云岩的形成至少晚于海水成岩作用,白云岩中白云石多呈粉晶—细晶结构,残余结构较为明显。从 288m 开始,随深度的增加较大晶粒白云石在岩石中的比例增加,在三亚组碳酸盐岩中鞍形白云石含量显著增加,通常为中粗晶结构,晶面弯曲,具波状消光,常沿解理发生轻微溶解。

(4) 碳酸盐岩样品碳、氧同位素总体呈现出协变趋势,但白云岩样品的碳、氧同位素则完全缺乏相关性,反映了大气水、岩浆来源流体、有机酸等流体等成岩流体并没有参与白云石化过程。白云石中碳同位素的海相色彩表明白云石化过程中对原始灰岩中碳的继承性。碳、氧同位素测试表明,白云石形成流体的盐度应稍高于正常海水,白云岩的氧同位素值总体上指示白云石形成流体的性质为微蒸发浓缩的海水。包裹体测温显示白云石原生包体均一温度远大于正常地温梯度反映的地层温度,表明西科1井深部白云岩化受到高温孔隙流体的影响。随着埋藏深度的增加,白云石的 d_{104} 面网间距值呈逐渐减少趋势,显示西科1井白云岩晶体结构的有序性随着埋藏深度的规律变化,反映了白云岩在埋藏成岩过程中通过重结晶作用实现结构向着理想组成的自调整过程。白云石的重组过程将破坏原有的早期白云化作用的白云石,而淀白云石形成时间晚,镁离子含量高,稳定性强。中等盐度渗透回流模式可能适用于西沙地区大部分白云岩的形成,是西沙地区环礁(孤立台地)白云岩形成的基础。受中等埋深条件下压实改造(压实驱动机制)及与深部断层有关的热对流作用(热对流机制)共同作用的埋藏白云化模式,使已经存在的白云岩得以改造。

(5) 原生孔隙类型取决于岩性,次生孔隙分布于整个井段。其中,粒内孔隙分布于几乎所有的岩石类型,粒间孔隙主要发育于颗粒支撑的岩石类型,格架孔隙主要发育于骨架灰岩、黏结灰岩以及原岩为原地灰岩的白云质灰岩和灰质白云岩中,晶间孔隙毫无例外地分布于白云岩、灰质白云岩以及白云质灰岩中。钻遇地层的所有岩石类型中均发育铸模孔隙和溶解孔隙等次生孔隙。

(6) 孔隙度和储集质量明显受岩性制约。孔隙度随埋深变化呈分段式。其中,在 0~169m 区间,粒泥灰岩和泥粒灰岩的孔隙度随埋深快速降低;在 169~303.6m 区间,泥粒灰岩、粒泥灰岩和骨架灰岩的孔隙度随埋深显著增加；在303.6～1257.52m区间，孔隙度随埋深呈逐渐降低趋势。白云岩是这一趋势的主要贡献者。根据孔隙度、渗透率、排驱压力、孔隙喉道半径平均值和孔隙结构类型参数建立碳酸盐岩储层分类标准。白云岩、灰质白云岩和白云质灰岩的储集条件优于泥粒灰岩及粒泥灰岩。孔隙演化的主控因素为成岩环境、机械压实作用和白云化作用。其中，大气水成岩环境影响井段(0～169m)的孔隙演化主要受控于大气水下渗和机械压实作用；海水成岩环境影响井段(169～579m)的孔隙演化主要受控于海水成岩作用和白云化作用。海水成岩作用主要表现为胶结作用，是孔隙堵塞和孔隙度降低的积极贡献者。埋藏成岩环境影响井段(大于579m)的孔隙度降低受控于埋藏胶结作用和白云岩化。

主要参考文献

陈俊仁. 我国南部西沙群岛地区第四纪地质初步探讨[J]. 地质科学,1978,(1):45-56.
陈以健,焦文强. 西沙群岛石岛的放射性碳剖面:近代地壳运动的证据[J]. 海洋地质研究,1982,2(2):27-38.
陈以健,卢景芬. 西沙珊瑚砂屑灰岩的ESR年龄测定[J]. 地质论评,1988,34(3):254-262.
陈亦寒,刘大锰,魏喜,等. 西沙群岛晚新生代生物礁储层特征及控制因素——基于西琛1井钻探资料[J]. 石油天然气学报(江汉石油学院学报),2007,29(3):360-363.
樊祺诚,孙谦,李霓. 琼北火山活动分期与全新世岩浆演化[J]. 岩石学报,2004,20(3):533-544.
方小敏,奚晓霞,李吉均,等. 中国西部晚中新世气候变干事件的发现及其意义[J]. 科学通报,1997,42(23):2521-2524.
方振东,周从直,梁恒国,等. 珊瑚岛礁淡水透镜体抽水倒锥影响因素研究[J]. 后勤工程学院学报,2012,28(4):57-66.
冯伟民,余汶. 西沙群岛石岛晚更新世碳酸盐土壤层陆栖蜗牛化石[J]. 海洋地质与第四纪地质,1991,11(3):69-74.
冯英辞,詹文欢,姚衍桃,等. 西沙群岛礁区的地质构造及其活动性分析[J]. 热带海洋学报,2015,34(3):48-53.
甘玉青,肖传桃,张斌. 国内外生物礁油气勘探现状与我国南海生物礁油气勘探前景[J]. 海相油气地质,2009,14(1):16-20.
高战潮. 西沙群岛及邻近海域地质构造特征及地壳性质的转化[J]. 海洋科学,1986,10(4):51-54.
韩春瑞,孟祥营. 西沙晚中新世以来礁相地层中有孔虫动物群的分布及其意义[J]. 海洋地质与第四纪地质,1990,10(2):65-81.
何起祥,张明书. 中国西沙礁相地质[M]. 北京:科学出版社,1986.
何起祥,张明书. 西沙群岛新近纪白云岩的成因与意义[J]. 海洋地质与第四纪地质,1990,10(2):30-45.
胡修棉,王成善. 100Ma以来若干重大地质事件与全球气候变化[J]. 大自然探索,1999,18(67):53-58.
黄金森,朱袁智,沙庆安. 西沙群岛现代海滩岩岩石学初探[J]. 地质科学,1978,4:358-363.
黄金森,朱袁智,钟晋梁,等. 西沙群岛宣德马蹄形礁与北礁的对比研究[C]//中国科学院海洋研究所. 南海海洋科学集刊(第7集)[M]. 北京:科学出版社,1986:13-48.
黄思静. 碳酸盐矿物的阴极发光性与Fe、Mn含量的关系[J]. 矿物岩石,1992,12(4):74-79.
黄思静. 碳酸盐岩的成岩作用[M]. 北京:地质出版社,2010.
焦增玉,张帆,曾德铭,等. 川东北温泉井及邻区长兴组生物礁储层特征研究[J]. 岩性油气藏,2011,23(6):79-89.
金庆焕,刘宝明. 南海万安盆地油气分布特征[J]. 石油实验地质,1997,19(3):234-240.
雷超,任建业,张静. 南海构造变形分区及成盆过程[J]. 地球科学——中国地质大学学报,2015,40(4):744-762.
黎昌. 西沙、中沙群岛的形成和演化[C]//中国科学院南海海洋研究所. 南海海洋科学集刊(第7集)[M]. 北京:科学出版社,1986:87-102.
李浩. 西沙群岛现代滨岸的风暴沉积[J]. 海洋地质与第四纪地质,1991,11(1):83-92.
李顺,张江勇,钟和贤,等. 南海北部陆坡ZSQ196PC柱状样末次间冰期以来的古海洋学记录氧同位素有孔虫和硅藻[J]. 海洋地质前沿,2013,29(11):32-38.
李亚文,韩蔚田. 南海海水25℃等温蒸发实验研究[J]. 地质科学,1995,30(3):233-239.
林长松,初凤友,高金耀,等. 论南海新生代的构造运动[J]. 海洋学报,2007,29(4):87-96.
刘宝明,夏斌,金庆焕,等. 南海盆地演化及碳酸盐岩油气勘探[J]. 海相油气地质,2003,18(1-2):10-16.
刘峰. 地球化学反应模型用于水-岩相互作用的研究——以模拟软件Phreeqc应用为例[D]. 北京:中国地质大学,2010:1-13.
刘健,韩春瑞,吴建政. 西沙更新世礁灰岩大气淡水成岩的地球化学证据[J]. 沉积学报,1998,16(4):71-77.
刘新宇,祝幼华,廖卫华,等. 西沙群岛西科1井珊瑚组合面貌及其生态环境[J]. 地球科学——中国地质大学学报,2015,40(4):688-696.
卢寅傅,杨学昌,贾荣芬. 我国西沙群岛第四纪生物沉积物及成岛时期的探讨[J]. 地球化学,1979(2):93-102.

陆钧,陈木宏. 新生代主要全球气候事件研究进展[J]. 热带海洋学报,2006,25(6):72-79.
吕炳全,王国忠,全松青. 试论西沙群岛石岛的形成[J]. 地质科学,1986,(1):82-89.
吕炳全,王国忠,全松青. 西沙群岛灰砂岛的沉积特征和发育规律[J]. 海洋地质与第四纪地质,1987,7(2):59-69.
吕炳全,徐国强,王洪罡,等. 南海新生代碳酸盐岩台地淹没事件记录的海底扩张[J]. 地质科学,2002,37(4):405-414.
罗蛰潭,王允诚,邓恂康. 川东中石炭统碳酸盐储集岩的孔隙结构研究[J]. 石油与天然气地质,1981,2(3):213-226.
马永生,梅冥相,陈小兵,等. 碳酸盐岩储层沉积学[M]. 北京:地质出版社,1999.
马玉波,吴时国,杜晓慧,等. 西沙碳酸盐岩建隆发育模式及其主控因素[J]. 海洋地质与第四纪地质,2011,31(4):56-67.
马兆亮,祝幼华,刘新宇,等. 西沙群岛西科1井第四纪钙藻及其生态功能[J]. 地球科学——中国地质大学学报,2015,40(4):718-724.
毛晓敏,刘翔,Barry D A. PHREEQC在地下水溶质反应-运移模拟中的应用[J]. 水文地质工程地质,2004,2:20-24.
孟祥营. 西沙群岛晚中新世以来有孔虫生物地层界限及古环境变化[J]. 微体古生物学报,1989,6(4):345-356.
乔培军,朱伟林,邵磊,等. 西沙群岛西科1井碳酸盐岩稳定同位素地层学[J]. 地球科学——中国地质大学学报,2015,40(4):725-732.
邱世钧,曾昭璇. 论珊瑚砂岛上巨砾堤地貌的形成[J]. 华南师范大学学报(自然科学版),1984,(1):90-95.
邱燕,王英民. 南海第三纪生物礁分布与古构造和古环境[J]. 海洋地质与第四纪地质,2001,21(1):65-73.
沙庆安. 西沙群岛第三系生物礁岩石学[J]. 地质科学,1982,(2):152-160.
沙庆安,赵希涛,黄金森,等. 西沙群岛和海南岛现代和全新世海相碳酸盐岩的成岩作用——兼谈海相表成(海相淡成)灰岩及其意义[C]//中国科学院地质研究所. 沉积岩石学研究[M]. 北京:科学出版社,1981:226-242.
商志垔,孙志鹏,解习农,等. 南海西科1井上新世以来礁滩体系内部构成及其沉积模式[J]. 地球科学——中国地质大学学报,2015,40(4):697-710.
孙嘉诗. 西沙基底形成时代的商榷[J]. 海洋地质与第四纪地质,1987,7(4):5-6.
孙嘉诗. 南海北部及广东沿海新生代火山活动[J]. 海洋地质与第四纪地质,1991,11(3):45-65.
孙启良,马玉波,赵强,等. 南海北部生物礁碳酸盐岩成岩作用差异及其影响因素研究[J]. 天然气地质学,2008,19(5):665-672.
孙志国,蓝先洪,刘宝柱,等. 西沙珊瑚礁中青藏高原隆升的锶同位素记录[J]. 海洋科学,1996,(3):35-41.
孙志国,刘宝柱,刘健,等. 西沙珊瑚礁锶同位素特征及其古环境意义[J]. 科学通报,1996,41(5):434-437.
孙志鹏,尤丽,李晓,等. 西沙西科1井第四系生物礁-碳酸盐岩的岩石学特征[J]. 地球科学——中国地质大学学报,2015,40(4):653-659.
谭成仟,宋子齐,吴向红. 储层油气产能的灰色理论预测方法[J]. 系统工程理论与实践,2001,10:101-107.
唐泽尧,吴恩国. 蒸发潮坪碳酸盐岩的油气储集性[J]. 石油与天然气地质,1980,1(1):37-46.
王崇友,何希贤,裘松余. 西沙群岛西永1井碳酸盐岩地层与微体古生物的初步研究[J]. 石油实验地质,1979,17:23-39.
王国忠,吕炳全,全松青. 永兴岛珊瑚礁的沉积环境和沉积特征[J]. 海洋与湖沼,1986,17(1):36-44.
王建华. 华南海岸沙丘岩的特征及其与海滩岩的区别[J]. 沉积学报,1997,15(1):105-110.
王琳,周文,何胡军. 川北地区二叠系生物礁储层特征研究[J]. 石油地质与工程,2011,25(1):28-31.
王天娇. 阿姆河右岸区块碳酸盐岩裂缝性储层评价方法研究[D]. 西安:石油大学,2011.
王英民,徐强,李冬,等. 南海西北部晚中新世的红河海底扇[J]. 科学通报,2011,56(10):781-787.
王玉净,勾韵娴,章炳高. 西沙群岛西琛1井中新世地层、古生物群和古环境研究[J]. 微体古生物学报,1996,13(3):215-223.
王振峰,崔宇驰,邵磊,等. 西沙地区碳酸盐台地发育过程与海平面变化:基于西科1井BIT指标分析数据[J]. 地球科学——中国地质大学学报,2015,40(4):900-908.
王振峰,时志强,张道军,等. 西沙群岛西科1井中新统—上新统白云岩微观特征及成因[J]. 地球科学——中国地质大学学报,2015,40(4):633-644.
魏喜. 西沙海域晚新生代礁相碳酸盐岩形成条件及油气勘探前景[M]. 北京:地质出版社,2007.
魏喜,邓晋福,谢文彦,等. 南海盆地演化对生物礁的控制及礁油气藏勘探潜力分析[J]. 地学前缘,2005,12(3):245-252.
魏喜,祝永军,尹继红,等. 南海盆地生物礁形成条件及发育趋势[J]. 特种油气藏,2006,13(1):7-13.
魏喜,祝永军,许红,等. 西沙群岛新近纪白云岩形成条件的探讨:C、O同位素和流体包裹体证据[J]. 岩石学报,2006,22(9):2394-2404.

魏喜,贾承造,孟卫工,等.西琛1井碳酸盐岩的矿物成分、地化特征及地质意义[J].岩石学报,2007,23(11):3015-3025.
魏喜,贾承造,孟卫工,等.南海西沙海域西琛1井生物礁的性质及岩石学特征[J].地质通报,2008,27(11):1933-1938.
魏喜,贾承造,孟卫工.西沙群岛西琛1井碳酸盐岩白云石化特征及成因机制[J].吉林大学学报(地球科学版),2008,38(2):217-224.
魏喜,贾承造,孟卫工,等.西沙海域新近纪以来生物礁分布规律及油气勘探方向探讨[J].石油地球物理勘探,2008,43(3):308-312.
吴世敏,周蒂,丘学林.南海北部陆缘的构造属性问题[J].高校地质学报,2001,7(4):419-426.
吴作基,于金凤.西沙群岛某钻孔底部的孢子花粉组合及其地质时代[C]//中国孢粉学会第一届学术会议论文集[M].北京:科学出版社,1982:81-84.
修淳,罗威,杨红君,等.西沙石岛西科1井生物礁碳酸盐岩地球化学特征[J].地球科学——中国地质大学学报,2015,40(4):645-652.
徐启浩,冯炎基.新碳、老碳对^{14}C年龄的影响及石岛沙丘岩的可能实际年龄[J].地质科学,1992,(增刊):286-294.
徐行,施小斌,罗贤虎,等.南海西沙海槽地区的海底热流测量[J].海洋地质与第四纪地质,2006,26(4):51-57.
徐衍兰,高宗军,李佳佳.PHREEQC在济南泉水来源判别中的应用与效果[J].地下水,2015,37(1):4-5.
许红,蔡峰,等.西沙中新世生物礁演化与藻类的造礁作用[J].科学通报,1999,44(13):1435-1439.
许红,蔡峰,龚建明,等,西沙中新世生物礁研究新成果简介[J].海洋地质动态,1996(4):1-4.
许红,张金川,蔡峰.西沙群岛中新世生物礁矿物相研究及其意义[J].海洋地质与第四纪地质,1994,14(4):15-23.
许红,王玉净,蔡峰,等.西沙中新世生物地层和藻类的造礁作用与生物礁演变特征[M].北京:科学出版社,1999.
颜磊.川北米仓山前缘二叠系—三叠系礁滩相储层特征及发育模式研究[D].成都:成都理工大学,2009.
姚伯初,曾维军,Hayes D E,等.中美合作调研南海地质专报[M].武汉:中国地质大学出版社,1994.
姚伯初,万玲.南海新生代构造演化及岩石圈三维结构特征[J].地质通报,2005,24(1):1-8.
业渝光,王雪娥,刁少波.西沙石岛^{14}C年代数据可靠性的初步研究[J].海洋地质与第四纪地质,1987,7(2):121-130.
业渝光,和杰,刁少波.西沙石岛风成灰岩的ESR和^{14}C年龄[J].海洋地质与第四纪地质,1990,10(2):103-110.
业治铮,张明书,韩春瑞,等.西沙石岛风成石灰岩和化石土壤层的发现及其意义[J].海洋地质与第四纪地质,1984,4(1):1-10.
业治铮,何起祥,张明书,等.西沙石岛晚更新世风成生物砂屑灰岩的沉积构造和相模式[J].沉积学报,1985,3(1):1-15.
业治铮,何起祥,张明书,等.西沙群岛岛屿类型划分及其特征的研究[J].海洋地质与第四纪地质,1985,5(1):1-13.
业治铮,张明书.西沙石岛风成石灰岩和化石土壤的发现及其意义[J].海洋地质与第四纪地质,1984,4(1):1-10.
叶锦昭.西沙群岛环境水文特征[J].中山大学学报(自然科学版),1996,35(增刊):15-21.
尤丽,于亚苹,廖静,等.西沙群岛西科1井第四纪生物礁中典型暴露面的岩石学与孔隙特征[J].地球科学——中国地质大学学报,2015,40(4):671-676.
于津海,O'Reilly Y S,周新民.雷州英峰岭玄武岩中单斜辉石巨晶的地球化学和地幔交代作用[J].岩石学报,2003,19(4):637-649.
曾昭璇,邱世钧.西沙群岛环礁沙岛发育规律初探——以晋卿岛、琛航岛为例[J].海洋学报,1985,7(4):472-483.
翟世奎,米立军,沈星,等.西沙石岛生物礁的矿物组成及其环境指示意义[J].地球科学——中国地质大学学报,2015,40(4):597-605.
张道军,刘新宇,王亚辉,等.西沙地区晚中新世以来碳酸盐岩的沉积演化及储层特征[J].地球科学——中国地质大学学报,2015,40(4):606-614.
张功成,谢晓军,王万银,等.中国南海含油气盆地构造类型及勘探潜力[J].石油学报,2013,34(4):612-627.
张浩,邵磊,张功成,等.海相地层分布及油气地质意义[J].地球科学——中国地质大学学报,2015,40(4):660-670.
张建勇,郭庆新,寿建峰,等.新近纪海平面变化对白云石化的控制及对古老层系白云岩成因的启示[J].海相油气地质,2013,18(4):46-52.
张明书.西沙群岛西永1井礁相第四纪地层的划分[J].海洋地质与第四纪地质,1990,10(2):57-64.
张明书.西沙事件旋回的发现及其意义[J].海洋地质与第四纪地质,1990,10(2):83-90.
张明书,刘健,周墨清.西永1井礁序列的磁化率研究[J].科学通报,1994,39(4):340-343.
张明书,周墨清,刘健.西沙礁序列的磁性地层学研究[J].海洋地质与第四纪地质,1996,16(3):61-65.
张明书,何起祥,业治铮,等.西沙生物礁碳酸盐沉积地质学研究[M].北京:科学出版社,1989.

张雄华. 混积岩的分类和成因[J]. 地质科技情报,2000,19(4):31-34.

赵焕庭. 西沙群岛考察史[J]. 地理研究,1996,15(4):55-65.

赵强. 西沙群岛海域生物礁碳酸盐岩沉积学研究[D]. 北京:中国科学院研究生院,2010.

赵强,许红,华清峰. 风成碳酸盐岩的全球分布及其对西沙的启示[J]. 海洋地质与第四纪地质,2014,34(1):153-163.

赵强,许红,吴时国,等. 西沙石岛风成碳酸盐沉积的早期成岩作用[J]. 沉积学报,2013,31(2):220-223.

赵淑娟,吴时国,施和生,等. 南海北部东沙运动的构造特征及动力学机制探讨[J]. 地球物理学进展,2012,27(3):1008-1019.

赵爽,张道军,刘立,等. 南海西沙海域西科1井第四系生物礁:碳酸盐岩成岩作用特征[J]. 地球科学——中国地质大学学报,2015,40(4):711-717.

郑洪波,杨文光,贺娟,等. 南海的氧同位素[J]. 第四纪研究,2008,28(1):68-77.

中国科学院海洋研究所. 西沙群岛海洋生物调查报告之一[C]. 中国科学院海洋研究所. 海洋科学集刊,第10集. 北京:科学出版社,1975:1-230.

中国科学院海洋研究所. 西沙群岛海洋生物调查报告之二[C]. 中国科学院海洋研究所. 海洋科学集刊,第12集. 北京:科学出版社,1978:1-266.

中国科学院海洋研究所. 西沙群岛海洋生物调查报告之三[C]. 中国科学院海洋研究所. 海洋科学集刊,第15集. 北京:科学出版社,1979:1-232.

中国科学院南海海洋研究所. 我国西沙、中沙群岛海域海洋生物调查研究报告集[M]. 北京:科学出版社,1978.

中国科学院南京土壤研究所西沙群岛考察组. 我国西沙群岛的土壤和鸟粪磷矿[M]. 北京:科学出版社,1977.

钟晋梁,黄金森. 我国西沙群岛松散堆积物的粒度和组成的初步分析[J]. 海洋与湖沼,1979,10(2):125-135.

周从直,方振东,梁恒国,等. 珊瑚岛礁淡水透镜体的数值模拟[J]. 海洋科学,2004,28(11):77-80.

朱伟林,王振峰,米立军,等. 南海西沙西科1井层序地层格架与礁生长单元特征[J]. 地球科学——中国地质大学学报,2015,40(4):677-687.

朱袁智,钟晋樑. 西沙石岛和海南岛沙丘岩初探[J]. 热带海洋,1984,3(3):64-71.

祝仲蓉,J Chappel. 巴布亚新几内亚合恩半岛晚第四纪上升珊瑚礁造礁珊瑚的成岩历史[J]. 沉积学报,1992,10(1):133-145.

邹才能,朱如凯,白斌,等. 中国油气储层中纳米孔首次发现及其科学价值[J]. 岩石学报,2011,27(6):1857-1864.

邹仁林,朱袁智,王永川,等. 西沙群岛珊瑚礁组成成分的分析及"海藻脊"的讨论[J]. 海洋学报,1979,1(2):292-298.

Adams J E, Rhodes M L. Dolomitization by seepage refluxion[J]. AAPG Bulletin,1960,44:1912-1920.

Ahr W M. The carbonate ramp:an alternative to the shelf model-Transact[J]. Gulf Coast Ass. Geol. Soc. ,1973,23:221-225.

Anthony S S, Peterdson F L, Mackenzie F T, et al. Geohydrology of the Laura fresh-water lens, Majuro atoll:hydrogeochemical approach[J]. G. S. A. Bull. ,1989,101:1066-1075.

Badiozamani K. Dorag dolomitization model-application to the Middle Ordovician of Wisconsin[J]. Journal of Sedimentary Petrology,1973,43:965-984.

Belka Z. Early Devonian kess-kess carbonate mounds of the eastern Anti-Atlas, Morocco and their relation to submarine hydrothermal venting[J]. Journal of Sedimentary Research,1998,68:368-377.

Bolton K, Lane H R, LeMone D V. Symposium in paleoenvironmental setting and distribution of waulsortian facies[J]. 1982:198-202.

Budd D A, Land L S. Geochemical imprint of meteoric diagenesis in Holocene ooid sands, Schooner Cays, Bahamas:correlation of calcite cement geochemistry with extant groundwaters[J]. Jour. Sed. Petrology,1990,60:361-378.

Budd D A, Vacher H L. Predicting the thickness of fresh-water lenses in carbonate paleo-island[J]. Jour. Sed. Petrology,1991,60(1):43-53.

Budd D A. Cenozoic dolomites of carbonate islands:their attributes and origin[J]. Earth-Science Reviews,1997,42:1-47.

Budd D A. Petrographic products of freshwater diagenesis in Holocene ooid sands, Schooner Cays, Bahamas[J]. Carbonate and Evaporites,1988,3(2):143-163.

Burchette T P, Wright V P. Carbonate ramp depositional systems[J]. Sed. Geol. ,1992,79:3-57.

Carmichael S K, Ferry J M. Formation of replacement dolomite in the Latemar carbonate buildup, dolomites, northern

Italy: Part 2, Origin of the dolomitizing fluid and the amount and duration of fluid flow[J]. American Journal of Science, 2008, 308: 885 – 904.

Choquette P W, Hiatt E E. Shallow – burial dolomite cement: a major component of many ancient sucrosic dolomites[J]. Sedimentology, 2008, 55: 423 – 460.

Choquette P W, Pray L C. Geologic nomenclature and classification of porosity in sedimentary carbonates[J]. Bull. Am. Ass. petrol. Geol., 2009, 54: 207 – 250.

Crevello P D, Wilson J L, Sarg J F, et al. Controls on carbonate platform and basin development[J]. Sot. Econ. Paleont. Min. Spec. Publ., 1989, 44: 400 – 405.

Davies G R, Smith J L B. Structurally controlled hydrothermal dolomite reservoir facies: An overview[J]. AAPG Bulletin, 2006, 90: 1641 – 1690.

Davis M, Kusznir N J. Depth – dependent lithospheric stretching at rifted continental margins[J]. Proceedings of NSF Rifted Margins Theoretical Institute, 2004, 136: 85 – 92.

Dawns J M, Swart P K. Textural and geochemical alternations in Late Cenozoic Bahamian dolomites[J]. Sedimentology, 1988, 35: 385 – 404.

Diehl S F, Hofstra A H, Koenig A E, et al. Hydrothermal Zebra Dolomite in the Great Basin, Nevada – Attributes and Relation to Paleozoic Stratigraphy, Tectonics, and Ore Deposits[J]. Geosphere, 2010, 6: 663 – 690.

Embry A F, Klovan J E. A late Devonian reef tract on northeastern Banks Island, N. W. T[J]. Bull. Can. Petrol. Geol., 1971, 19: 730 – 781.

Enos P, Sawatsky L H. Pore networks in Holocene carbonate sediments[J]. J. Sed. Petrol., 1981, 51: 961 – 986.

Enos P. Shelf environment[J] // Carbonate depositional environments[M]. Amer. Ass. Petrol. Geol. Mem., 1983, 33: 267 – 296.

Flügel E. Microfacies of Carbonate Rocks[M]. Berlin: Springer, 2004: 1 – 924.

Füchtbauer H. Sediments and sedimentary rock[C] // Sedimentary petrology[M]. New York – Toronto – Sydney: Halsted Press Division, John Wiley & Sons, Inc., 1974: 303 – 305.

Halley R B, Harris P M. Freshwater cementation of a 1000 – year – old oolite[J]. Jour. Sed. Petrology, 1979, 49: 969 – 988.

Halley R B, Harris P M, Hines A C. Bank margin environment[C] // Carbonate depositional environments[J]. Amer. Ass. Petrol. Geol. Mem., 1983, 33: 463 – 506.

Hardie L A. Dolomitization: A critical view of some current views[J]. J. Sediment. Petrol., 1987, 57: 166 – 183.

Harris P M, Moore C H, Wilson J L. Carbonate depositional environments, modern and ancient. Part 2: Carbonate platforms[J]. Colorado School of Mines Quart, 1985, 80: 1 – 60.

Haug G H, Tiedemann R. Effect of the formation of the Isthmus of Panama on Atlantic Ocean thermohaline circulation [J]. Nature, 1998, 393: 673 – 676.

Hodell D A, Elmstrorn K M, Kennett J P. Latest Miocene benthic $\delta^{18}O$ changes, global ice volume, sea level and the Mediterranean salinity crisis[J]. Nature, 1986, 320: 411 – 414.

Hottinger L. Conditions for generating carbonate platforms[J]. Mem. Soc. Geol. Ital., 1989, 40: 265 – 271.

Hsu K G, Montadert L, Bernouilli D. History of the Mediterranean salinity crisis[J]. Nature, 1977, 267: 399 – 403.

Irwin M L. General theory of epeiric clear water sedimentation[J]. Amer. Ass. Petrol. Geol. Bull., 1965, 49: 445 – 459.

James N P, Choquette P W. Diagenesis limestones – the meteoric diagenetic environment[J]. Geoscience Canada, 1984, 11 (4): 161 – 194.

James N P, Bourque P A. Reefs and mounds[J] // Fades models: Response to sea level change[M]. Ottawa (Geol. Ass. Canada) 1992: 323 – 348.

James N P, Mountjoy E W. Shelf slope break in fossil carbonate platforms: An overview[J]. Soc. Econ. Paleont. Min. Spec. Publ., 1983, 33: 189 – 206.

Jones B, MacNeil A. Dolomitization of the Pedro Castle Formation (Pliocene), Cayman Brac, British West Indies[J]. Sedimentary Geology, 2003, 162: 219 – 238.

Jones G D, Smart P L, Whitaker E F, et al. Numerical modeling of reflux dolomitization in the Grosmont platform complex (Upper Devonian), Western Canada Sedimentary Basin[J]. AAPG Bulletin, 2003, 87: 1273 – 1298.

Katz D A,Eberli G P,Swart P K,et al. Tectonic – hydrothermal brecciation associated with calcite precipitation and permeability destruction in Mississippian carbonate reservoirs,Montana and Wyoming[J]. AAPG Bulletin,2006,90: 1803 – 1841.

Kindler P,Mazzolini D. Sedimentology and petrography of dredged carbonate sands from Stocking Island (Bahamas): Implications for meteoric diagenesis and aeolianite formation[J]. Palaeogeography,Palaeoclimatology,Palaeoecology, 2001,175:369 – 379.

Kohout F A. A hypothesis concerning cyclic flow of salt water related to geothermal heating in the Florida Aquifer[J]. Trans. N. Y. Acad. Sci. ,1965,28:189 – 200.

Kohout F A. Groundwater – flow and the geothermal regime of the Florida Plateau[J]. Trans. Gulf – Cst Ass. Geol. , 1967,17:339 – 354.

Land L S. Dolomitization of the Hope Gate Formation (north Jamaica) by seawater: reassessment of mixing – zone dolomite[C] // Stable Isotope[M]. Geochemistry: A Tribute to Samuel Epstein. Geochem. Sot. Spec. Publ. ,1991,3: 121 – 133.

Land L S. The origin of massive dolomite[J]. J. Geol. Education,1985,33: 112 – 125.

Longman M W. Carbonate diagenetic textures from near surface diagenetic environments[J]. American Association of Petroleum Geologist Bulletin,1980,64: 461 – 487.

Lonnee J,Machel H G. Pervasive dolomitization with subsequent hydrothermal alteration in the Clarke Lake gas field, Middle Devonian Slave Point Formation,British Columbia,Canada[J]. AAPG Bulletin,2006,90: 1739 – 1761.

Luczaj J A,Harrison Ⅲ W B,Williams N S. Fractured hydrothermal dolomite reservoirs in the Devonian Dundee Formation of the central Michigan Basin[J]. AAPG Bulletin,2006,90: 1787 – 1801.

Luczaj J A. Evidence against the Dorag (mixing – zone) model for dolomitization along the Wisconsin arch—A case for hydrothermal diagenesis[J]. AAPG Bulletin,2006,90: 1719 – 1738.

Lumsden D N. Characteristics of deep – marine dolomite[J]. Jour. Sed. Petrology,1988,58:1023 – 1031.

Machel H G. Concepts and models of dolomitization: A critical reappraisal[C] // The geometry and petrogenesis of dolomite hydrocarbon reservoirs[M]. London:Geological Society Special Publication,2004,235: 7 – 63.

McArthur J M,Burnett J,Hancock J M. Strontium isotopes at K/T boundary discussion[J]. Nature,1992,355: 19 – 28.

McArthur J M,Howarth R J,Bailey T R. Strontium isotope stratigraphy: Lowess Version 3: Best fit to the marine Sr – isotope curve for 0～509Ma and accompanying look – up table for deriving numerical age[J]. J. Geol. ,2001,109: 155 – 170.

Meyers W J. Carbonate cement stratigraphy of the lake Valley Formation (Mississippian) Sacramento Mountains, New Mexico[J]. Journal of Sedimentary Research, 1974, 44(3): 837 – 861.

Montanez I P,Read J F. Fluid – rock interaction history during stabilization of early dolomites,upper Knox Group (Lower Ordovician),U S Appalachians[J]. Journal of Sedimentary Petrology,1992,62: 753 – 778.

Moore C H. Carbonate diagenesis and porosity[M]. Elsevier Science,1989.

Mullins H T,et al. Shallow subsurface diagenesis of Pleistocene periplatform ooze: Northern Bahamas[J]. Sedimentology,1985,32: 413 – 494.

Plummer L N,Vacher H L,Mackenzie F T,et al. Hydrogeochemistry of Bermuda: A case history of groundwater diagenesis of biocalcarenites[J]. G. S. A. Bull. ,1976,87:1301 – 1316.

Qing H,Bosence D W J,Rose E P F. Dolomitization by penesaline seawater in early Jurassic peritidal platform carbonates,Gibraltar,western Mediterranean[J]. Sedimentology,2001,48: 153 – 163.

Qiu X L,Ye S Y,Wu S M,et al. Crustal structure across the Xisha Trough,northwestern South China Sea[J]. Tectonophysics,2001,341: 179 – 193.

Rabier C,Anguy Y,Cabioch G,Genthon P. Characterization of various stages of calcitization in *Porites* sp. corals from uplifted reefs — Case studies from New Caledonia,Vanuatu,and Futuna (South – West Pacific)[J]. Sedimentary Geology,2008,211:73 – 86.

Riding R. Structure and composition of organic reefs and carbonate mud mounds: Concepts and categories[J]. Earth Science Reviews,2002,58: 163 – 231.

Saller A H, Henderson N. Distribution of porosity and permeability in platform dolomite: Insight from the Permian of west Texas: Reply[J]. AAPG Bulletin, 2001, 85: 530 – 532.

Saller A H. Petrologic and geochemical constraints on the origin of subsurface dolomite, Enewetak Atoll: An example of dolomitization by normal seawater[J]. Geology, 1984, 12: 217 – 220.

Scholle P A, Ulmer – Scholle D S. A color guide to the petrography of carbonate rocks: Grains, textures, porosity, diagenesis[J]. AAPG Tulsa, Oklahoma, USA, 2003: 1 – 314.

Sibley D F. Unstable to stable transformations during dolomitization[J]. Journal of Geology, 1990, 98: 739 – 748.

Simms M. Dolomitization by groundwater flow systems in carbonate platforms[J]. Gulf Coast Assoc. Geol. Sot. Trans., 1984b, 34: 411 – 420.

Smith J L B, Davies G R. Structurally controlled hydrothermal alteration of carbonate reservoirs: Introduction[J]. AAPG Bulletin, 2006, 90: 1635 – 1640.

Sun S Q. Dolomite reservoirs: Porosity evolution and reservoir characteristics[J]. AAPG, 1995, 79: 186 – 240.

Tucker M E, Wright V P, Dickson J A D, et al. Carbonate sedimentology[J]. Blackwell Science Ltd., 2008: 1 – 419.

Vahrenkamp V C, Swart P K. Late Cenozoic dolomites of the Bahamas: Metastable analogues for the genesis of ancient platform dolomites[C] // Dolomites: A Volume in Honor of Dolomieu[M]. Int. Assoc. Sedimentol. Spec. Pub., 1994, 21: 133 – 153.

Veizer J, Ala D, Azmy K, et al. $^{87}Sr/^{86}Sr, \delta^{13}C$ and $\delta^{18}O$ evolution of Phanerozoic seawater[J]. Chem. Geol., 1999, 161: 59 – 88.

Wang G, Li P P, Hao F, et al. Dolomitization process and its implications for porosity development in dolostones: A case study from the Lower Triassic Feixianguan Formation, Jiannan area, Eastern Sichuan Basin, China[J]. Journal of Petroleum Science and Engineering, 2015, 131: 184 – 199.

Ward W C, Halley R B. Dolomitization in a mixing zone of near – seawater composition, Late Pleistocene, northeastern Yucatan Peninsula[J]. J. Sed. Petrol., 1985, 55: 407 – 420.

Ward W C. Indicators of climate in carbonate dune rocks[C] // Geology and hydrogeoology of Northeastern Yucatan[M]. New Orleans Geol. Soc., New Orleans, 1978: 191 – 208.

Warren J. Dolomite: Occurrence, evolution and economically important associations[J]. Earth – Science Reviews, 2000, 52: 1 – 81.

Wendte J, Byrnes A, Sargent D. The control of hydrothermal dolomitization and associated fracturing on porosity and permeability of reservoir facies of the Upper Devonian Jean Marie Member (Redknife Formation) in the July Lake area of northeastern British Columbia[J]. Bulletin of Canadian Petroleum Geology, 2009, 57: 387 – 408.

Whitaker F, Xiao Y. Reactive transport modeling of early burial dolomitization of carbonate platforms by geothermal convection[J]. AAPG Bulletin, 2010, 94: 889 – 917.

Wierzbicki R, Dravis J J, Al Aasm I, et al. Burial dolomitization and dissolution of upper Jurassic Abenaki platform carbonates, deep Panuke reservoir, Nova Scotia, Canada[J]. AAPG Bulletin, 2006, 90: 1843 – 1861.

Wright D T, Wacey D. Sedimentry dolomite: A reality check[C] // The geometry and petrogenesis of dolomite hydrocarbon reservoirs[M]. London: Geological Society Special Publication, 2004, 235: 65 – 74.

Wright V P, Burchette T P. Carbonate ramps: An introduction[M]. London: Geological Society Special Publication, 1999, 149: 1 – 5.

Zenger D H, Dunham J B, Ethington R I. Concepts and models of dolomitization[J]. Tulsa: Spec. Publ. SEPM, 1980, 28: 310 – 320.

Zhang F, Xu H, Kong Shi H, et al. A relationship between d_{104} value and composition in the calcite – disordered dolomite solid – solution series[J]. American Mineralogist, 2010, 95: 1650 – 1656.

Zhao H, Brian J. Origin of "island dolostones": A case study from the Cayman Formation (Miocene), Cayman Brac., British West Indies[J]. Sedimentary Geology, 2012, 243 – 244: 191 – 206.